大学新入生が読んで得する数学

現代数学社編集部編

現代数学社

まえがき

この４月新しく大学に入学した諸氏に，大学での数学の入口の一端を垣間見ようと企画されたのが本書である．高校生諸君はかなりの時間をかけて数学を学び，また入学試験を突破するために，多くの問題を自ら解くことを練習してきたことであろう．いま諸君らが到達した教育の最終段階としての大学の数学は，最早誰もが歩く道をゆくのではなく，自ら選んだ道を行くことだという自覚を持つことが何よりも大切である．何のために数学を勉強するのか，この時点でもう一度自らに問いかけて答を見出していただきたい．

高校時代の数学と大学の数学とでは，その学び方に違いがあることが指摘されている．しかし，大学ではそんなギャップは無視されたまま講義に入ってしまうので，その戸惑いが原因で数学アレルギーが一挙に噴出してしまってどうにもならない事態に追いやられてしまう．高校までの数学の勉強は一体なんだったのだろうと疑問を抱くのも無理もない．

本書はそんな人々のための処方として，高校数学の勉強を無視することなく，容易に大学数学に慣れていただくためのテーマを精選した．

2000 年３月　　　　　　　　　　　　　　　　　　　　　編集部

目　次

大学生心得

永田　雅宜

大学に入学したとき，いろいろなことを感じ，いろいろな心配をするのが普通であり，その内容は人によってさまざまではあるが，案外多数に共通した悩み，心配があるように思える．

また，大学生として日々を送るうちに，いろいろ悩み，迷うことを経験する学生が多い．

この小文が，そのような悩みや心配の解消の一助になれば幸いである．

I　入学当初

(1)　賢い友人たち

大学へ入学して周囲を見廻したとき，級友たちがみな秀才に見えて，「一緒にやっていけるかな」と心配になる人が多い．君がそういう心配をしたならば，君は普通の学生であると思って安心してよろしい．

そういう心配を感じなかった人は，その原因をさぐってみる必要があろう．ウヌボレが強すぎるというような原因であるならば，大いに自戒をする必要があろう．

(2)　入学目的

大学へ入学したとたんに勉強しなくなる学生が多くいる．大学の入試に合格するために，ということで受験勉強に精を出してきた者にとってみれば，合格はその目的を達したことを意味し，勉強の目的を見失ってしまった結果かも知れない．または単なる気のゆるみかも知れない．そのような状態に対して，当然と考えてはいけないのはもちろんのことである．そもそも，大学へ入学することは人生の一手段に過ぎないのであって，人生の目的とは縁遠いものである．

したがって，大学入学を，人生の手段として如何に活用すべきかを考えるべきである．それは大学における今後の勉学の方向にも大きい影響を与えるであろう．

II　志望と受講

(3)　志　望

すでに将来進むべき方向，研究すべき分野を決めてしまっている人，全然きめていない人，さらには，それらの中間的な人など，いろいろあるであろうが，注意を喚起しておきたいと思うことをのべてみる．

（イ）　高校程度の知識を基礎にしただけでは，自己に最適の分野，方向を決めるのは大変むつかしい．他方，どんなことが原因で，予期していなかった分野に深い興味をそそられ，その分野へ進んで成功するという結果にならないとも限らない．（このようなことは，一旦ある分野の専門家になった人にでも起り得ることである．また京都大学理学部の入学生について，入学時に調べたアンケートにおいて答えた志望学科へ本当に進んだ数は約半数であったという調査結果もある．）

志望の変らぬうちは，その志望を尊んで進めばよいが，何かの機会に変化をおこしたときは，その変化を無理にとめてはならない．（転学科が困難な学部学科は多いので，そのような学部学科に在籍するときは慎重に考える必要がある．）

（ロ）　とはいうものの，いつまでも志望がフラフラしていたのではよくない．なるべく早く志望を固める．そして，その固めた志望にしたがって進み，(イ)の終頃の注意を心にとめておけばよい．

（ハ）　学習効果は一般に複雑である．もちろん，将来の学習の基礎知識として不可欠なものはいろいろあろう．しかし，不可欠ではないものは不要であると考えてはいけない．見たところあまり縁のなさそうなことが，思いがけないところで，思いがけない効果をもたらしたという事例はいろいろある．本人の気づかぬ形で効果を発揮している場合も多分非常に多いと思う．というわけで，数学者になりたい場合であっても，数学の勉強だけをするのがよいわけではない．縁のありそうな分野の勉学もいろいろ心がけるべきであるのは当然であろうが，縁のなさそうなことであっても，息ぬきを兼ねて，学習すべきであろう．そこで，暇をなるべく多く見つけて，その大部分を志望分野に縁のありそうなものをいろいろ勉強するために費し，一部を縁のなさそうなことの勉強に費すべきであろう．なお，「暇がない」という人が多いが，そのうちの大多数は，暇を作っていないのにすぎないようだ．暇は作り，また見つけるものであると心得るべきである．

(4) 卒業単位

大学を卒業するためには，どういう種類の単位を，どれだけとらなくてはならないか，ということは，法令に準拠して，学則などで定められている．

この点に関し，一方の極端は「卒業証書はどうでもよい．要は自分が勉強することにある」という理由で，気ままな勉強をする態度であろう．試験を受けてよい成績をとれば，採点した教師はその学生の才能を認めてくれるであろうが，その他の人がその学生の才能を認める材料にはなり難い．一般に，もっている才能を発揮するのには，それを発揮するのに適した地位，境遇にいないと大変むつかしい．したがって，上記のような人は，非常な好運に恵まれない限り適当な境遇が与えられず，不幸に終わるであろう．

大学入学が人生の手段の一つであるという中には，大学卒業も人生の一つの手段であるということも含まれる．したがって，少々きらいな科目であっても，卒業要件のためには我慢して，卒業証書を得るための努力をすべきである．また (3) の(ハ)で述べたように，努力の結果が思いがけぬところで効果をもたらすことがあり得るということにも期待しながら努力をするのがよいだろう．

(5) 免許状

大学において取得した単位の種類と数とによって，免許状が与えられる可能性がある．したがって，そのような免許状の取得を希望するものは，卒業のための要件だけでなく，希望する免許状のための要件をみたすようにしなくてはならない．教育免許についてはガイダンスがあるのが普通のようであるが，その他の免許状については，ガイダンスがあるという話はあまり聞かない．必要を感じたら，教師や先輩に遠慮なく聞くべきであろう．

III 講義の内容

(6) 講義に対する態度

高校までは，教科書を中心として，教師に教わるのが原則である．教科書の記述に，学問的見地から見ての問題点がないとは言いきれないが，また，教師も時にはまちがえることもあり得るのであるが，一応教科書は正しく，教師の言うことも正しいものとして，事柄を覚え，思考訓練をし，そういうことを積み重ねることによって知識を得，理解を深めてきたのが，高校までの学習の基本的部分であった．

大学での学習は，よく言われるように，みずから学ぶのが重要であり，それが原則だと言っても過言ではない．もちろん，教科書に従った授業を受け，教師の言うことを信用して学習する場合はいくらもあり，それが悪いわけではないが，大学における学習の第一歩としては，教科書や，教師の言を盲信することをやめる努力が必要である．（そういうことを，知らず知らずのうちに教える手段として，ミスプリントの多い教科書を採用する教師もいる．）なぜそういう努力が必要であるかという点については，次の (7), (8) に関連するのでそちらにゆずろう．

みずから学ぶという点について付言すれば，授業で教わったことだけを勉強すれば，卒業証書を得るのには充分であろうが，授業だけでは，将来役に立つことは大して教えてはくれないものであるから，暇をなるべく見つけて，みずから選んだことを学習する努力をすべきなのである．

(7) 真　理

この世に真理といえるものがどれだけあるだろうか．ある時代に真理だと思われていたことが，別の時代には全然まちがっていたとか，ある現象のある近似に過ぎなかったとされることはいくつかある．（前者の例には宗教がからんだ有名な例がある．後者の例には物理学に関するものがいろいろある．）

数学においては，ある公理系のもとで，ある定理を証明した場合，その証明に誤りがない限り，その公理系のもとでは，その定理は真理であるといえるという点において，数学はありがたい学問分野であると思っている．（したがって，数学を娑婆の現象に応用すれば，現象の近似でしかなくなるのが普通である．）しかし，他の学問分野では，具体的なものが対象であることが多く，数学のような理論構成そのものがむつかしかったり，また，似た理論構成をしても，その公理系に相当すべきものが，どれだけの意義があるのか疑問があったりするのが普通で，手の届かぬところにある真理の近似を求めているのだともいえよう．（したがって，理論の価値の議論をすれば，評価が完全に分かれてしまう場合もあり得るのである．数学の定理や理論でも，評価という点では，意見の相違はあり得るが，非常に大きい相違があることは，まずないと思う．しかし他分野では，評価の観点が多岐にわたりすぎて，どの観点を重視するかの差だけでも評価が大きく分かれることがあり得ると思われる．)

真理に到達できないのなら，別に努力の必要はない，などと言っているわけにはいかない．近似は，一般的に言えば，近似の程度がよいものほどよいといえるのだから，真理のよりよい近似を求めるのが学問であるともいえよう．また，近似は，時と場合に応じて，適当なものを選ぶ必要がある．(身近な比ゆ的例をあげれば：棒の長さを測る場合，1センチ以内の誤差なら差支えない場合もあれば，1ミリ以内の誤差でなくては困る場合もあるだろう．あるいは1ミクロン以内の誤差でなくては困ることもあるかも知れない．しかし，一つの棒の（特定の温度，圧力等の条件のもとで）正しい長さが存在するのかどうかも多少怪しい．（長さをどう定義するかにもかかわる．そして，精度のよい近似なら，測定器具の工夫で得られる．）というわけで，真理，ないしは真理の近似についても，どういう方向からの近似がよいとか，どの程度の近似が必要かということの判断を必要とし，そのような判断は，その真理について深く知った上でなされるべきであり，そのための勉強も必要なのである．だから，真理ではないという理由だけで無視してしまってはいけないのであり，真理ではない(かも知れぬ)ことを重々心得て勉強すべきである．

(8) 疑　問

真理ではないらしいという点だけによる疑問も大切であるが，つぎに述べるような，別の意味の疑問が勉強のために必要である．

誰でも，あるものを考察するとき，特別な（通常複数の）角度から考察するのが普通であり，宿命であるとも言える．したがって，教師の考察した角度，教科書の扱った角度以外の視点を探し，その視点からはどうなるかということを，いろいろ考えるのが大変大切である．(これは高校までの教育ではあまりなされていない．大学以後の学習において重要なことである．)

(9) むつかしい講義

あまりなじみのない考え方に初めて遭遇したとき，その考え方はなかなか理解できないものであり，したがって，その考え方に立った理論はサッパリわからないものである．

一番典型的なものは，抽象性の高い概念である．その場合，定義を述べている文章自体はわかるけれども，何のことだかサッパリわからない感じがするのである．

筆者自身の経験による一例をあげれば，旧制高校で数学におけるベクトルを教わったとき，定義や定理は，言葉としてはわかったけれど，雲の上のできごとみたいに感じた．(力学のベクトルについては一応知っていたのであるが，数学のベクトルでは平行移動で移り合うものを同じにしてしまうという点が新しい抽象であって，その考え方になじめなくて，「わからない」という感覚が先に立ったのだと思っている．）ところが，解析幾何にベクトルを使ってみて，何となくわかるような気がし始めた．

新しい抽象概念について，多少なりともわかるような気がするためには，何らかの意義がわかる側面を理解するのが大きな助けになる．そのためには，具体的と感じ得る程度に理解できている素材を使って，モデルを考えるのが有効な場合がある．(上の例では，位置ベクトルすなわち座標というモデル化．）もちろん，こういうことは，一般論を言うのは易しいが，具体的事例にあたってどうすべきかを見出すのは易しくない．易しくないからといって，あきらめてしまうのでは何にもならない．とにかく努力してみるのが重要である．そして，ある程度の年月がたてば，だんだんわかってくるものと期待してよろしい．わからないのは自分だけではない．友達も同様に苦労し，先輩も多分同様に苦労した筈である．そして，そのような苦労の経験が，将来役にも立つのである．

IV　休講，休暇

(10) 休　講

大学に入って，休講の多いのにびっくりする学生が多い．むかし，ある学生が，休講の多いのを抗議に行ったら（別に，コーギのないのをコーギに行ったというシャレのつもりではない)，「君は大学というものを理解していないのだ」と説教を受けた，という話を聞いたことがある．(4)でふれたように，卒業のための必要単位はとらなくてはならないが，それ以外はなるべく暇を見つけて，自己の志望に縁のありそうなことの勉強を，自分で選んで進めるべきである．したがって，休講は，そのような目的のための暇が与えられたと喜ぶべきであり，その暇を大いに活用して勉強すべきなのである．

(11) 休　暇

休講によって与えられた暇はこま切れ的であるために，それを活用してまとまった勉強をするのはむつかしい．これに対し，休暇，特に夏休みは，まとまった自由時間であるから，古人の言う晴耕雨読的心構えで，ゆったりとした気分で，まとまった勉強をするのに活用すべきである．

なお，今まで，勉強ばかりと強調しすぎたかも知れないが，健康管理には充分留意すべきである．特に休暇中には，その注意が重要である．

V 情　　報

(12) 主張と証明

数学だったら，正しい証明をつけなければ他の人は納得しない．（もちろん，ごまかされることはいくらもあり得るが，それはごまかされる方にも責任がある．）しかし，他の分野の場合，論理的な欠陥のない証明の存在し得ない場合が多い．しかし，証明らしきものと，理想的証明とのギャップの質は，場合によって千差万別である．物理や化学の現象なら，観測誤差や，実験における状況設定の特殊性のおよぼす効果による誤差などが，結論に影響を与える程大きくはないということが納得されるかどうかという点が重要な問題点になろう．そして，そのような点は観測をくりかえしたり，実験の状況設定をいろいろ変えたりして，納得し得る証明らしきものが見出される場合が多い．

しかしながら，例えば万有引力の法則が式で示され，それが上記の意味で納得されても，どうやって離れた二つの物体の間に引力が働くのかという，力の作用のメカニズムは，まだ本当のところわかってはいない．（それについて，重力波説もあるが，証明らしきものは，まだ与えられていないように思う．）

自然現象はまだよい方で，例えば心理作用の働く現象となると，心理状態は人によって大きな差異があるので大変複雑になる．

このような場合，何かを考え，それを主張しようとすると，証明らしきものが必要になる．その証明らしきものには，いろいろなタイプがある．それらのもつ欠陥のタイプの主なものを考えてみよう．

（イ） 都合のよいデータだけを使うもの．

正しいデータだけを使って，誤った情報を流すことが可能なのである．例えば，埠頭の一点の，水面からの高さを，(i) 満潮時に計ったデータだけを使う，(ii) 干潮時に計ったデータだけを使う，の二つを比べてみれば，どちらも正しいデータだけを使って，異なる結論が導ける簡単な例であることがわかる．世の中の複雑な現象に関する多くのデータから，主張にとって都合のよいデータだけを選んで証明らしきものを与えることはよく使われる方法である．もっと悪質なのに，データ自身がインチキというのもあるから，充分注意しなくてはならない．

（ロ） データの解釈のごまかし．

特に統計的データの場合によく見かけるが，データの解釈を自己の主張に都合のよいように，少しゆがめてしまう議論がある．データの意味をよく考えればごまかしであることを見破れる場合が多いが，うっかりきいていると，ついごまかされてしまうのである．

（ハ） 論理のギャップ

'80・4月号に「風が吹けば」という題で数学戯評に，インチキ議論のモデルを述べたが，都合のよいデータを過大評価する議論であった．極端なモデルであるから，そのままではインチキはすぐわかるが，(イ),(ロ) で述べたようなことをうまく折り込みながら議論を進めると，インチキ性の見破りにくいことが多い．

(13) 政　治

高校生活では，娑婆の政治との縁はあまり深くない．（学校運営上，教職員が政治に関わることはいろいろあるにしても，生徒が政治に関わることは少ない．）しかし大学では，学生の活動には高校よりも大きな自由があるのが普通で，したがって，例えば外部の政治集団からの働きかけもいろいろある筈である．そのような場合，もたらされる情報は特別の意図にもとづいた情報であることが通例である．学問的に真理と思われていることすら時々疑ってみる必要のある大学であるのだから，上記のように，特別な意図による情報が通例であるような場合には，当然のこととして，一応疑ってかかるべきである．もちろん，すべてウソと決めてかかるのではない．ウソかも知れないということを心にとめておくのである．また，ウソであることがあとからわかっても，困ることのないように処し得るだけの余裕を残しておくべきである．

人は事の正邪をはっきりさせないと，心の落ちつかないものである．しかし，本当のところ，娑婆の出来事では，正邪をはっきりさせ得ないことが大部分なのである．ある事について，相当深く知っていて，自己の判断は絶対まちがっていないと，自信をもって判断したのに，実は自己の知らなかった裏面史的部分があって，それを知ったら，正邪の判断が逆転してしまうということもあるのだということを銘記すべきである．

以上，思いつくままに書き並べたが，大学生活の参考になれば幸である．

（ながた　まさよし　　京都大学名誉教授）

高校の数学から大学の数学へ

住友　　洸

§0

4月になって元気いっぱいの新入生のすがたが大学構内のいたる所でみうけられます．私共 old boys にとってはこれからすべてがはじまろうとしている若者達の希望にみちた表情はまことにうらやましいかぎりです．そしていまもし大学の一年生であったなら，あれもこれも勉強してみたいこんなことも試みてみたいと切ない気持にかられることも多いものです．そのくせ自分自身の50年前の教養生としてすごした2年間をふりかえってみますと，まとまった知識も思想もないままにあちこちと気ばかりあせって結局何も出来ないままいたずらに時がすぎて行ってしまい，次の段階への準備過程としてもみのり多いものといえなかった様な気がします．

大学の前期基礎課程の制度と教育内容について，そして学生はそこでどんな心構えですごすべきかについて沢山の意見があります．専門と教養のかかわりあいはみる人の立場によってもかなり意義が違って来ます．それは又科学の発展段階，国家社会のポテンシャルや指向性と関連して変遷もして来ます．私自身の意見は控え目にしたいのですが，ほとんどの学生にとって一般教養こそ勉学の目標であるべきで，専門課程はその基礎的な力の上に一般教養の一部として存在する専門教養修得の場にすぎないという意見です．

したがって大学の数学を論ずるにしても，科学史，現在の時点における科学の発展段階の見極め，そして未来への視点とのかかわりあいから論ぜられるべきものと信じます．

科学概論や科学史の本をひもときますと，科学の有力な方法として分析と綜合の2つがあげられて居ります．物理や化学を例にとって簡単に説明しますと，物質はより小さな部分から成り，その部分はさらに小さな部分から成り，物質の性質は部分のそれに帰着されると信じられた時代がありました．原子，分子が物質の究極の単位としてそれらの性質が根本であると思われたわけです．この様な分析的思考が強力な武器とみなされ，補完的な役割りを果たす所の全体への〝綜合〟を併用する形で行われたわけです．この様な考え方を機械論と呼ぶことが多いので，仮にそう呼びますと機械論の時代の特徴の一つはこの世界に生起する事象相互間の関係は決定論的な因果関係の連鎖であるとされたものです．後で述べますが数学にはこの思考形式が非常に大きく影響して来ています．物理学ではすでに古くこの考え方の限界が指摘されて居りますが，それは物理学や科学批判の哲学の読書にまかせて，我々の日常生活においても機械論的なものの見方ですまないものを現代は沢山かかえていることに注目したいと思います．すなわち原爆開発，新幹線，人工衛星といったシステム工学から所謂複合汚染＝公害の克服といった課題をあげることが出来ます．つまりこれらの問題に対処しようとするとき，そこでの任意の対象や問題はより大きな全体の一部と見なされ，その全体はさらにより大きな全体の一部分とみなされます．思考の対象の認識あるいは問題の解決は常により大きな全体の内で占めている役割りやはたしている機能を考慮にいれないでは果されません．そしてときにはもっと積極的により大きな全体を構想し，まとめて行く形での問題の解決をはかろうとさえします．この様な傾向を分析的思考に対立するものとして構成的思考と呼ぶのが普通ですので，その様に〝仮称〟しておきましょう．構成的思考には目的論的立場が不可欠のものとして随伴しなければならないことも書きそえておかなければなりません．これも直感的にすぐわかることですが軽く説明をつけましょう．世界の中の諸事象の間の関係を生産関係のネットワークと見たとします．くわしくいうと一人の生産者はその生産する所のものを部分的に使用する多数の生産物に否応なくかかわっている．そして人は特定の産物についてすべての共同生産者を認識しつくすことも，その者が共同生産者の一人となっている産物のすべてについての認識も不可能になっている．知覚されるかぎりの生産関係はつねに不確定要素をその内に含み又意図せざる外部効果を持たざるを得ない．こんな世界に生きているとき，認識の範囲や行動の範囲に関してたえず自身の目的意識をより高くより広くしながら行動を選択して行かねばならない．不完全情報によって意思決定をなす主体が非常に多数存在してたがいに外部効果をおよぼしつつあるというのが現代のイメージであります．

数学研究も数学教育も例外であるはずがありません．大事なことは社会における科学，科学における数学といった視点を確立すべきだということです．確立は難しいことですがそこに大きな努力目標をおくべきだと考えます．

§1 数学無用論？

こんないそがしいそしてむつかしい時代であるにもかかわらず新入学生の大半はただひたすら高校時代＋αを受験勉強にあけくれていたのだと思われます．そしてもし数学とは何かと聞かれたなら，大半の学生は他人より速く，かつより正確に問題を解く術であると答える位の理解しかないと思われるのです．実はこの傾向は今にはじまったことでなく，明治以後の我が国の教育史をみると小学校を別にすると，中学，高校（旧制高校を含めて）の教師達は数学を教える理由又は動機を上級学校の入学試験を突破することにのみ置いていたふしがあります．大正から昭和前期にかけての文士菊池寛氏は昭和11年当時の文理科大学（現在の筑波大学の前身）で講演し，〝中学時代〟代数や幾何を一高（現在の東大教養）突破のため一生懸命勉強したが今になってみると他の科目，国語や理科などは私の人間形成にどこかでプラスしているのを感ずるが，数学だけは，三角形の一辺が他の２辺の和より小との定理以外に役に立ったものはない又教わる時も認識の深まるという喜びは一つもなかった．要するに数学は無用ではないか？〟といわれたのは有名な話である．

富国強兵のナショナルインタリストが，立身出世の個人的欲望にたよっていた明治時代の教育の盲目的手さぐりの状態を例証している言葉なのでしょう．残念なのはニューアンスとレベルの違いこそあれ同様な状態が現在までつづいていることです．高校までの教育が入試準備を別にしても体系的でありえないのは仕方がないことですが，その限りにおいて認識力，判断力の向上が授業時ごとに自覚される形で与えられるべきだと信じます．この点については大学の数学は直接そこで学ぶ公式や定理あるいは応用以外に沢山の有意義なものを与えてくれる場であるとしてよいと思います．

大学での数学はまず第一に科学的体系をもち，現在に至る文明，文化の推進に参加して来た数学の位置がはっきりとよみとれ，又その限界迄さとらせられる形をとっています．

しかし今日学生も幅ひろい層から成り，全員が数学の学習に沢山の時間を割くことも出来ないと思われるので，ここでは教養の数学から3点にしぼって鋭角的にその視点を紹介したいと思います．

§2　実数は概念である

微積分の講義は実数概念の導入によってはじまる．

くわしいことは学校で学んでもらうことにして，大体の説明をする．実数の基本的性質として次の4つがあげられる．

(i)　四則演算

(ii)　大小関係

(iii)　2数 a, b $(a<b)$ に対してある数 c が存在して

$$a<c<b \text{（稠密性）}$$

(iv)　連続の公理

(i)〜(iii)は有理数の全体の持っている性質である．これに反して(iv)は有理数以外の数すなわち無理数が非常に沢山存在するという条件である．ところで連続の公理は本によっていろいろ違った形で導入されている．デデキントの切断，区間縮小法，上限の存在，コーシ列と互いに同等な言い方がある．大切なのは実数の集合を上の4つをみたす集合として確固とした概念として確立し，その確かな基礎づけの上に微分積分学の諸定理を連鎖的に説明して行こうという立場である．ニュートンが微分積分を導入した時点でこうなっていたのではなく沢山の数学者による分析的思考の結果この様な形になったのである．この様な数学体系の典型として微積分学の全体像に主眼を置きながら個々の公式，定理，応用を学んで行くというのが大学教養微積分のメニューである．さてこの様な実数を肯定する立場に密着ばかりしていては数学を見失う恐れがあるので他の視点を設けてみよう．

今実数の内から3つの数5，$\frac{1}{5}$，$\sqrt{5}$ をとりだし，これらの数で表現される事物が経験世界に実在するかどうかを考えてみたい．5についてはリンゴ5こが確かにそれである．これに反し後二者について，カステラの $\frac{1}{5}$，長方形の対角線の長さ等が頭にうかぶがそれも実は錯覚であることがすぐわかる．カステラの5等分など土台無理な話であり，公平さからくる幻想の様なものである．

小学校教育で分数の演算を上手に教えることの出来ない教師がたくさんいる．この段階が重要なのはこの辺から数学と現実の離反が生じて来ることである．私自身小学校の時代教師に分数は存在するのかと質問して満足な答を得られないで失望した経験がある．実数の世界は微積分の世界であり，ニュートン力学の表現の場であるが極端に言うとある約束ごと，仮構の世界ともいえるものでこの世の一切を説明出来る道具ではない．人間の五感の有限性からくる限界に伴われたイデーの世界である．

限界は決して数学を否定はしない．むしろそこに可能性も同居していることを書きそえておきたい．

§3　連続の世界と疎（そ）の世界

微積分学は連続でなめらかな現象を対象としているがそのわく組の内にあって非連続的なものをとりあつかう面があることを強調するのがこの節の目標である．

学術専門書をならべている本屋さん，大学生協などへ行って工学関係の書物の棚を見上げてみたまえ，多分手のとどかぬ程高い所にラーメンと題した部厚い本があるはずだ．これはインスタントラーメンの話でもその製造機械の話でもない．差分と差分方程式の工学への応用に関する分野の本であり，もっとくだいた説明をすると，高校で学んだ数列と級数の応用に関する話である．

関数に微分演算が定義される様に数列には差分が演算として自然にかつ強力な武器として導入される．そして差分方程式はやはり微分方程式に比較されるものである．微積分では通常は差分をとり扱わないのでここにまずその概要をのべておこう．

いま関数 $f(x)$ が変数 x の等間隔の値に対して定義されているとする．(ここでは整数で定義されているとする．)

関数 $f(x)$ の点 x における**差分** Δf を

$$\Delta f(x)=f(x+1)-f(x)$$

$f(x)$ の n 階差分を

$$\Delta^n f(x)=\Delta(\Delta^{n-1}f(x))$$

で定義すると，例えば

$$\Delta^2 f(x)=f(x+2)-2f(x+1)+f(x)$$

となる．差分は又微分のみたす公式と似た公式を満たす．

公式

(i) $\Delta(af(x)+bg(x))=a\Delta f(x)+b\Delta f(x)$
$(a, b$ 常数$)$

(ii) $\Delta(f(x)g(x))=\Delta f(x)g(x)+f(x+1)g(x)$
$=\Delta f(x)g(x+1)+f(x)\Delta g(x)$

(iii) $\Delta\left(\dfrac{f(x)}{g(x)}\right)=\dfrac{g(x)\Delta f(x)-f(x)g(x)}{g(x)g(x+1)}$

(iv) $\Delta f(x)=0$ の必要且十分な条件は $f(x)=$ Const.

$a>0$，$a\neq 1$ である a について

(v) $\Delta a^x=(a-1)a^x$

$x^{(n)}=x(x-1)\cdots(x-n+1)$ とおき階乗関数とよぶと

(vi) $\Delta x^{(n)}=nx^{(n-1)}$

が成立し，多項式を $x^{(n)}$ の一次結合で表わすと差分の計算が容易となる．

関数の積分にあたる差分の逆算を和分という．級数の和に関する公式が和分によって統一的にとり扱われる．

さて n 階線型差分方程式とは

$$A_n\Delta^n f(x)+A^{n-1}\Delta_{n-1}f(x)+\cdots+A_0 f(x)=\phi(x)$$

のことであり，n 階線型微分方程式

$$A_n\frac{d^n f(x)}{dx^n}+A_{n-1}\frac{d^{n-1}f(x)}{dx^{n-1}}+\cdots+A_0 f(x)=\phi(x)$$

に対応して居り，両者の性質，たとえば解法は大体同じと言ってよい．解の存在については多少ニューアンスが違うが，それもある意味で対応しているといってよい．ラーメン構造では差分方程式の応用として連続梁(はり)の支点に作用するモーメントの計算，荷重による柱の曲げモーメントの計算から電気工学なら碍(がい)子の列による電圧降下等，微分演算とは違った面で，時には両者の混合問題としても活躍している．

一体高校でも大学教養でも数列や級数を教わるが展望があたえられず，極限を計算する練習台位にしかみられない．私はこの原因は数学教育をする側の不勉強にあると思う．応用をあと回しの分析的思考だけで**論理的に理解出来たらそれでおしまいというのは間違いである．**

孤立点で定義される関数は連続だから数列は連続関数である等と説く事は熱心にやるのだが問題はそんな所にあるのではない．関数と数列が対等の資格で自然認識，社会認識に役立っている所を学ぶべきなのである．これがこの節の力点である．さて話題を経済の方に向けよう．

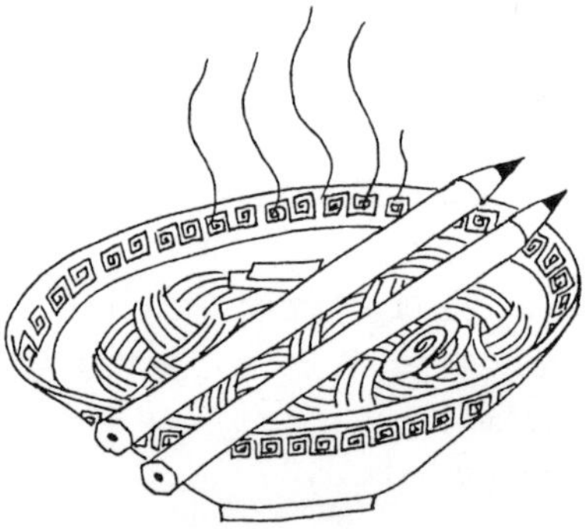

経済学では差分，差分方程式は不可欠の道具である．経済的な現象，分布，価値の多くは丁度川の水が流れるように連続的な変動をすると見なされる面も多い．しかし財物の価値，需要等の変動に誘発される投資の外に，政府が政策によって出して来る所の独立投資などがあって，非連続的な諸量の関係が重要視されることが多い．例をあげてみよう．

第 t 期における国民所得を Y_t，消費支出を C_t，誘発投資を I_t，独立投資を G_t とする．この時つぎの仮定をする．

(i) 消費は前期の国民所得に比例する
$C_t=\alpha Y_{t-1}$

(ii) 誘発投資は消費の増加分に比例する
$I_t=\beta\Delta C_{t-1}$

(iii) $G_t=$ Const.

(i), (ii), (iii)より Y_t 以外のものを消去すると Y_t に関する 2 階差分方程式を得る．そしてその解を求めることにより，この国民所得のモデルの変動状態が数値的に調べられるのである．差分方程式を解くことを経済的直観でおきかえることは不可能に近いことを申し添えておこう．差分方程式はニュートンの弟子のテイラーが始めてとりあつかい，その発見は予想外のみのりを人類に与えたとラプラス[1)]全集に記してある．微分積分学の基本定理であるテイラー展開：

$f(t+\Delta t)$

$$=f(x)+f(t)\Delta t+\cdots+\frac{f^{(n)}(t)}{n!}(\Delta t)^n+\cdots$$

は左辺をまとめて $e^{\Delta tD}f$，$\left(D=\dfrac{d}{dt}\right)$ と表わされ，平行移動作用の無限小演算が微分であること：差分と微分の関係を深く洞察した公式であることを思い合わせて興味深いものがある．

§4　線形代数学について

n この独立変数 $x_1, \cdots, x_n$ 同じく n この従属変数 $y_1, \cdots, y_n$ の間の一次関数

$$(F)\quad \begin{aligned} y_1 &= a_{11}x_1+a_{12}x_2+\cdots+a_{1n}x_n \\ y_2 &= a_{21}x_1+\cdots\cdots\quad +a_{2n}x_n \\ &\vdots \\ y_n &= a_{n1}x_1+\cdots\cdots\quad +a_{nn}x_n \end{aligned}$$

を**線形写像**又は**一次写像**という．

大学教養過程では通常微分積分学の外に代数学と幾何学，もしくは線形代数という科目があってその内容を一口で言うならば一次写像の学習にあるといってよい．一次写像の例は数学でも物理学でも又経済学でも沢山あってどれも重要であるが変数の数 n が多い場合は経済学の話題の方がわかりやすいのでつぎの**産業連関分析**の話をとりあげよう．

第1表

購入＼産出	農業	工業	水産	一般需要	計
農業	200	100	100	600	1,000
工業	20	300	40	640	1,000
水産	70	10	20	400	500
労働	710	590	340	—	

第2表

	農業	工業	水産業
農業	0.2	0.1	0.2
工業	0.02	0.3	0.08
水産業	0.01	0.07	0.04

例えば第一行の農業について1,000単位生産の内農業，工業，水産業に各200，100，100単位まわし残りの600単位を一般需要とする．第2表はその割合をかかげた補助表である．農工水のある年度の一般需要を y_1, y_2, y_3，一般需要を満たすに足りる各産業の生産高を x_1, x_2, x_3 とおくと

$$0.2x_1+0.1x_2+0.2x_3+y_1=x_1$$
$$0.02x_1+0.3x_2+0.08x_3+y_2=x_2$$
$$0.07x_1+0.01x_2+0.04x_3+y_3=x_3$$

又は

$$y_1=0.8x_1-0.1x_2-0.2x_3$$
$$y_2=-0.02x_1+0.7x_2-0.08x_3$$
$$y_3=-0.07x_1-0.01x_2+0.96x_3$$

y_1, y_2, y_3 が予想されるとき，この連立方程式を x_1, x_2, x_3 について解かねばならない．

この例を一般化すると一次写像の一般形を連立一次方程式とみて解く必要が出て来る．

一次写像 (F) を連立一次方程式とみて一意的に解を持つ必要且十分条件を係数 $a_{11}, \cdots, a_{nn}$ で表わすことが出来る．ここに行列式の登場がある．多分諸君の大半は入学後1カ月は行列式，行列等のアルゴリズムの習得に時間を費される．行列式は連立一次方程式の解法以外にも平行六面体の体積，重積分の変数変換，微分方程式の解法と微積分のいたる所に顔を出す．実はその背後にある一次写像はもっと本質的に微分積分学の内容そのものなのである．

3次元空間のある物質を変形した時，その対応を

$$y_1=f_1(x_1, x_2, x_3)$$
$$y_2=f_2(x_1, x_2, x_3)$$
$$y_3=f_3(x_1, x_2, x_3)$$

とおいて写像と呼び，座標 (x_1, x_2, x_3) の点が (y_1, y_2, y_3) の点へ移ると見なそう．この写像に対して関数の場合と同様に連続性と微分可能性が定義される．この変形で連結な部分がちぎれたり，あなが空いたりしない条件が連続であり，なめらかな面が折れ曲らずに又なめらかな面にうつる条件を微分可能という（特異点の近傍では折りかえしがあるが）．上の写像が微分可能である為の必要十分な条件は，各点の近くで高次の項を除いて一次写像とみなされることである．それは一次写像が線形部分空間を線形部分空間に移す性質を持つことから洞察されることである．

微分積分学はニュートン以来，この意味で局所線形代数学として発達したものである．実は微積分に限らず数学全体が線形性によって居り，その意味での限界をもっている．線形代数学そして数学そのものは超ゆるべきものとして課せられているというと大げさであろうか．

1）ラプラス：天体力学　太陽系の星雲起源説で有名

　遠木，佐藤編　数学通論　学術図書

（すみとも　たけし）

大学での数学——その傾向と対策

石谷　茂

■数学は誰でも好きになれる

どんな学問も，どんな学び方も，どこかで必ず行詰るものである．数学も例外ではないのに，どういうわけか，数学で行詰ると「アー俺はダメな男だ」なんて劣等感を抱く人が意外に多いのである．数学は行詰るのが常態，行詰らないのこそ異常と，最初から割り切ってかかるのがよい．世の中には「数学が分らないなんて不思議」といわんばかりの顔をする人がいないでもないが，「あれは秀才振っているのだ」と割引いてきくことだ．

僕のいうことを信用できないなら，古本屋で数冊の数学の本をペラペラとめくってみるがよい．20頁ぐらいまでは赤線を引いたりしてあるが，それから先は，読んだ形跡すらないものが多いのに気付くだろう．

行詰るとすぐあきらめる．根性がないのだ．いや根性などと大げさにいうほどのものではない．トライアゲンの問題だ．もう一度やってみるの反復．これで「壁はすべて越えられる」との自信がものをいうのだ．しかも，この自信というのは「壁を越える」ごとに深まり，信念に変り，ついには日常的になる．これこそ得がたい人生経験——君の人生は明るくなることうけあい．

壁を越えたときのよろこび，こればかりは経験したものでないと分るまい．この反復で，数学は好きになる．好きになったらしめたもの．走り出したクルマは止めるのに苦労する．

■問題を解くテクニックからの離陸

高校の数学は「問題を解くテクニック」という荒野をさまよっているようなものだ．もちろん，問題を解くのは無意味でないし，解けた時は楽しい．しかし，問題を解くこと自体が目的化し，そのテクニックに夢中になるのは邪道なのだ．数学を学ぶとは，数学自身を学ぶことで，その補助手段として問題の演習があるのである．

大多数の学生が，大学の数学で戸惑うのは，ここの認識の相違によるとみてよい．大学では，問題を与えたり，解いたりすることを無視し，数学そのものの講義を続ける先生が多い．「なんだ高校で習った数学のむし返しか」とか「そんな簡単なこと分り切ってるじゃないか」などと，甘くみている間に，講義の内容が積り，「ぼやぼやしてはおれない」と気付いたときは手遅れとなりがちである．

見かけは高数の再現のようで，本質は高数とは異質なのだ．では，どこがどう違うか．大学の数学は，論理体系を重視する．いや，これこそ，本当の数学なのだ．いくつかの概念と法則を基礎におき，それのみを用い，論理によって新しい定理を導いていく．だから，この数学では証明が決定的にたいせつである．

定理の証明などどうでもよく，定理を暗記し，それを巧みに使って問題を解くことに主眼を置く高数とは，そこが異質なのだ．問題を解くテクニックからの離陸――この自覚なくしては，大学の数学の学習は成功しない．

問題を解くのも楽しいが，少数の法則のみから新しい定理を導くことは一層楽しい．この楽しみが分れば数学は間違いなく好きになれる．

■ちゃんこ鍋から一品料理へ

高校では問題を解くとき，どんな数学を用いてもよかった．代数を用いても，幾何を用いても，またベクトルを用いても，とにかく解けさえすればよかった．ところが大学の数学はそうはいかない．ベクトルを習っているときは，必ずベクトルを用いて問題を解くことが要求される．しかも，用いてよい定理は，証明済みのものに限る．一般に数学のある分野を学んでいるときは，そこで確実と認めた知識，及びそれから導いた知識のみを用いなければならない．つまり闇取引が許されない．

■数学はなぜ論理を重視するか

数学は論理を重視するとはいっても，論理自身が目的ではない．論理も数学にとっては手段である．では，何んのための手段か．それは「もの」の本質を知るための手段なのである．「もの」とは何か．数学の研究対象のことだ．そんな「同義反復では答にならんよ」といわれそうだが，そこの解説がむずかしい．

数とか空間とかが数学の研究対象である．もっと一般に，宇宙の中の事物，現象のうち，形式的な側面を明らかにするのが数学の目的というべきか．おそらく，この解説も「馬に念仏」であろう．数学の研究対象が何かを知る最善の方法は，先人の残した数学を学ぶことである．数学でも，それを学んだ経験がモノをいう．人間とは，しょせん，経験的動物なのだ．経験には体を張って学んだものと，頭で学んだものとがある．知的経験を抜いては「数学とは何か」を知ることすらできない．

数学はモノの本質を徹底的に明らかにしようとする．その手段として論理を使うのである．

たとえば，自然数は小学生でも知っている．しかし小学生は，最小限どれだけの法則を認めれば，それを基礎として自然数を構成できるかを知らない．それを探るのが数学である．

われわれは実生活で長さ，重さなどを測り，実数というものを知っている．しかし，実数を構成する最小限の法則を知らない．これを知るために，どれだけの多くの数学者が苦労したことか．どうにか解明されたのは19世紀の終りであった．

基礎になる法則が等しいものは同じモノ，そうでないものは異なるモノ――このような方法で，モノの本質を究明するのが数学の使命なのだと思えばよい．

料理にたとえれば，高校の数学はちゃんこ鍋みたいなもの．大学は一品料理を味わうところである．

おいしい料理をつくるには，いろいろの素材と調味料を配合する．秀れた料理人は魚，肉，野菜を吟味する．もちろん調味料も．よい砂糖，よい塩を見分けることもできないようでは，おいしい料理のできるわけがないではないか．数学も同じことである．

数学の１つ１つの分野を吟味し，その正体を明かにし，それを組合せ，より複雑な数学を作り上げてゆくのである．

だから「疑う」習慣を身につけるのがよい．いままでなんの不安も抱かずに使っていたことも，疑ってみるのがよい．テスト主義の教育によって，ヘンな自信を持ってしまった者は始末が悪い．君はその１人かもしれない．いや，そんなことはないと言い張るなら，$ab \geqq 0$は

$$\begin{cases} a \geqq 0 \\ b \geqq 0 \end{cases} \text{or} \quad \begin{matrix} a \leqq 0 \\ b \leqq 0 \end{matrix}$$

と同値であることを，不等式の性質を用い証明してごらん．

■数学の体系は１つではない

数学の論理体系は１つしかないように思っている学生がおる．ときには教師も．誤解もはなはだしい．数学はそんな固定的なものではない．時代と共に変って来たし，同じ時代でも，人により異なることが多い．とくに教育の場合は，中学→高校→大学とすすむに伴って，その体系も変って行く．人間は成長すれば考え方も知識の量も変るから当然のことである．

高校の数学のテキストをみても，大きな流れは大差ないが細部では違う．たとえばベクトルの内積は，幾何学的に

$$\boldsymbol{ab} = |\boldsymbol{a}| \cdot |\boldsymbol{b}| \cos\theta$$

で定義したあと

$\boldsymbol{ab} = x_1x_2 + y_1y_2$ を導き，次に内積の計算法則へとすすめることが多いが，これとは逆に

内積の計算法則を導き，次に $\boldsymbol{ab} = x_1x_2 + y_1y_2$ へとすすめることもできる．

このような論理体系の違いは，大学へすすむと一層はげしくなる．講義の担当者が，自分の好みで体系を選ぶことが多くなるためである．

諸君の大部分は大学で線型代数を学ぶはずである．ところが，この線型代数というのは，大ざっぱにみると，３つの内容

ベクトル　　行列　　行列式

から成っており，これらを指導する順序は，人により違う．荒っぽくいえば，$3! = 6$ で，６通りの順序が考えられるからである．この順序が違うと，論理体系も大きく変る．ある人は定理Ａを先に導き，それを用いて定理Ｂを証明するのに，他の人は定理Ｂを先に導き，それを用いて定理Ａを証明するというようなことになりかねない．

このようなことは，数学の本についても言える．だから，講義を怠け，そのうめ合せに参考書を買ったりすると，本と講義の体系の違いに泣かされることになる．参考書は先生に相談の上買うのがよい．

１つの論理体系をガッチリと身につけないうちから，あれこれと，いろんな体系の本を読むのは数学のよい学び方とはいえない．１つの体系を身につけた後ならば，いろいろの体系に目を通し，比較研究するのは望ましいことであるが……．あれこれとガールフレンドをあさる男は，最後にブスをつかむようなものである．

■用語と記号の不統一

本により，先生により，用語と記号の不統一も目立つ．高校では，そのようなことは殆んどなかった．高校以下では，文部省が指導要領と教科書の検定過程で統一するからである．

たとえば，集合Aが集合Bの部分集合であることを，高校では $A \subseteqq B$ と表すことに統一されている．ところが大学では $A \subseteqq B$ よりも $A \subset B$ を

■手作業に親しめ

ふところ手でうまいことをしようなんていうのは甘い．人間の認識の窓は目だけではない．耳も大切な窓だ．講義をきくことの意義はそこにある．講義をきくのは時間の無駄のようで，意外と印象が強いものだ．忘れがたい一瞬の感動……教育では，それが貴重なのである．

手も忘れてはならない認識の窓である．数学は頭で考える学問だから手作業など必要ないと思うのは，とんでもない認識不足．同じことでも書いてみれば，読むだけでは気付かなかったことを発見するものだし，手ごたえも違う．

たとえば関数のグラフは，概形を知るだけで満足してはいけない．1変数のときの曲線も，2変数のときの曲面も，関数値をたくさん計算し，正確な図をかいてみるのがよい．とくに基本的関数や基本的局所の状況の場合には，これ，やってみると楽しいものだ．幸にして，最近は便利な電卓が安価に手に入るから，関数値の計算は苦労しなくて済む．

昔「青白いインテリ」という言葉があった．理くつはいうが実行しないインテリを笑うのだ．今の社会も，これからの社会も，口先だけでなく，手足をおしまず使う人間を求めている．考えてから歩く態度も必要だが，ものによっては，歩いてから考える，歩きつつ考えるも必要．数学でも同じこと．数学を学ぶときはペンとノートを必ず用意しようではないか．

用いる人が多い．

高校では集合Aの補集合を$\bar{A}$とかくことに統一されているが，大学ではA^cまたはA'を用いたりする．また，命題pの否定を高校では$\bar{p}$とかくことに統一してあるらしいが，大学では$\neg p$や$\sim p$を用いる人がおる．

AからBへの写像fを，高校では

$$f : A \to B$$

または，要素の対応によって

$$f : x \to f(x)$$

とかく．ところが大学では

$$f \begin{cases} A \to B \\ x \longmapsto f(x) \end{cases}$$

のように，集合と要素の場合を区別することがある．

まあ，こんな調子だから，本を読むとき，講義をきくとき，用語や記号をどのように定義したかに注意し，以後は，その定義を守るように注意しなければならない．

狭い国の日本語ですら方言によっては意味が違うようなものだ．「こわい」は怖いの意味だが，東北では「疲れた」の意味に用いるところがある．おばけでも出たのかとビックリしたのに，ヘトヘトに疲れたでは……．

■自作自演のすすめ

大学の先生には講義に当って教育的配慮に無関心な方が少なくない．つまり，分らせる工夫に気をくばらないのだ．ある国立大の先生が停年後私立に勤め「世の中には数学の分らない学生がおることを始めて知った」と告白した例もある．最近は，こんな国宝的存在は少ないとは思うが，高校並みとはいかない．

とくに若い先生の中には，学生を煙にまくのが得意で，それが自己の権威を保つ方法だと思っているのかと疑いたくなるような方がおる．講義が分らないのは学生の責任で，僕のためじゃないと割り切っている方もおる．

高校では講義の一区切りごとに，問を課し，例題を解き，知識の定着を計ってから先へすすむのが常識である．大学では，こんな親切な先生は少ないと覚悟をきめてかかることだ．

そこで，当然学生は学生なりに対策を立てねばならない．問や例題が与えられないときは，自作自演で切り抜けることだ．その最低限のことを試みようとする学生も最近は少ないようだが，これ

だけは，ぜひ実行してほしい．

講義は一般論ですすめられることが多い．分らなかったら具体例で考えよ．具象こそ理解の源，発見と創造の大地と知るべきだ．

一般に n の場合に成立つ定理は n が2か3の場合で考えれば，意外とやさしいことが多い．

数学的帰納法も，一気に $n=r$ のときを仮定し $n=r+1$ の場合の成立を導こうとすると手の出ないことがある．そんなときは $n=1$ のときは証明し，次に $n=2$ の場合を，さらに，それをもとにして $n=3$ の場合へというようにすすめていくと，証明の一般原理が浮き彫りになる．

数学には領域ごとに，避けていることのできない重要な定理がある．たとえば線型代数の入門でみると，A を n 次の正方行列，$\boldsymbol{x}$ を n 項ベクトルとするとき

$\boldsymbol{Ax=0}$ が $\boldsymbol{x=0}$ 以外の解をもつための条件は

$$\det A=0$$

というのがある．これは上の帰納的考え方の有効な一例である．

$n=1$ のとき

$a_{11}x_1=0$ が $x_{11}=0$ 以外の解をもつ条件は

$a_{11}=0$

$n=2$ のとき

$\begin{pmatrix} a_{11} & a_{12} \\ a_{21} & a_{22} \end{pmatrix}\begin{pmatrix} x_1 \\ x_2 \end{pmatrix}=\begin{pmatrix} 0 \\ 0 \end{pmatrix}$ が $\begin{pmatrix} x_1 \\ x_2 \end{pmatrix}=\begin{pmatrix} 0 \\ 0 \end{pmatrix}$ 以外の解をもつための条件は $\begin{vmatrix} a_{11} & a_{12} \\ a_{21} & a_{22} \end{vmatrix}=0$

$n=3$ のとき

$\begin{pmatrix} a_{11} & a_{12} & a_{13} \\ a_{21} & a_{22} & a_{23} \\ a_{31} & a_{32} & a_{33} \end{pmatrix}=\begin{pmatrix} x_1 \\ x_2 \\ x_3 \end{pmatrix}=\begin{pmatrix} 0 \\ 0 \\ 0 \end{pmatrix}$ が $\begin{pmatrix} x_1 \\ x_2 \\ x_3 \end{pmatrix}=\begin{pmatrix} 0 \\ 0 \\ 0 \end{pmatrix}$

以外の解をもつための条件は $\begin{vmatrix} a_{11} & a_{12} & a_{13} \\ a_{21} & a_{22} & a_{23} \\ a_{31} & a_{32} & a_{33} \end{vmatrix}=0$

これは $n=1\to n=2\to n=3$ の順に証明してみよ．一般の証明法がパッと目に浮んで来るはずだ．

理論というのは一般化のために文字で表されている．文字では実感のわかないことがある．そんなときは，数学の具体例を豊富に作り，当ってみるがよい．そのとき高校で学んだことが役に立つ．すでに結果の分っているものに，新しい理論を当てはめてみれば安心できるからだ．自作自演のすすめとは，そういうことである．

（いしたに　しげる）

線形代数への道

大学教養課程での代数は線形代数である．高校での代数教材は線形代数へどのように発展・拡張されるか——それを眺めてみたい．

矢ヶ部　巌

こんな記事が目に止まった．タイガース日本一で迎えた，初春のことである：三年生の円周角の指導で，次のような問題を小テストの中に入れてみた．

問　次の図の∠xの大きさを求めなさい．

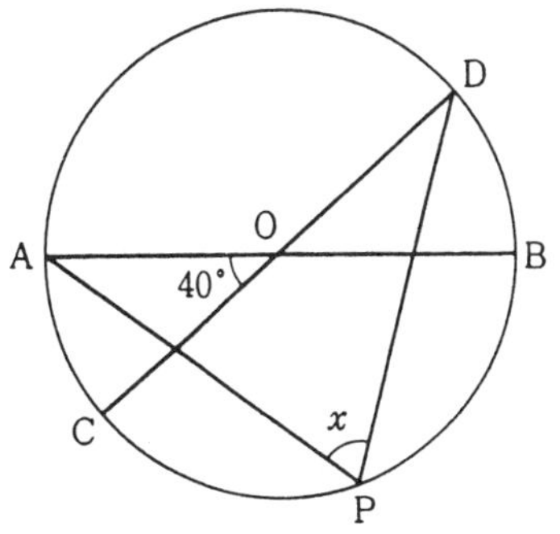

（図１）

この問題で，答えのみでは目分量で答える生徒がいると思われたので，途中の式を書かせるようにした．すると，E子とH男がともに

180－40＝140

140÷２＝70　　　答70°

と答えた．これはグループで答合せしたときのことである．

この答え方では，正解でもあるし，二人の答合せでは何の問題もなく○をつけてそれで終ってしまうだろう．このとき，M子がこの問題を解けずにE子にどう解くのか質問した．このとき，E子の考えとH男の考えが異なり，これをきっかけに考えを深めることができた．

（E子の考え）∠APDは∠AODの半分で

∠AOD＝180°－40°

である．

（H男の考え）∠APD＝∠ACD（円周角）で，

△OACは二等辺三角形だから

∠ACO＝(180°－40°)÷2

である．

このことから，評価には，途中の式を書かせるなど，適切な方法を工夫すれば，その評価をその後の指導に役だてることができることなど改めて感じた．二つの解法について式は同じであっても考え方はちがうことがあるのである（『数学教育』1986年１月号）．

ガクゼンとした．小学三年生の話かと読み流していたところ，なんと中学三年生！　誤解の因は‘式だけの解答’にある．第二次大戦終了のとき，筆者は中学四年生であった．円周角は中学一年生で学習している．当時，たとえ小テストでも，‘理由なしの式だけの解答’など容認されなかったものである．

ナルホドと合点した．「証明問題はダメー」と，所ジョージ風におっしゃる大学新入生は多い．理学部で数学を専攻しようという学生さんでも，メモ同然の，証明とはいえない代物しか書けない．書けない訳である．ダメな筈である．鉄は熱いうちに打たないといけない．躾は幼いうちに始めないと身につかない．

高校までの計算中心の代数は，論証主体の代数へと大きく変質する．このことを踏まえて，高校での代数教材は大学教養課程の線形代数へ，どのように発展・拡張されるのか，眺めていただきたい．

数から体へ

「1は複素数ですか」と質問されたことがある．理学部で物理学を専攻しようという学生さんからである．こんなときには，出身高校名を尋ねることにしている．もっとも，ここでの公表はひかえておく．

小学校から高校までの永い年月をかけて，実数の計算法を歩一歩と学習している――零を掛けると零であるとか，マイナスの数同志を掛けるとプラスの数で，プラスの数とマイナスの数とを掛けるとマイナスの数であるという符号の法則とか．『数学Ｉ』では，新しく複素数の計算法も学習する．

実数・複素数の計算法は九つの基本性質に要約でき，この基本性質から，残りの計算法はどれも証明されることが認識されるようになる．

この観点から，実数・複素数は‘体’の概念へと拡張される．それは個々の実数・複素数ではなく，実数全体の集合・複素数全体の集合の中で計算の仕組みを捉えることにある．

空でない集合 S に対して，$S\times S$ から S への写像を S の‘算法’という．

$$S\times S=\{(a,b)\mid a,b\in S\}$$

である．

S の算法を記号○で表すとき，この写像で $S\times S$ の元 (a,b) に対応させられる S の元を $a\circ b$ と書く．

これは実数・複素数の加法・乗法などを一般化したものである．といっても，ピンとこないかも知れない．実数・複素数の加法・乗法には慣れすぎているから．

いい例がある．『代数・幾何』で行列の掛け算を学習している．二次の正方行列 A と二次の正方行列 B との積 AB は，A と B とから‘一定の方法’で作り出される．実数・複素数の乗法と比べると，かなり人工的だから，‘作り出す’という印象は強いかと思う．

‘作り出す’という動的操作を‘対応’という静的観点で捉え直すと写像になる．A と B との積 AB と，B と A との積 BA とは同じにならないことがある．それで，A と B との組 (A,B) と，B と A との組 (B,A) とを区別する必要が起こる．

空でない集合 K の二つの算法＋と×とが次の九つの性質をもつとき，この二つの算法について K は体である，という：

(1) K の任意の元 a,b,c に対して
$$(a+b)+c=a+(b+c).$$
(2) K の任意の元 a,b に対して
$$a+b=b+a.$$
(3) K のすべての元 a に対して
$$a+e=a$$
となる，K の元 e がただ一つ存在する．
この元 e を K の零元といって，0で表す．

(4) K の各元 a に対して
$$a+a'=0$$
となる，K の元 a' がただ一つ存在する．
この元 a' を $-a$ で表す．

(5) K の任意の元 a,b,c に対して
$$(a\times b)\times c=a\times(b\times c).$$
(6) K の任意の元 a，b に対して
$$a\times b=b\times a.$$
(7) K のすべての元 a に対して
$$a\times e'=a$$
となる，K の元 e' がただ一つ存在する．
この元 e' を K の単位元といって，1で表す．

(8) 零元と異なる，K の各元 a に対して
$$a\times a''=1$$
となる，K の元 a'' がただ一つ存在する．
この元 a'' を a^{-1} とか $1/a$ で表す．

(9) K の任意の元 a,b,c に対して
$$(a+b)\times c=(a\times c)+(b\times c).$$

体 K の算法＋を K の加法，算法×を K の乗法という．実数の加法・乗法と同じ記号・名称を使って

いるが，もちろん，一般的な算法を表している．

性質(1)，(5)はそれぞれ加法の結合法則，乗法の結合法則といわれる．性質(2)，(6)はそれぞれ加法の交換法則，乗法の交換法則といわれる．最後の性質(9)は加法と乗法とを結びつけるもので，分配法則といわれている．

実数全体の集合は $\boldsymbol{R}$ で表す習慣である．$\boldsymbol{R}$ はふつうの加法・乗法について体である．このとき $\boldsymbol{R}$ を‘実数体’という．

複素数全体の集合は $\boldsymbol{C}$ で表す習慣である．$\boldsymbol{C}$ はふつうの加法・乗法について体である．このとき，$\boldsymbol{C}$ を‘複素数体’という．

実数体 $\boldsymbol{R}$ は複素数体 $\boldsymbol{C}$ の部分集合で，$\boldsymbol{R}$ の算法は $\boldsymbol{C}$ の算法の定義域を $\boldsymbol{R}\times\boldsymbol{R}$ へ制限したものになっている．

こういうように，複素数体 $\boldsymbol{C}$ の部分集合で，ふつうの加法・乗法について体であるものを‘数体’という．

実数体も複素数体も数体である．有理数全体の集合は $\boldsymbol{Q}$ で表す習慣である．$\boldsymbol{Q}$ は数体である．集合

$$\{a+b\sqrt{2} \mid a, b\in\boldsymbol{Q}\}$$

も数体である．

数体でない体も高校数学に登場している．文字 x の実係数の有理式

$$\frac{a_0x^n+a_1x^{n-1}+\cdots+a_{n-1}x+a_n}{b_0x^m+b_1x^{m-1}+\cdots+b_{m-1}x+b_m}$$

全体の集合である．ふつうの加法・乗法について体である．

ベクトルから線形空間へ

行列にはウラミ・ツラミがある．最近の大学新入生は複素数の幾何的表示をご存知ない．手がかかること，おびただしい．以前の高校では，複素平面を導入し，複素数とベクトルとの関係なども教えたものである．行列教材の新設と引きかえに，消えてしまった．

『代数・幾何』で，平面のベクトルを学習している．平面の二つのベクトルの和は，平行四辺形の法則で作り出される平面のベクトルである．

この足し算の仕組みを平面のベクトル全体の集合の中で捉えると，平面のベクトル全体の集合の算法である．この算法が体の加法と同じ性質をもつこと，すなわち，平面のベクトルの足し算は実数の足し算と同じにできることも，『代数・幾何』で，確かめている．

平面のベクトルの実数倍も学習している．実数 c と平面のベクトル $\vec{a}$ に対して，$\vec{a}$ の c 倍のベクトル $c\vec{a}$ は，c と $\vec{a}$ とから‘一定の方法’で作り出される平面のベクトルである．

この仕組みを集合の中で捉えると――平面のベクトル全体の集合を V^2 で表す――$R\times V^2$ の元 $(c, \vec{a})$ に V^2 の元 $c\vec{a}$ を対応させる写像である．

これを一般化すると‘作用’の概念となる．空でない集合 T，S に対して，$T\times S$ から S への写像を T の S への作用という．

$$T\times S=\{(t, s) \mid t\in T,\ s\in S\}$$

である．T の S への作用を記号・で表すとき，この写像で (t, s) に対応させられる S の元を $t\cdot s$ と書く．

R の V^2 への作用は体の乗法と似た性質をもつこと，すなわち，ベクトルの実数倍は実数の掛け算と殆ど同じにできることも，『代数・幾何』で，確かめている．

空間のベクトルについても，事情は同じである．これらは‘線形空間’の概念へと拡張される．

空でない集合 V の算法＋と，体 K の V への作用・とが次の八つの性質をもつとき，この算法と作用について V は K 上の線形空間である，という：

(1) V の任意の元 $\boldsymbol{x}$，$\boldsymbol{y}$，$\boldsymbol{z}$ に対して

$$(\boldsymbol{x}+\boldsymbol{y})+\boldsymbol{z}=\boldsymbol{x}+(\boldsymbol{y}+\boldsymbol{z}).$$

(2) V の任意の元 $\boldsymbol{x}, \boldsymbol{y}$ に対して

$$\boldsymbol{x}+\boldsymbol{y}=\boldsymbol{y}+\boldsymbol{x}.$$

(3) V のすべての元 $\boldsymbol{x}$ に対して

$$\boldsymbol{x}+\boldsymbol{e}=\boldsymbol{x}$$

となる，V の元 $\boldsymbol{e}$ がただ一つ存在する．

この元 $\boldsymbol{e}$ を V の零元といって，$\boldsymbol{o}$ で表す．

(4) V の各元 $\boldsymbol{x}$ に対して

$$\boldsymbol{x}+\boldsymbol{x}'=\boldsymbol{o}$$

となる，V の元 $\boldsymbol{x}'$ がただ一つ存在する．

この元 $\boldsymbol{x}'$ を $-\boldsymbol{x}$ で表す．

(5) K の任意の元 a, b と V の任意の元 $\boldsymbol{x}$ に対して

$$(a\times b)\cdot\boldsymbol{x}=a\cdot(b\cdot\boldsymbol{x}).$$

(6) K の任意の元 a と V の任意の元 $\boldsymbol{x}$，$\boldsymbol{y}$ に対して

$$a\cdot(\boldsymbol{x}+\boldsymbol{y})=(a\cdot\boldsymbol{x})+(a\cdot\boldsymbol{y}).$$

(7) K の任意の元 a, b と V の任意の元 $\boldsymbol{x}$ に対

して

$$(a+b)\cdot\boldsymbol{x}=(a\cdot\boldsymbol{x})+(b\cdot\boldsymbol{x}).$$

(8) K の単位元1と V の任意の元$\boldsymbol{x}$に対して

$$1\cdot\boldsymbol{x}=\boldsymbol{x}.$$

もちろん，性質(5)の左辺での $a\times b$ は，体 K での a と b との積である．性質(7)の左辺での $a+b$ は，体 K での a と b との和である．混同しないように．

線形空間は線型空間とも書く．線形空間をベクトル空間ともいう．このとき，体 K の元をスカラー，V の元をベクトルという．V の零元を零ベクトル，性質(4)の$-\boldsymbol{x}$を$\boldsymbol{x}$の逆ベクトルということもある．こんな名前にだまされてはいけない．平面とか空間のベクトルだけを意味しているのでは，ないのだから．

連立一次方程式は中学校から学習している．これは，n 個の未知数 x_1，x_2，…，x_n についての一次方程式を m 個連立した

$$\begin{cases} a_{11}x_1+a_{12}x_2+\cdots+a_{1n}x_n=b_1 \\ a_{21}x_1+a_{22}x_2+\cdots+a_{2n}x_n=b_2 \\ \quad\cdots \qquad\qquad \cdots \quad \cdots \\ a_{m1}x_1+a_{m2}x_2+\cdots+a_{mn}x_n=b_m \end{cases}$$

という一般な連立一次方程式の理論へ発展させられる．係数 a_{kl}，定数項 b_j は体 K の元で，K の元の解を考察するものである．

『代数・幾何』で，x，y についての連立一次方程式

$$\begin{cases} ax+by=p \\ cx+dy=q \end{cases}$$

は，行列

$$A=\begin{pmatrix} a & b \\ c & d \end{pmatrix},\quad X=\begin{pmatrix} x \\ y \end{pmatrix},\quad B=\begin{pmatrix} p \\ q \end{pmatrix}$$

を使って

$$AX=B$$

と書いている．こう書くと，一次方程式

$$ax=b$$

との類推がきくからである．

一般な連立一次方程式も，型を拡張した行列

$$A=\begin{pmatrix} a_{11} & a_{12} & \cdots & a_{1n} \\ a_{21} & a_{22} & \cdots & a_{2n} \\ \vdots & \vdots & & \vdots \\ a_{m1} & a_{m2} & \cdots & a_{mn} \end{pmatrix},\quad X=\begin{pmatrix} x_1 \\ x_2 \\ \vdots \\ x_n \end{pmatrix},\quad B=\begin{pmatrix} b_1 \\ b_2 \\ \vdots \\ b_m \end{pmatrix}$$

を導入して

$$AX=B$$

と書く．

この行列 A を‘体 K 上の $m\times n$ 型行列’という．こういう行列にも，『代数・幾何』でと同じように自然に，和・積とか，K の元と行列との積が導入される．

連立一次方程式の解

$$x_1=c_1,\ x_2=c_2,\ \cdots,\ x_n=c_n$$

も，K 上の $n\times 1$型行列を使って

$$\begin{pmatrix} c_1 \\ c_2 \\ \vdots \\ c_n \end{pmatrix}$$

で表すことになる．

そうすると，解は集合

$$\left\{ \begin{pmatrix} a_1 \\ a_2 \\ \vdots \\ a_n \end{pmatrix} \middle|\ a_1,\ a_2,\ \cdots,\ a_n\in K \right\}$$

の元と捉えられる．この集合は K^n で表される．行列のふつうの和と，K の元と行列とのふつうの積について，K^n は K 上の線形空間である．

$\boldsymbol{R}^2$ は，平面のベクトルを成分表示したもの全体の集合，すなわち，平面のベクトル全体の集合と幾何的に解釈できる．『代数・幾何』で成分表示はヨコ書きだが，タテ書きが便利なことはお分かりと思う．

$\boldsymbol{R}^3$ も同じように解釈できる．

体 K 上の線形空間 V の空でない部分集合 W が，V でと同じ算法・同じ作用について K 上の線形空間になっているとき，W を V の‘部分線形空間’簡単に‘部分空間’という．

前記の一般な連立一次方程式で，定数項 b_j が全部 K の零元になっている

$$AX=O$$

という連立一次方程式の解全体の集合は，K^n の部分空間になる．O は零元だけを並べた，K 上の $m\times 1$型行列である．

大まかにいうと，線形空間の性質を調べるのが線形代数である．連立一次方程式と『代数・幾何』全部の内容は，線形代数に吸収される．

教養課程の線形代数では，一般の線形空間ではなく，制限された線形空間を対象とすることが多い．数体上の線形空間とか，実数体上または複素数体上の線形空間とか，いろいろある．筆者は，最近では，線形空間 $\boldsymbol{R}^n$ と $\boldsymbol{C}^n$ と，それらの部分空間しか扱わない．その理由は，ご想像におまかせする．

老婆心までに

アタリマエのことを，アタリマエでないかのように，勿体をつけて忠告しておく．

将来，数学を道具として使うことになる学生さんも，そうでない学生さんも，定理・公式は正確に覚えないといけない．

‘導関数が零となる関数は定数’と思いこんでいる学生さんがいる．関数

$$f(x)=\begin{cases} 1 & (x>0) \\ -1 & (x<0) \end{cases}$$

の導関数は零だが，f の値は一定ではない．

学生さんは付帯条件に寛容である．‘ある区間で導関数が零となる関数はその区間で定数’というのが真相なのである．‘区間で’という条件がつく．条件を見落すと命取りになる．

定理・公式は‘自分の言葉’で柔軟に理解し直しておくのがいい．

（図２）のように書いて三角形の面積を求めさせたとき，殆ど全員が正解だったそうである．

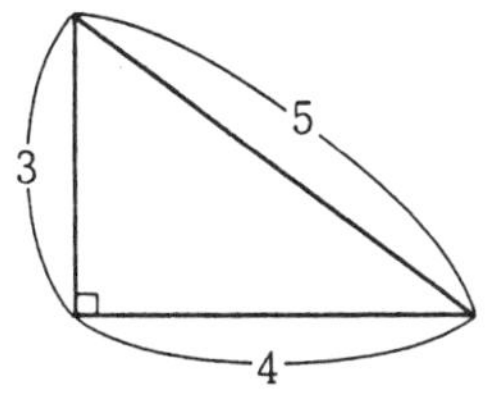

（図２）

ところが，意地悪して，（図３）のように書いて出題したところ，正解者は三分の一に減ってしまった，

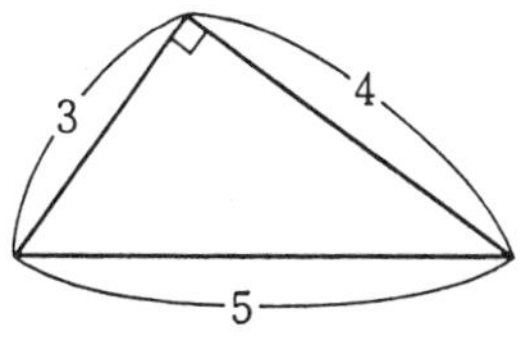

（図３）

という．定理・公式を形の上だけで硬直して受け止める傾向の人は，解けなかった小学生を笑えない．

定理•公式の‘ココロ’も自分のものにしておくと，最善である．

固有値——それが何かは置いて——を求めるとき，x についての二次方程式

$$(x-2)^2+1=0$$

が出てくる．これを解くのに，わざわざ

$$x^2-4x+5=0$$

として，解の公式を機械的に使う学生さんが多い．あげくの果てに，計算を間違える．情け無さを通りこして，空しいばかりである．二次方程式の解の公式を求めるときの精神は一体何処へ行ったのか！

数学を専攻しようという学生さんに一言申し上げる．

教養課程の数学では，テキストが使用されていると思う．テキストを手にした瞬間から，どんどん読み進み，テキストの問題もバリバリ解くことである．

理解できないこと，解けない問題などがあるかも知れない．しかし，教師に質問してはいけない．

世界中，トン・ナン・シャー・ペー各国の同じ年代の若者は，同じ程度の数学を学習している．君に理解できない訳がない．テキストの問題は，誰れかが一度は解いている．君に解けない筈がない．

自分自身で粘り強く解決することが肝要である．教師に頼るものではない．君は，教師を越えていく存在なのだから．

単位通過だけで満足してはいけない．君は，数学へのあくなき挑戦者なのだから．

（やかべ　いわお）

高校における解析学は大学においてどう変るか

厳格で抽象的になる．つまり数学的になる．そして，何といっても，おもしろくなる．

岡安　隆照

はじめに

高等学校における数学の中の“解析学の部分”が大学の教養課程においてどう変るかについて，フレッシュマン諸君にやさしく説明しようというのがこの稿の目的である．もっとも紙数の都合で遺漏（いろう）無くあげ尽すことは不可能なので，予めご了解を願っておきたい．教養課程で解析学を勉強する際に注意して頂きたいことなども，思いつくままにつけ加えるとしよう．

フレッシュマン諸君の勉強の道案内にして頂ければまことに幸甚である．

高等学校における解析学

解析学とは極限算法とそれによって定義される(微分や積分のような)演算や，それらの対象とされる関数などのクラスについて系統的に研究する数学の一分科である．その中心に微分積分学（とそれを出発点とする伝統的な解析学）が据えられていることはいうまでもない．

高等学校における数学の教科のうち(『数学Ｉ』は基本であるから別として)『基礎解析』と『微分・積分』(と『数学II』のそれらに対応する部分) が解析学に当たる．ここでこれらの教科の中味についてざっと目を通してみよう．

まず『基礎解析』の内容はつぎのとおりである．

(a)　簡単な初等関数――つまり三角関数，指数関数，および対数関数．有理整関数（変数の多項式によって定義された関数)，有理関数（分数関数)，いわゆる無理関数，については既に『数学Ｉ』で学んでいる．

(b)　等差数列，等比数列などの簡単な（有限）数列と数学的帰納法――2項定理は『確率・統計』で学ぶ．ここではやらない．

(c)　有理整関数の微分とその応用――等式

$$dx^n/dx=nx^{n-1}$$

を示すには2項定理を避けて等式

$$(x^n-a^n)/(x-a)=x^{n-1}+x^{n-2}a+\cdots+a^{n-1}$$

を利用する．このあたりはまことに微妙である．

(d)　有理整関数の積分とその応用――まがりなりにも

$$\frac{d}{dx}\int_a^x f(t)dt=f(x)$$ や

$$\int_a^b f(x)\,dx = F(b) - F(a) \quad \left(\frac{dF}{dx} = f\right)$$

も学ぶ．

また『微分・積分』の内容はつぎのとおりである：

(e) 数列の極限（級数の和も）と関数の極限――等式

$$\lim_{\theta \to 0} \frac{\sin\theta}{\theta} = 1$$

を学ぶ．連続関数とその中間値の定理も（ただし直観的にわかればよいとされる）．テキストによっては本文の枠外で ε-δ も．

(f) 簡単な初等関数の微分とその応用――合成関数の微分法と逆関数の微分法も（テキストによっては積の高次微分に関するライプニッツの公式も）学ぶ．平均値の定理も（これも直観的にわかればよいとされる）．

(g) 簡単な初等関数の積分とその応用――部分積分法，置換積分法も学ぶ．簡単な微分方程式についても学ぶ．

――このように高等学校における解析学（のみならず数学全般）は，高校生諸君が勉強しやすいようにといういわゆる教育的配慮と，早く各方面に応用できるようにという実用性への配慮の下に組み立てられている．そしてそのために数学の最も基本的なスピリッツである厳格性と抽象性を大幅に犠牲にしているのである．

事実，概念の定義が明確に述べられないままに放っておかれることもしばしばあるし，議論が人の直観（のみ）によって進められることも慣例上よしとされる．また命題がどれ程一般的であるかについてほとんど注意を払っていない．

しかしそれもこれも仕方無いのであろう．何と言っても高校生諸君はまだ駆け出しであるし，数学のみがこの即席時代に軽便即決を嫌ってばかりもいられないであろう．それに曖昧な議論を厳格にしてゆくこと，具体的な議論を抽象化してゆくことは，教育（と研究）の常道でもあるわけである．

心構えを変えよう

大学の教養課程における解析学の様相は大学や学部によって，あるいは担当する教師によっておおいに異なるが，一般に理科系の学部における解析学は高等学校における解析学よりもずっと厳格で抽象的であるといってよいであろう．読者がもしも理科系のフレッシュマンであればそのことにまず心を配らなければならない．

もっとも文科系のフレッシュマンであればその限りではない．文科系の学部における解析学はどちらかといえば専ら実用向きに構成されているからである．それは時には全く別の形をとって，解析学の理念や歴史を主題とすることもある．

ところで驚くべきことに近頃の高校生は数学を，数学の問題を解く方法について学ぶ学問であると心得ているらしいのである．読者諸君はいかがだったであろうか？

確かに高校生にとって数学ができるということは見た目には数学の問題が上手に解けるということでもあろう．それどころか近年の大学入試の厳しい事情は彼らに，問題がうまく解けることの**のみ**が大切であるとさえ，感じさせる様子なのである．

しかし本来数学の主役はあくまで理論そのものであって，模範解答付きの例題（例ではない）や練習問題ではない．それらは理解を深めるために，あるいは応用力を養成するために提供されたサービス品に過ぎないのである．読者には教養課程（とその後）における数学を（物理学やその他の学問の問題ならともかく）数学の問題の解答術を修得する学問であるなどとゆめお考えにならぬようよくお願いしておく．

大学入試が高等学校における数学に大きな影を投じていることは否めない．大学入試における数学の問題が高等学校における数学の相貌のようにうつるのである．ところがご存知のように大学入試の数学の問題，特に解析学の問題には，機械的な手順を踏むだけで解くことができる類型的なものが多い（もちろんそうでないものもあるが）．そのために高等学校の数学，特に解析学，がかったるいルーティン数学（？）であるかのように見えるのである．

教養課程（とその後）における数学が大学入試的でないことはいうまでもない．もっと潑剌（はつらつ）として生気に満ちたものである．読者諸君はおおいに期待してよろしい．

教養課程における解析学

さて，大学の教養課程における（きちんとした方の）解析学の主な内容を紹介しよう．そのためにはちょっと難しいことばを使わざるを得ないが，とてもここでは説明しきれないので，そういったことばからは何かを感じとる程度で我慢をして頂きたい．

(A) 実数系（つまり実数の全体）$\boldsymbol{R}$ の性質，数列の極限，および級数の和——数列について ε-δ を学ぶ．級数の収束，発散の基本的な判定法も．普通実数系 $\boldsymbol{R}$ の基本的な性質を1つ選んで出発点に据え，議論の拠り所にするようである．

(B) 関数の極限と連続性——関数について ε-δ を学ぶ．また連続関数のいろいろな性質について学ぶ．一様連続性も．指数関数の定義を明確にすることもある．

(C) 微分——平均値の定理をきちんと示し，テイラーの定理まで進める．不定型の極限に関するロピタルの定理も学ぶ．

(D) 積分——関数の積分可能性と積分の定義を正確にして，連続関数が積分可能であることを示す．原始関数と不定積分の概念を区別してそれらの関係を明瞭にする．有理関数などの関数の積分の計算法についても学ぶ．広義の積分も．

(E) 関数列と関数項級数——特に収束の一様性について学ぶ．また，整級数の諸性質や関数のテイラー展開についても学ぶ．

(F) 2変数関数の微分——つまり偏微分と全微分．あまり線型代数の知識を援用しないで進めるのが普通（伝統？）のようである．2変数関数に関するテイラーの定理や極値の判定法についても学ぶ．陰関数の定理についても学ぶ．

(G) 2変数関数の積分——つまり2重積分．累次積分との関係や積分変数の変更についても学ぶ．積分変数の変更に関する定理は陰関数の定理と共に教養課程の解析学における最も難しい定理であろう．広義の2重積分についても学ぶ．

——ざっとこんなところであろうか．

さて，この中から3つほど話題をとりあげて解説を試みるとしよう．ぜひとも興味をもって頂きたいものである．

$\varepsilon-\delta$

筆者が教養課程でならったK先生の微分積分学は（デデキントによるかなり本格的な）実教論から出発し，それから ε-δ に進むという体裁であった．ε-δ については具体的な数列や関数について沢山の演習を課せられたこと，そしてそれが存外楽しかったことを，なつかしく憶えている（実数論の方は大変にきつくてほとんどちんぷんかんぷんであった）．その ε-δ について説明しよう．

ご承知のように実数列 $\{a_n\}$ が実数 α に収束するとは，番号 n を限りなく大きくするとき a_n が限りなく α に近づくことである．そしてそのとき

$$a_n \to \alpha \quad (n \to \infty)$$

と書き，α を $\{a_n\}$ の極限値と呼ぶ．また，関数 f について，実変数 x が実数 a に近づくとき $f(x)$ が実数 α に収束するとは，x が（a に等しくない値をとりながら）a に限りなく近づくとき $f(x)$ が α に限りなく近づくことである．そしてこのとき

$$f(x) \to \alpha \quad (x \to a)$$

と書き，α を x が a に近づくときの $f(x)$ の極限値と呼ぶ．

もちろんそのとおりである．そして高等学校のレベルではこれでよろしい．しかし実はこの"限りなく流"では十分に精密な議論を進めることはできない．"限りなく大きくなる"とか"限りなく近づく"といった感覚的な，実はよくわからない，言い廻しに頼っているからであろう．

収束の概念を精密に定義するには ε-δ によるのである．つまり，まず実数列 $\{a_n\}$ について，それが実数 α に**収束**するとは，任意の正数 ε に対して，$n \geqq N$ のとき必ず

$$|a_n - \alpha| < \varepsilon$$

が成り立つような自然数 N をみつけることができることである，とする．どれ程小さな正数 ε に対しても——たとえば0.1でも 10^{-10} でも $10^{-10^{10}}$ でも——n を大きくすれば常に a_n と α との距離 $|a_n - \alpha|$ を**その** ε より小さくできることであるとするのである．

例として数列 $\{(n-1)/(n+1)\}$，つまり

$$\left\{0,\ \frac{1}{3},\ \frac{2}{4},\ \frac{3}{5},\ \frac{4}{6},\ \frac{5}{7},\ \frac{6}{8},\ \frac{7}{9},\ \frac{8}{10},\ \cdots\cdots\right\},$$

をとりあげて調べてみるとしよう．この数列が1に収束することはもちろんであるが（図1），確かに

$\left|\dfrac{n-1}{n+1}-1\right| < 0.1$ であるためには

$n \geqq 20$ であればよいし，

$\left|\dfrac{n-1}{n+1}-1\right| < 10^{-10}$ であるためには

$n \geqq 2\times 10^{10}$ であればよいし，

$$\left|\frac{n-1}{n+1}-1\right|<10^{-10^{10}}\text{であるためには}$$

$$n\geqq 2\times 10^{10^{10}}\text{であればよい．}$$

そして一般に

$$\left|\frac{n-1}{n+1}-1\right|<\varepsilon\ \text{であるためには}$$

$$n\geqq[2/\varepsilon]\text{であればよい}$$

であろう（ここに$[x]$はxを超えない最大の整数である）．

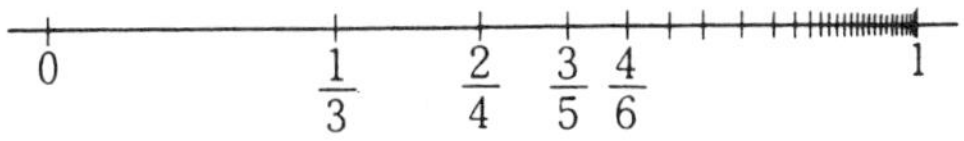

図 1

$\{a_n\}$がαに収束することをこういうことであると承認すれば高等学校で直観的に認めたつぎの定理もきちんと証明されることになる．

定理 1　$a_n\to\alpha$ $(n\to\infty)$，$b_n\to\beta$ $(n\to\infty)$ ならばつぎのとおりである：

(1)　$a_n+b_n\to\alpha+\beta$ $(n\to\infty)$．

(2)　$a_nb_n\to\alpha\beta$ $(n\to\infty)$．

(3)　$a_n/b_n\to\alpha/\beta$ $(n\to\infty)$，
　　ただし $b_n\neq 0\neq\beta$ $(n=1,\ 2,\ \cdots)$．

試みに(1)を証明してみよう((2)-(3)についてはちょっと難かしいかもしれないが読者がやってみて頂きたい)．つぎのとおりである．

仮定から任意の正数εに対してある自然数N_1，N_2があって

$$|a_n-\alpha|<\varepsilon/2\ (n\geqq N_1)\qquad\text{と}$$

$$|b_n-\beta|<\varepsilon/2\ (n\geqq N_2)$$

が成り立つ．そこでNをN_1とN_2の大きい方とすれば$n\geqq N$のとき必ず

$$\begin{aligned}&|a_n+b_n-(\alpha+\beta)|\\&\quad\leqq|a_n-\alpha|+|b_n-\beta|\\&\quad<\varepsilon/2+\varepsilon/2=\varepsilon\end{aligned}$$

が成り立つことがわかる．このことは(1)が成り立つことを意味しているのである．これでよし．

関数fについても，実変数xが実数aに近づくとき$f(x)$が数αに収束するということを本質的に同様に定義する．つまりε-δによって，任意の正数εに対して，$0<|x-a|<\delta$のとき必ず

$$|f(x)-\alpha|<\varepsilon$$

が成り立つような正数δをみつけることができることであるとするのである．読者は，定理1に対応する関数に関する定理をε-δによって証明してみて頂きたい．

ε-δの本当の効用は収束の一様性や一様連続性について勉強するときに知らされるであろう．

関数のテイラー展開

読者は

$$(4)\quad \frac{1}{1-x}=\sum_{n=0}^{\infty}x^n\qquad(|x|<1)$$

なる等式についてよくご存知のはずである．

この等式の右辺が$\sum_{n=0}^{\infty}a_nx^n$の形の級数であること($a_n=1$)に注意して頂きたい．この形の級数を（原点0を中心とする）**整級数**と呼ぶことになっている．そして一般に与えられた関数fが整級数として表せるときfは（原点0で）**テイラー展開可能**であるといい，その整級数をfの（原点0を中心とする）**テイラー展開**と呼ぶ．等式(4)は有理関数

$$f(x)=1/(1-x)\ (|x|<1)$$

がテイラー展開可能でその整級数が(4)の右辺であることを示しているのである．

有理整関数が最もやさしい関数のクラスをなすことについて何人も異議を挾（さしはさ）まないであろう．実はテイラー展開可能な関数はつぎにやさしい関数のクラスをなすのである．

実際整級数は有理整関数のようにいろいろなよい性質を具えている．特にそれらは微分可能，のみならず**項別微分可能**，で

$$\frac{d}{dx}\left(\sum_{n=0}^{\infty}a_nx^n\right)=\sum_{n=1}^{\infty}na_nx^{n-1}$$

が成り立つ．したがって任意回微分可能でもある．

また**項別積分可能**で

$$\int\left(\sum_{n=0}^{\infty}a_nx^n\right)dx=a+\sum_{n=0}^{\infty}a_nx^{n+1}/(n+1)$$

が成り立つ（aは任意定数）．

先刻の有理関数のほかにもテイラー展開可能な関数は沢山ある．特に読者がよくご存知の幾つかの基本的な初等関数は，つぎのとおり，“比較的簡単な係数をもつ”整級数に展開できるのである（ただしそれらの変数の変域が狭められることはある）．

定理 2

(5)　$e^x=\sum_{n=0}^{\infty}\frac{x^n}{n\,!}$　$(x\in\boldsymbol{R})$.

(6)　$\cos x=\sum_{n=0}^{\infty}\frac{(-1)^n}{(2n)\,!}x^{2n}$　$(x\in\boldsymbol{R})$.

(7)　$\sin x=\sum_{n=0}^{\infty}\frac{(-1)^n}{(2n+1)\,!}x^{2n+1}$　$(x\in\boldsymbol{R})$.

(8)　$\log(1+x)=\sum_{n=1}^{\infty}\frac{(-1)^{n-1}}{n}x^n$　$(-1<x\leqq 1)$.

(9)　任意の実数 α について

$$(1+x)^{\alpha}=\sum_{n=0}^{\infty}\binom{\alpha}{n}x^n\quad(\text{一般に } |x|<1).$$

ここに

$$\binom{\alpha}{n}=\begin{cases}1 & (n=0)\\ \alpha(\alpha-1)\cdots(\alpha-n+1)/n! & (n\geqq 1)\end{cases}$$

である．

これらの等式が“使える”等式であることはいうまでもない．

(9)は2項定理の拡張である．また(4)は(9)の特別な場合である．特に $\alpha=1/2$ とおくと

$$\sqrt{1+x}=1+\frac{x}{2}-\frac{x^2}{2^2\cdot 2!}+\cdots$$

$$\cdots+(-1)^{n-1}\frac{1\cdot 3\cdots(2n-1)}{2^n\cdot n\,!}x^n+\cdots\quad(|x|\leqq 1)$$

が得られる．

なお正接 tan もテイラー展開可能だが展開の係数はあまり簡単ではない．

一般に関数がどんな条件を満たせばテイラー展開可能になるか，またその展開の係数がどんなふうになるか，については何れ学ぶであろう．

あの紙風船の体積と表面積

3つの円柱

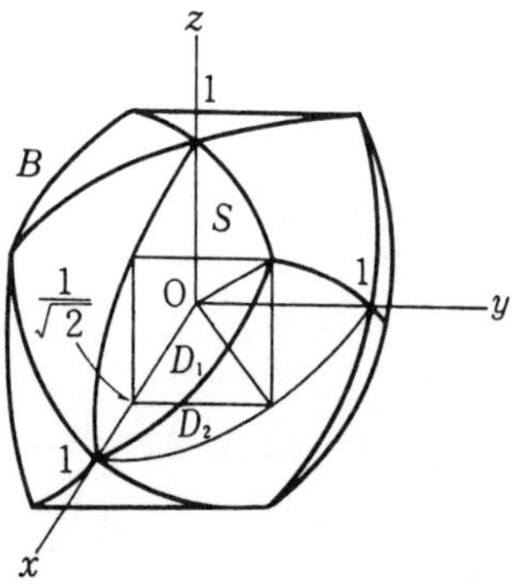

図2

$$y^2+z^2=1,\ z^2+x^2=1,\ x^2+y^2=1$$

によって切り出された空間図形 B を考えよう．それは大略図2に示すとおりである．

これはまさしく紙風船である．母が折っては息を吹き込み，子供らが競って空に打ち上げた，あのなつかしい紙風船――である．

ところで2変数関数に関する積分の議論を応用するとこの紙風船の体積と表面積を計算することができるのである．それをお目にかけるとしよう．

つぎの定理が基本である：

定理3　閉区間 $[a,\ b]$ $(-\infty<a<b<+\infty)$ で定義された連続関数 φ，ψ が

$$\varphi(x)\leqq\psi(x)\quad(a\leqq x\leqq b)$$

を満たすとき集合

$$D=\{(x,\ y):\varphi(x)\leqq y\leqq\psi(x),\ a\leqq x\leqq b\}$$

（図3）で定義された**連続**関数 f は積分可能で，その（D における）積分 $\iint_D f(x,y)\,dxdy$ は**累次積分**

$$\int_a^b dx\int_{\varphi(x)}^{\psi(x)}f(x,y)\,dy=\int_a^b\left(\int_{\varphi(x)}^{\psi(x)}f(x,y)\,dy\right)dx$$

に等しい．

積分 $\iint_D f(x,y)\,dxdy$ は，もしも関数 f が D で負の値をとらないならば，空間図形

$$V=\{(x,\ y,\ z):0\leqq z\leqq f(x,\ y),\ (x,\ y)\in D\}$$

の体積を意味する．f が積分可能であるとはそれが1つの実数として定まるということである．

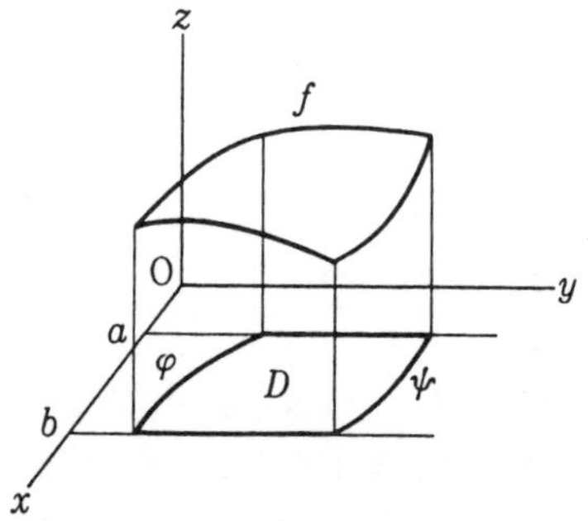

図3

さて紙風船 B の体積は空間図形

$$V_1=\{(x,\ y,\ z):$$

$0 \leqq x \leqq 1/\sqrt{2},\ 0 \leqq z \leqq y \leqq x,\ x^2+y^2 \leqq 1\}$

の体積と空間図形

$V_2 = \{(x,\ y,\ z):$

$1/\sqrt{2} \leqq x \leqq 1,\ 0 \leqq z \leqq y \leqq x,\ x^2+y^2 \leqq 1\}$

の体積の和の2・3・8倍であることに注意しよう（図2をよく見よ）．しかるにそれらはそれぞれ

$D_1 = \{(x,\ y): 0 \leqq x \leqq 1/\sqrt{2},\ 0 \leqq y \leqq x\},$

$D_2 = \{(x,\ y): 1/\sqrt{2} \leqq x \leqq 1,\ 0 \leqq y \leqq x\}$

における関数

$$f(x,\ y) = y$$

の積分である．それらは定理3によってそれぞれ

$$\iint_{D_1} f(x,\ y)\,dxdy = \int_0^{1/\sqrt{2}} dx \int_0^x ydy = \frac{1}{12\sqrt{2}},$$

$$\iint_{D_2} f(x,\ y)\,dxdy = \int_{1/\sqrt{2}}^1 dx \int_0^{\sqrt{1-x^2}} ydy$$

$$= \frac{1}{3} - \frac{5}{12\sqrt{2}}$$

である．したがって B の体積は

$$2 \cdot 3 \cdot 8\left(\frac{1}{12\sqrt{2}} + \frac{1}{3} - \frac{5}{12\sqrt{2}}\right) = 8(2-\sqrt{2})$$

であることがわかる．

“滑らかな”曲面の曲面積も2変数関数の積分によって求めることができるものである．

定理3における関数 f が C^1 **関数**ならば曲面

$S = \{(x,\ y,\ z): z = f(x,\ y),\ (x,\ y) \in D\}$

の曲面積は $\iint_D \sqrt{1+f_x(x,\ y)^2+f_y(x,\ y)^2}\,dxdy$（定理3によってこれは1つの実数）で与えられる．

ただし f_x（resp.*）f_y）は f の x（resp. y）に関する**偏導関数**，つまり，f を x（resp. y）の関数とみなして微分して得られた2変数関数，を意味する．そして f が C^1 関数であるとはそれが連続な偏導関数をもつということである．

B の表面積を求めよう．D_1 上で関数

$$g(x,\ y) = \sqrt{1-x^2}$$

を考える．

$$g_x(x,\ y) = -x/\sqrt{1-x^2},\quad g_y(x,\ y) = 0$$

であるからこれは C^1 関数である．さて B の表面積は曲面

$S = \{(x,\ y,\ z): z = y(x,\ y),\ (x,\ y) \in D_1\}$

の曲面積の2・3・8倍である（もう一度図2を見よ）．S の曲面積はつぎのように計算される：

$$\iint_{D_1} \sqrt{1+g_x(x,\ y)^2+g_y(x,\ y)^2}\,dxdy$$

$$= \iint_{D_1} \frac{1}{\sqrt{1-x^2}}\,dxdy$$

$$= \int_0^{1/\sqrt{2}} dx \int_0^x \frac{x}{\sqrt{1-x^2}}\,dy$$

$$= 1 - 1/\sqrt{2}$$

したがって B の表面積は

$$2 \cdot 3 \cdot 8(1-1/\sqrt{2}) = 24(2-\sqrt{2})$$

であることがわかる．

このように2変数関数の積分を実際に計算することによっていろいろな空間図形の体積や，曲面の曲面積を求めることができるのである．このこともまた教養課程の解析学における楽しみの1つに違いない．

お わ り に

忘れていたが，教養課程の後半で**複素関数論**や**微分方程式論**（時にはフーリエ変換やラプラス変換も）の**初歩の部分**をとりあげる大学（学部）もある．これらの理論は今まで解説してきた解析学の先の方に位置する解析学である．それらの内容について知りたい読者はそれぞれのテキストに当ってみればよろしい．全くわからないということは無いであろうし，わからなくても匂いを嗅ぐことぐらいはできるであろう．

さて，フレッシュマン諸君は今や大学入試のための勉強から解放されて，お気に入りの数学を思うままに深く勉強できることになったわけである．おおいに意気込んでおられることであろう．諸君の熱意と努力に期待したい．

（1988年 BASIC 数学〝レクチャーブックより）

（おかやす　たかてる　山形大学）

*）resp. は respectivelyの略．対応するものを拾って読めという意味である．

幾何の世界

中学校・高等学校で学んだ幾何教材は，大学教養課程でどうなっていくのかについて，幾何の歴史を一瞥した後に，お話ししてみましょう．

鈴木　晋一

「幾何」という単語からどんなことを思い浮べるでしょうか．楽しい思い出・嬉しい思い出を持っている方もあるでしょうし，無味乾燥でまったく面白くなかったと言われる方もあるでしょう．また，即ピタゴラス（三平方）の定理を思い浮べた方もあるでしょう．数学用語の中にはもちろん，日常用語の中には幾何○○とか幾何的○○あるいは幾何学的○○といったものがたくさんあります．いくつか挙げてみて下さい．“図形的な”とか“図形を用いる考え方・方法”とか，何んらかの意味で図形あるいは物の形などと結びついて“幾何（的）”という言葉が広く用いられています．

ところで専門的にはいったいどんな幾何学があるのか手許にある幾何学関係の著書や数学辞典などをパラパラ開いて，名称を片端に列挙してみましょう：ユークリッド幾何・非ユークリッド幾何・双曲幾何・楕円幾何・放物幾何・球面幾何・平面幾何・立体幾何・非アルキメデス幾何・非デザルグ幾何・総合幾何・純粋幾何・自然幾何・絶対幾何・座標幾何・解析幾何・アフィン幾何・射影幾何・微分幾何・位相幾何・微分位相幾何・組合せ位相幾何・代数的位相幾何・円幾何・球幾何・超球幾何・積分幾何・メービウス幾何・反転幾何・有限幾何・代数幾何・共形幾何・接続幾何・リーマン幾何……．ここに挙げた名称のあるものはかなり広い意味の幾何の総称であり，またあるものはその中の特別なものであり，さらに同じものの別称が混じっていたりで，並列すること自体おかしいのですが，とにかくたくさんの幾何学があることがわかります．皆さんも，これらのうちのいくつかの名称は耳にしたことがあるでしょう．

幾何学とは，とにかく（数学的）図形の性質を数学的に研究する学問である……と言うことができます．○○幾何の○○には，どのような図形をどのような舞台で，どのような方法で，またどのような性質を取り扱うのか等々を示すような言葉が入っているのです．

高等学校までの数学の内容は，少々乱暴ですが

数に関する事柄　と　図形に関する事柄

の2つに大別することができます．図形に関する事柄について言えば，まず小学校で観察・実験・実測などを通じて，いろいろな物の形について名称や性質などを学びます．さらに中学校では直線・線分・三角形・四角形・円・立方体・角柱・円錐・球など

の基本的な平面図形や空間図形についてより系統的に学びます．ここでは図形の性質を実験や実測によってではなく，証明によって確認し，証明された事柄を用いてさらに新しい性質を導びきます．これはもう幾何学の世界で，ユークリッド幾何あるいは総合幾何の初歩ということになります．

高等学校では中学校で学んだ座標を活用し，図形をいくつかの式で表し，式の計算や微分・積分なども用いて図形の性質などを調べました．またベクトルの概念も学び，ベクトルを用いて図形を表し，これを研究する方法があることも学びました．これは座標幾何あるいは解析幾何の初歩を学んだということができます．

そこでまず，これまでに学んできた幾何学がどんなものなのかを，歴史を通して眺めてみましょう．

1．幾何学の誕生とその公理系

古代の数学は，エジプトのナイル河の流域と，チグリス・ユーフラテス両河にはさまれたメソポタミア地方に起ったことはよく知られています．ギリシャの大歴史家ヘロドトス（Herodotus, B.C. 484-425頃）の著書「ヒストリアイ」の中には，“幾何学は，ナイル河の氾濫で年ごとに消える耕地の境界線を引き直す術として，エジプトに起った”と書かれています．幾何学を意味する geometry という言葉が，geo（土地）と metry（測量）から成っているのは，この間の事情をよく物語っています．メソポタミア地方も肥沃な土地に恵まれ，しかも交通の要所に当っていたので，早くから商業のための計算術が進歩しました．数学も他の学問と同じように，実際生活の必要に根ざして起ったことがよくわかります．

エジプトと地中海をへだてた対岸のギリシャにおいては，エジプトの実用的な文化を輸入し，これらを系統的に整理しただけでなく，理論的な験証を加えるとともにその方法をもとにさらに新しい事実を発見し，一つの学問にまで高めていったのです．ここに幾何学が誕生しました．この時代の代表的な人物として，ギリシャ哲学・ギリシャ数学の祖ともいわれるタレス（Thalēs, B.C. 624-546）が挙げられます．ピタゴラス（Pythagoras, B.C. 580？～）とその学派も活躍しました．

ギリシャは B.C. 480年にペルシャとの戦いに勝って，アテネを中心に都市国家としてますます栄え，いわゆるソフィスト達を生みました．ソフィスト達は主として，定木とコンパスを用いて与えられた条件を満す図形を作図せよという作図問題で幾何学にも貢献しました．その後ギリシャはペロポネソス戦争（B.C. 431-404）以降しだいに勢力を失っていきましたが，それでもなお学問・文化の中心としての地位を保っていました．この時代，ソクラテス（Socrates, B.C. 467-399）やその弟子プラトン（Platon, B.C. 429-347）などを生みました．特にプラトンは幾何学に対して深い反省と考察を加え，定義・公理・定理・証明などの思想を確立して，次に述べるユークリッドの先駆となりました．

このような環境の中からユークリッド（Euclid, B.C. 330？-275？）は，これ迄に蓄積された数学知識を理路整然たる一つの体系にまとめあげて『**原論**（ストイケイア）』（Στοιχεῖα, Elements）全13巻を著しました．『原論』は実教論や整数論なども含みますが，その主要部分は幾何学です．この書物は，その理論的構造がしっかりしているが由に長い間学問の典型と考えられ，特に第1巻から第3巻の部分は中世は言うに及ばず20世紀の初頭までもほとんどそのままの形で幾何学の教科書として用いられてきました．皆さんが中学校で学んだ幾何の定理は，ほとんどそのままの姿でこの2000年以上も前の書物の中に見い出されるのですから驚くほかはありません．ちなみに，ドイツのクラビウス（Clavius, 1537-1612）の「ユークリッド原本（1574）」が，彼に学んだ宣教師リッチ（M. Ricci）によって徐光啓の協力を得て漢訳され，「幾何原本」として中国で出版（1607）されたのが“幾何”の語源で，“geo”の音訳であるとのことです．

『原論』13巻のうち，特に第1巻が注目されますので，その構成・内容をのぞいてみましょう．まえがきや説明など一切無しに，いきなり23個の定義（言葉の正確な限定）が並んでいます．一部を紹介しましょう：

定義

1．点とは部分を持たないものである．
2．線とは幅のない長さである．
3．線の端は点である．
4．直線はその上の点に対して一様に横たわる線である．
5．面とは長さと幅のみを有するものである．
6．面の端は線である．　………

この後5個の公準（要請：特に幾何学の建設に際して承認を要求される命題）と5個の共通概念（公理：一般に真であることが承認されるであろう命題）が続きます．

公準：次のことを要請する．

1．任意の点から任意の点へ一つの直線を引ける．
2．有限の直線をそのまま直線に延長できる．
3．任意の中心と半径で円が描ける．
4．すべての直角は相等しい．
5．2直線に1直線が交わって，同じ側に2直角より小さい内角をつくるならば，これらの2直線を限りなく延長すると，2直角より小さい内角のある側で交わる．（図1参照）

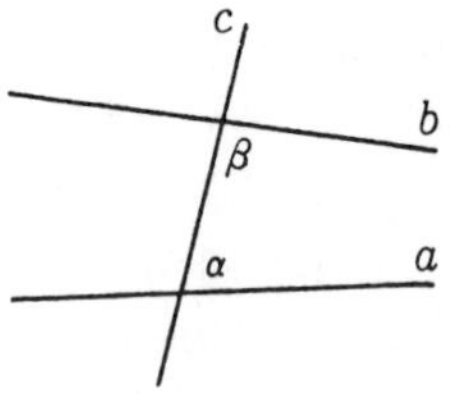

図1：$\alpha+\beta<2$直角ならば，直線aとbは右側で交わる

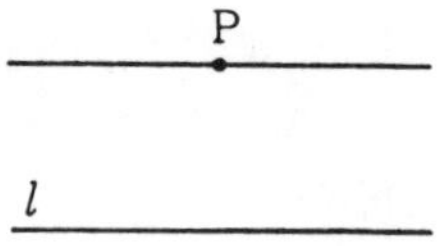

図2：Pを通りlと平行な直線が唯1つ存在する

共通概念（公理）

1．同じものに等しいものはまた互いに等しい．
2．等しいものに等しいものを加えると全体は等しい．
3．等しいものから等しいものを引くと残りは等しい．
4．重ね合わせられるものは互いに等しい．
5．全体は部分より大きい．

この後直ちに定理（命題）とその証明に入ります．

命題32．任意の三角形において，1辺を延長すれば，外角は2つの内対角（の和）に等しく，かつ三角形の3つの内角（の和）は2直角に等しい．

命題47．直角三角形において，直角に対する辺の上の正方形は，直角をはさむ2辺の上の正方形（の和）に等しい．（ピタゴラス（三平方）の定理）

と続き，第1巻の最終命題48は命題47の逆となっています．以下，第2巻から最終第13巻に到るまで，多くはその冒頭に必要な定義を掲げ，直ちに定理とその証明が続くユークリッド方式の数学が展開されていくのです．この際，各定理は，定義・公準・公理で認めたことと，既に証明された定理だけから，全く理論的な推論によって証明されるのです．

『原論』にも多くの不備な点があり，後世にいろいろの厳しい批判も受けましたが，その批判の中から多くの新しいものが産れることになりました．

ところで上記の公準・公理の中で，第5公準だけが内容・形式ともに格段に複雑であることが目につきます．ユークリッド自身も，この第5公準をなるべく使わないようにしているようにも思われます．実際アラビア時代から第5公準を他の公準・公理から導くことができないかが研究されてきましたが，17世紀頃から本格的になってきました．そうした研究の中から得られた第5公準と同値なもののうちから，いくつかを挙げてみます．

イ．合同でなくて相似な三角形が存在する．
ロ．長方形が存在する．
ハ．内角の和が2直角である三角形が存在する．
ニ．平面上に交わる2直線があるとき，これらに同時に平行な直線は存在しない．
ホ．一直線外の任意の1点を通って，この直線に平行な直線は唯一つ存在する．（プレイフェア（Playfair, 1748-1819））．（図2参照）
ヘ．3点を通る円が存在する．

このうちの（ホ）は，後に述べる非ユークリッド幾何学との対比の上で最も都合がよく，平行線の公理の名のもとに，その後広く採用されています．

サッケーリ（Saccheri, 1667-1733），ランベルト（Lambert, 1728-1777），ルジャンドル（Legendre, 1752-1833）など多くの先人の結果が集積し，やがて19世紀になってロバチェフスキー（Lobachevskii, 1798-1856）とボリアイ（J. Bolyai, 1802-1860）とが，第5公準の代りに

5′．一直線外の任意の1点を通って，これと平行な直線は無数に多くある．

を採用しても，ここに矛盾を含まない新しい幾何学が建設されることを示しました．これが**非ユークリッド幾何**の発見です．これ迄のユークリッドの幾何を現象空間の幾何と考える立場から見れば，異様な結果も多く生じます．例えば，『原論』第1巻命題32に対して，“三角形の内角の和は2直角より小さい”

ことになり，このような幾何を**双曲的**非ユークリッド幾何と呼びます.

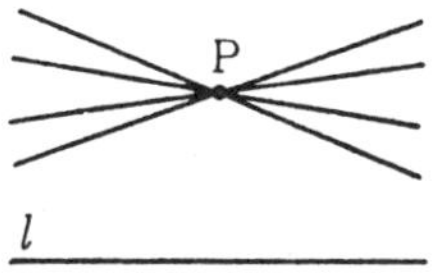

図3：Pを通り l と平行な直線は無数に存在する

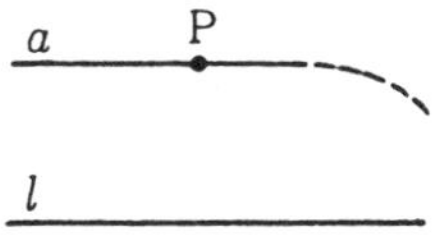

図4：Pを通り l と平行な直線は存在しない

さらにリーマン(Riemann, 1826-1866)がゲッチンゲン大学で行った講演「幾何学の根底に横たわる仮定について(1854)」は，空間の概念そのものに大きな革新をもたらし，これから後のリーマン幾何学が生まれるのですが，その中に第5公準の代わりに

5″. 一直線外の任意の1点を通って，これと平行な直線は存在しない.

を採用してもやはり新しい幾何学が構成されることをも含んでいることが示されました. この際,“三角形の内角の和は2直角より大きい”ことになり，この幾何を**楕円的**非ユークリッド幾何と呼びます.

このようにして第5公準を他の公準・公理から証明しようとした試みに終止符がうたれ，同時に公準・公理のもつ意味・性格が改めて問われることになりました. 公準・公理から“自明なもの”あるいは“当然承認されるもの”という意味が薄れ，単に“理論の前提としての仮定”という意味が強くなってきたわけです. こうした中でデデキント(Dedekind, 1831-1916)の直線上の点の連続性の公理(1872), パッシュ(Pasch, 1843-1930)の順序に関する公理(1882), ペアノ(Peano, 1858-1932)の自然数に関する公理(1889)等が新しい思想とともに次々と世に出ました. このような時代背景のもとで，ヒルベルト(Hilbert, 1862-1943)の「幾何学の基礎(1899)」が著されました. 彼は点・直線・平面などは(要するに定義不可能であるから——ユークリッドの定義を思い出して下さい)無定義要素として採用し，無定義要素に関するいくつかの命題を真なるものと仮定して出発するとき，どのようなことが必然的に得られるのかを追求する形式的論理が数学の本領と考えました. これを「形式主義」と呼び，その後幾何学だけでなく現代数学の隅々にまで浸潤しています. ヒルベルトはユークリッド(空間)幾何学を公理的に建設するのに必要にして十分な公理系として，結合の公理・順序の公理・合同の公理・平行線の公理・連続の公理の5群20個のものを挙げ，さらにこれ迄に知られている基本的な定理などとの相互関係を詳しく論じています.

2. 近世・近代の幾何学

ユークリッドの『原論』は幾何だけでなく代数的な問題も(幾何を用いて)扱っていることは前に述べましたが，これは適当な代数記号を持たなかったのが最大の原因と思われます. 13世紀になってイタリアなどにインドの算用数字が普及し，計算記法・対数など次第に整ってきました. こうしてルネッサンスのイタリアを通して代数学が発達し，フランスのヴィエタ(Vieta, 1540-1603)の文字の導入によって著しく近代的なものになり，デカルト(Descartes, 1596-1650)は代数における記号をほとんど現代流のものにし，幾何学的な観念から独立した代数学が完成しました.

こうした背景のもとに，フェルマー(Fermat, 1601-1665)やデカルトはついに座標の概念に到達しました. デカルトは「方法序説」の中の「幾何学(1637)」で，幾何学の一般的方法として代数学が用いられると述べ，後に解析幾何学(座標幾何学)として実を結びました. ユークリッド幾何が解析的に研究できるようになったことは画期的なことでありました. これによって数と図形が別のものではなく，互いに一方が他方の表現とも考えられることを示しているからです. 解析幾何の発展は，やがて物理学とも結びついて，ニュートン(Newton, 1642-1727)やライプニッツ(Leibniz, 1646-1716)による微積分学の発見にとつながるのです.

一方，ルネッサンスのイタリアにおいては，造形美術がすばらしい発達をとげましたが，その写実的な芸術はダ・ビンチ(da Vinci, 1452-1519)やデューラー(Dürer, 1471-1528)らの遠近法・透視図法を生み出しました. 射影とか切断といった図形の新しい研究方法は，デザルグ(Desargues, 1593-1662)やパスカル(Pascal, 1623-1662)の円錐曲線論，モンジュ(Monge, 1746-1818)の画法幾何学さらにはポンスレー(Poncelet, 1788-1867)等による射影幾何学へと発展していきました. またニュートン等の曲率の研究から，オイラー(Euler, 1707-1783)，モンジュ等多数の数学者によって幾何学への解析学の応用が進み，ガウス（Gauss, 1777-1855）の「曲面に関する研究（1827）」に到って微分幾何学も確固たる地位を占めるようになりました．またオイラーに始まる位置の幾何学も，カントール（Cantor, 1845-1918）の集合論やポアンカレ（Poincaré, 1854-1912）の導入した代数的手法と関わり合って位相幾何学へと発展し，幾何学はいよいよ多様になりました．

クライン（Klein, 1849-1925）は，1872年にエルランゲン大学に就職するために自分の研究計画などについて講演を行い（通常，エルランゲン-プログラムと呼ばれる），幾何学に対する考えを述べました．それは“幾何学とはある種の変換群によっての不変性を調べる学問である”というもので，幾何学のある種の本質をあばき出し，幾何学思想に画期的な革命をもたらしました．その後の空間概念の発展・修正によって，クラインの幾何思想だけでは処理しきれなくなりましたが，その思想・精神は不滅のものです．

3．大学教養課程での幾何

幾何学の歴史を超特急で眺めてみました．人名の羅列に終ってしまいましたが，幾何の世界の成立の雰囲気を少しでも感じていただければ幸いです．

このようにして発展した幾何学ですが，数学を専攻する学生を別にしますと，残念ながら一般に大学ではこれらの○○幾何のうちのどれ一つとして独立した講義として学ぶことはありません．大学では，高等学校迄のような文部省の学習指導要領がありませんので，その教材や扱い方は千差万別です．特に文科系の教養数学では，経済学部など一部を除いて，担当する教員の全くの自由裁量になっています．米国・カナダなどでは，文科系の学生のための自然科学系教養科目の一つとして数学史が一般的に取り入れられています．これは数学史も，文化史の中の一つの側面として自然に受け入れられるからでもありましょう．

文科系といっても経済学部などでは理科系と同じような教養数学が教えられています．もちろん経済学が数学に期待するものは理科系のそれとはいくらか趣きを異にしているわけで，行列や行列式を除いて一般には広い意味での数学の応用能力と言えるでしょう．

理科系の教養数学は，微細な内容はともかく，線形代数学と微分積分学の２本建てで進むのがほぼ定着しており，本誌でも難波誠氏と住友洸氏の講座が連載されています．線形代数の方は，高等学校の「代数・幾何」の延長上にあると思えばよいのですが，行列を一般化し，行列式を導入し，一般の線形空間（ベクトル空間）を扱うだけで精いっぱいで，なかなか幾何的な話題まで扱えないのが実情のようです．

高等学校では，座標平面（空間）をベクトル空間と考え，２次行列によって表される一次変換による図形の移動について学びました．行列を用いて表される平面（空間）の変換の中から，ある特別な性質を持つものだけをとり出して，このクラスの変換によって不変な図形の性質を研究する幾何学を選び出すことによって，ユークリッド幾何とその他のいくつかの幾何（アフィン幾何・射影幾何・非ユークリッド幾何など）との，前節のクラインの思想の意味での関連が比較的明確に述べられることになります．またベクトルの概念を中心としてユークリッド幾何の公理的構成がワイル（H. Weyl, 1885-1955）の「空間・時間・物質（1918）」の提唱以来いくつか試みられていて，幾何に興味のある先生は，上のような話題に触れることがあるかも知れません．

一方，行列の固有値を習いますと，高等学校で習った一般の２次曲線の方程式

$$ax^2+2hxy+by^2+2gx+2fy+c=0$$

を，座標軸を変換してお馴染みの標準形に導びくいわゆる主軸問題は，３次実対称行列を扱うだけで極めて美しく処理できることになります．同様に直交座標系が定められた空間内で，３元２次方程式

$$ax^2+by^2+cz^2+2fyz+2gzx+2hxy$$
$$+2f'x+2g'y+2h'z+d=0$$

を満たすような点全体の作る空間図形を２次曲面と呼びますが，これも主軸問題として，４次の実対称行列を扱うだけで，いくつかの美しい曲面に分類できることが導びかれます．ちなみに２次曲面の主軸問題は，解析幾何の創世期にはその最重要問題の一つでありました．

高等学校で「微分・積分」まで学習した方は，微分を使って接線を調べたり関数の増減を調べたりして，方程式で表される簡単な平面図形の形状を追跡したはずです．サイクロイドなどが思い出されるはずです．大学教養の微積分で１変数関数の微分法に加えて２変数関数の偏微分法を学びますと，もっと

複雑な平面曲線の追跡も可能になり，教科書の中にはいくつかの典型的な平面曲線の例が載っています．これは微分幾何の初歩であり，少し大げさに言えば代数幾何の元でもあります．さらに3変数の偏微分法と解析幾何の多少の知識を加えれば，空間内の曲線や曲面も扱えるようになります．

高等学校までの数学授業は復習と演習を繰り返しながらゆっくりゆっくり進みますが，大学での数学講義では一度習ったことは理解しているものとしてどんどん進みます．かなりの学生はまずそのスピードの差に圧倒されてしまいます．もっとも，受験時代の半分と言わず，3分の1でも勉強さえすれば，十分に理解できるとは思いますが．早く自分の学習ペースを把み，大学での数学を楽しんでいただきたいと思います．

この小稿を書くに際しては多くの著書の恩恵を受けました．特に次の3冊に負うところが極めて大でありました．ここで心からお礼を申し上げます．

近藤基吉・井関清志：近代数学(上)—現代数学の黎明期，日本評論社，1982.

寺阪英孝：初等幾何学(第2版)，岩波全書，岩波書店，1973.

寺阪英孝：19世紀の数学—幾何学Ｉ，数学の歴史 8-a，共立出版，1981.

（すずき　しんいち　早稲田大学）

代数学の基本定理

小寺　平治

定理1　複素数係数の代数方程式

$$f(z)=a_0z^n+a_1z^{n-1}+\cdots+a_{n-1}z+a_n=0$$

は，少なくとも1個の複素数根を持つ．

▶（**根**は**解**の意味である）

これがいわゆる‘**代数学の基本定理**’である．方程式とかその根とかについては諸君はすでによくご存じのこととは思うけれども，順序として一応説明しておこう．

いま，$a_0, a_1, \cdots, a_n$ を与えられた実数または一般に複素数とし，x を未知数とするとき，

$$a_0x^n+a_1x^{n-1}+\cdots\cdots+a_{n-1}x+a_n=0$$

なる式を複素数係数の**n次の代数方程式**または単に代数方程式といい，それを満す未知数 x の値をこの方程式の根とよぶのである．n 次の代数方程式または略して n 次方程式というときは $a_0\neq0$ を仮定することが普通である．一寸注意しておくと，この次数 n というのは具体的に与えられた自然数なのであるから，上の方程式で …… となっているところは実際には本当に全部書いてあるものである．また，n 次方程式というときは，$n=0$ の場合はあまり面白くないので，黙っていても $n\geqq1$ の場合について論ずることが多い．本稿においても我々はその度にいちいち但し書きを付けたりするのは面倒なので‘n 次代数方程式……’と言ったら，$n\geqq1$ であって最高次（n 次）の係数は0でないものとご承知願いたい．

また，これは当然なことではあるが，複素数というのは実数をその一部に含む概念であるから，例えば‘複素数係数’と言ったら‘実数係数’である場合も入っているわけである．同様に‘複素数根を持つ’といえば，とにかく複素数の範囲に根があるということなのであるから，たまたま偶然に実根ばかりのことがあっても構わないのであって‘必ず虚根が入っている’ということではないわけである．こんなことは当り前なことでわざわざ断る方がおかしいのかもしれないけれども，無用な誤解を防ぐ意味もあり，また数学の記述は慣例による場合以外は額面通りにその意味を受け取るべきものであって手前勝手に解釈したりしてはいけないということを‘大学数学の第1歩’として言っておきたかったからでもある．

さて，2つの自然数の和と積は再び自然数であるが，差と商は必ずしも自然数になってくれるとは限らない．加法と乗法だけを考えるのならば自然数だけで十分に自給自足できるけれども，減法や除法という演算を行なうには自然数だけでは駄目である．どうしても，負数さらには有理数（分数）にまで考える数の範囲を拡げなくてはならない．ところが，我々は有理数を考えておけば，どんな1次方程式

$$ax+b=0$$

も解くことができる．この根はいつでも有理数の範囲に入っているからである．

それならば，数の範囲を有理数まで拡げておけば1次方程式は例外なくいつでも解くことができたが，2次方程式はどうかということになる．これは例えば，

$$x^2-3=0$$

を考えても分るように，この根は最早有理数ではない．したがって，2次方程式がいつでも解けるようにするためには，どうしても，$\sqrt{3}$ というふうな無理数を考えなくてはならない．有理数とこの無理数とを総称して実数とよぶわけであるが，それなら数の範囲を実数まで考えれば2次方程式

はいつでも解けるかというと，これも，

$$x^2+1=0$$

という簡単な2次方程式が実数の範囲には根を持たない．そこで，2次方程式がつねに根を持つようにするために虚数 i というものを導入し，数の範囲を実数からさらに複素数にまで拡げたのであった．こうすると実係数の2次方程式がつねに根を持つようになるのはもちろんであるが，じつは実係数の場合に限らず一般に複素数を係数とする2次方程式も例外なくいつも複素数の範囲に根をもつのである．

2次方程式の場合は複素数まで考えればよかったが，それではこの複素数を係数とする3次方程式さらに4次方程式，5次方程式，… が根を持つようにするためには複素数から数の範囲をさらに拡げて新しく○○数というものを考えなくてはならないような事態が生じるのではあるまいか？このような疑問が起こるのは自然なことというべきであろう．この疑問の答が冒頭に掲げた

代数学の基本定理

なのである．はたして，数の範囲をさらに拡張する必要はないのであって，複素数係数の代数方程式は3次方程式や4次方程式に限らずどんな方程式でも必ず複素数の範囲に根を持っている，というのである．そして，この代数学の基本定理を証明することが我々の目的なのである．それも，単にひとつの証明を与えてオシマイということではなく，色々と異なった観点からの証明を比較検討することによってこの定理の意味内容を少し考えてみようと思うのである．

この定理は18世紀の終りから19世紀にかけてガウス (K. F. Gauss) によって証明されたものである．代数学の基本定理という名がその内容にピッタリかどうかは別として，ここでは習慣に従って‘代数学の基本定理’とよんでおく．

代数学の基本定理を論ずるのには，複素数についてよく知らなければならない．そこで先ず，複素数について少しばかりまとめてみよう．

§1 複 素 数

先ず，複素数についての復習から始めよう．

2個の実数 a, b に対して，

$$a+bi$$

という形を考え，その相等および四則演算を次のように定義するのであった．

(0) $a=c$ かつ $b=d$ のとき，そして，このときだけ，$a+bi=c+di$ である．

(1) $(a+bi)+(c+di)=(a+c)+(b+d)i$

(2) $(a+bi)-(c+di)=(a-c)+(b-d)i$

(3) $(a+bi)(c+di)=(ac-bd)+(ad+bc)i$

(4) $\dfrac{c+di}{a+bi}=\dfrac{ac+bd}{a^2+b^2}+\dfrac{ad-bc}{a^2+b^2}i$

[但し，$a^2+b^2\neq 0$]

このような形 $a+bi$ を複素数とよぶ．この定義から明らかなように複素数の加減乗除を実際に行なうときは，i を普通の文字だと思って計算し随時 i^2 を -1 で置きかえればよいわけである．また，$a+0i$ を実数 a と同一視することができるから，実数を複素数の特殊なものだと思っても差支えないし，複素数を実数の拡張と考えてよいわけである．また，実数でない複素数のことを虚数とよび，$0+bi$ という形の虚数を特に純虚数とよぶことなどすでにご存じの通りである．

複素数についても，実数の場合と同様に次のような四則演算の基本法則が成立することを示すことができる．

[結合法則] $(z_1+z_2)+z_3=z_1+(z_2+z_3)$.
$(z_1z_2)z_3=z_1(z_2z_3)$

[交換法則] $z_1+z_2=z_2+z_1$, $z_1z_2=z_2z_1$

[分配法則] $z_1(z_2+z_3)=z_1z_2+z_1z_3$,
$(z_1+z_2)z_3=z_1z_3+z_2z_3$

ここに，z_1, z_2, z_3 は任意の複素数である．

また，次は除法の定義から明らかなのであるけれども，代数方程式を解くときの基本になることなので念のために記しておくことにする．

$z_1z_2=0$ ならば，
z_1, z_2 のうち少なくとも一方は0．

複素数 $z=a+bi$ (a, b は実数) に対して，$a-bi$ のことを，z の共役複素数または z と共役な複素数とよび $\bar{z}$ と記すことがある．この定義から

直ちに次のことが分る．

1° $\bar{\bar{z}}=z$

2° $\bar{z}=z \longleftrightarrow z$ は実数

さらに，四則演算との可換性について以下の関係が成立する．

3° $\overline{z_1 \pm z_2}=\overline{z_1}\pm\overline{z_2}$

$\overline{z_1 z_2}=\overline{z_1}\,\overline{z_2}$

$\overline{\left(\dfrac{z_2}{z_1}\right)}=\dfrac{\overline{z_2}}{\overline{z_1}}$

この性質 3° を繰返し適用すれば，例えば，

$$\overline{z_1+z_2+z_3}=\overline{z_1}+\overline{z_2+z_3}=\overline{z_1}+\overline{z_2}+\overline{z_3}$$

$$\overline{z^3}=\overline{zzz}=\bar{z}\,\overline{zz}=\bar{z}\bar{z}\bar{z}=\bar{z}^3$$

というふうになり，さらに，

4° $\overline{a_0z^n+a_1z^{n-1}+\cdots+a_{n-1}z+a_n}$

$=\overline{a_0}\bar{z}^n+\overline{a_1}\bar{z}^{n-1}+\cdots+\overline{a_{n-1}}\bar{z}+\overline{a_n}$

なる関係も成立することが分るであろう．

実数を直線上の点で表わすことができる．正確に言い表わしてみるならば，

直線上の点と実数との間に
1:1 の対応がつく

ということであって，しかも直線上の点の順序と対応する実数の大小とが一致するようになっているのである．ここに解析幾何の基礎が確立されるわけである．

これと同じように，複素数 $z=a+bi$ を平面上の点で表わすことができる．

すなわち，先ず，平面上に適当に直交軸 Ox，Oy をとって，直角座標が (a,b) であるように点に複素数 $a+bi$ を対応させれば，複素数の全体

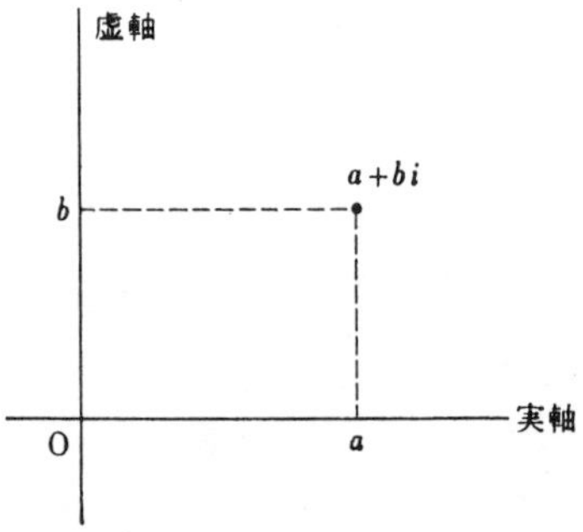

と平面上の点の全体との間に一対一の対応がつく．座標が (a,b) であるような点を複素数 $a+bi$ を表わす点または簡単に点 $a+bi$ とよぶことがある．このように，平面上の各点がひとつの複素数を表わすと考えたとき，この平面を**複素平面**または**ガウス平面**というのである．座標の原点Oは複素数0を表わす．そして，x 軸，y 軸をそれぞれ実軸，虚軸とよぶ．

次に，複素数の絶対値と偏角について説明しよう．いま，$z=a+bi$ とするとき，原点 O と点 z との距離

$$\sqrt{a^2+b^2}$$

を複素数 z の絶対値といい，$|z|$ と記す．この z が特に実数のときは，この $|z|$ は従来の実数の意味での絶対値と一致する．

いま，$z \neq 0$ とする．半直線 Oz と実軸となす正の向きの角を複素数 z の偏角といい，$\arg z$ と記す．

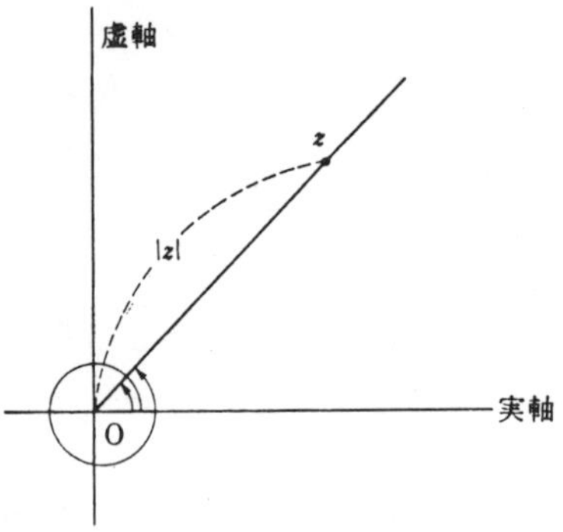

複素数 0 の偏角はここでは特に定めないことにする．複素数 z の絶対値を r，偏角を θ とする．すなわち，

$$r=|z|$$
$$\theta=\arg z$$

とすれば，複素数 z は，

$$z=r(\cos\theta+i\sin\theta)$$

とかける．また，複素数 z がある $r\geqq 0$ と θ とを用いて上のように表わされるとき，r,θ はそれぞれ $|z|,\arg z$ になる．z に対して絶対値は一意に定まるけれども，偏角は一意には確定しない．$\theta\pm 2\pi, \theta\pm 3\pi, \cdots$ は何れも z の偏角である．

我々は，複素平面なるものを考えることによって，複素数を平面上の点で表わすことを考えたのであった．いま，点 z_1, z_2 が複素平面上の点であるとき，点 z_1+z_2，z_1-z_2，z_1z_2，$\frac{z_2}{z_1}$ をこの平面上に図示することを考えてみよう．z_1, z_2 を，

$$z_1=a_1+b_1i, \qquad z_2=a_2+b_2i$$

とすれば，

$$z_1+z_2=(a_1+a_2)+(b_1+b_2)i$$

であるから，点 z_1+z_2 は図のような点である．

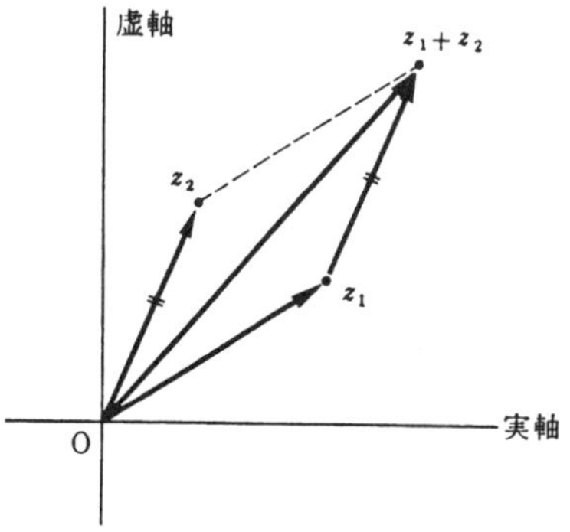

ここで，点 O, z_1, z_2, z_1+z_2 の間には，ベクトルで書けば，

$$\overrightarrow{Oz_1}+\overrightarrow{Oz_2}=\overrightarrow{Oz_3} \qquad (\text{但し，} z_3=z_1+z_2)$$

という関係が成立しているのである．

点 z_2-z_1 が図のように図示されることは明らかであろう．

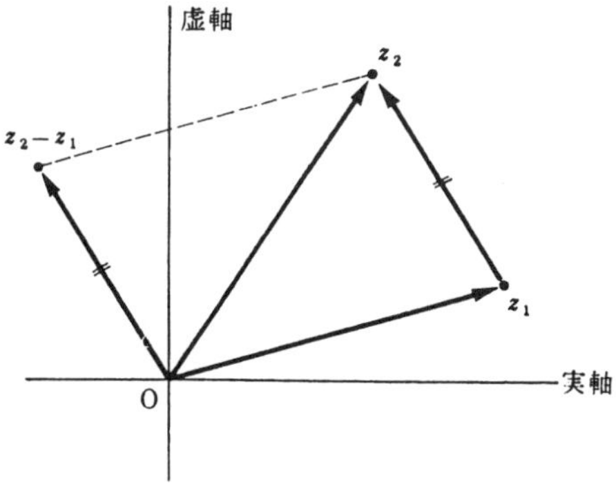

次は積 z_1z_2 を考える番であるが，この場合は，絶対値と偏角を使うのが便利である．

$$z_1=r_1(\cos\theta_1+i\sin\theta_1)$$
$$z_2=r_2(\cos\theta_2+i\sin\theta_2)$$

とおいて，z_1z_2 を作れば，三角函数の加法定理を用いて，

$$z_1z_2=r_1r_2\{\cos(\theta_1+\theta_2)+i\sin(\theta_1+\theta_2)\}$$

したがって，積 z_1z_2 の絶対値および偏角はそれぞれ，r_1r_2，$\theta_1+\theta_2$ であることが分る．すなわち，

$$|z_1z_2|=|z_1|\,|z_2|$$
$$\arg(z_1z_2)=\arg z_1+\arg z_2$$

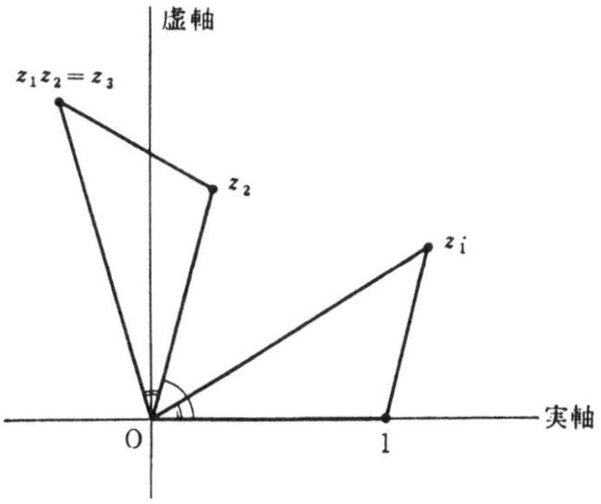

これを複素平面上の図でいえば，簡単のために，$z_1z_2=z_3$ とおけば，

$$\overline{Oz_3}:\overline{Oz_1}=\overline{Oz_2}:\overline{O1}$$
$$\angle z_3Oz_2=\angle z_1O1$$

したがって，

$$\triangle z_3Oz_2 \backsim \triangle z_1O1$$

になっている．このようなとき，$\triangle z_1O1$ を相似に回転して $\triangle z_3Oz_2$ に重ねるなどということがある．

乗法の特別な場合として，z^2 を考えてみよう．

$$z=r(\cos\theta+i\sin\theta)$$

のときは，

$$z^2=r^2(\cos 2\theta+i\sin 2\theta)$$
$$z^3=r^3(\cos 3\theta+i\sin 3\theta)$$
$$\cdots\cdots\cdots\cdots\cdots\cdots$$

一般に，正の整数 n に対しては，

$$z^n=r^n(\cos n\theta+i\sin n\theta)$$

というふうになる．特に，$r=1$ の場合には，この式は，

$$(\cos\theta+i\sin\theta)^n=\cos n\theta+i\sin n\theta$$

となるが，これを**ドゥ·モアブルの定理**とよぶことがある．

商についても積の場合と同様であって，z_1, z_2 を，

$$z_1=r_1(\cos\theta_1+i\sin\theta_1)$$
$$z_2=r_2(\cos\theta_2+i\sin\theta_2)$$

とするとき，

$$\frac{z_2}{z_1}=\frac{r_2}{r_1}\{\cos(\theta_2-\theta_1)+i\sin(\theta_2-\theta_1)\}$$

である．特に逆数については，

$$z=r(\cos\theta+i\sin\theta)$$

のとき，$1/z$ は，

$$\frac{1}{z}=\frac{1}{r}(\cos\theta-i\sin\theta)$$

で表わされる．

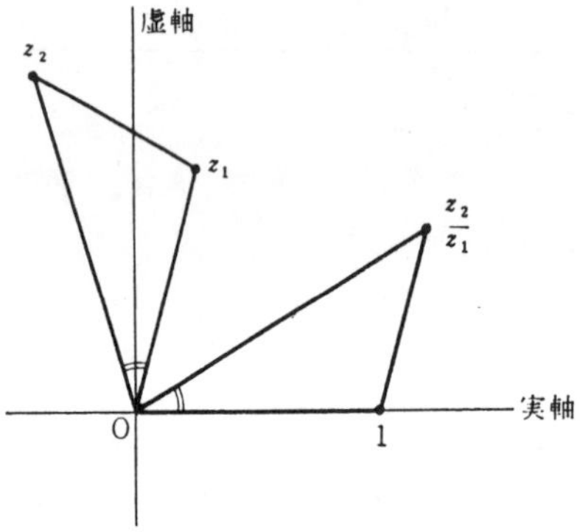

我々が微積分などで扱ってきた函数はふつう実数に実数を対応させるような函数であった．すなわち，実変数の実数値函数であった．ところで，我々はいまやこの実数を拡張し複素数というものを考察するに到ったのである．したがって，函数についても複素数に複素数を対応させる**複素変数の複素数値函数**を考えることにしよう．実変数の実数値函数についてその性質を調べる方法は色々とあるけれども，いわゆる‘函数のグラフ’を考えるのもそのひとつであった．これは誰でも知っていることではあるけれども後の説明と対比するために一寸述べておくことにすれば，実変数の実数値函数

$$f : R \longrightarrow R$$

(ここに，R は実数全体の集合とする）があるとき，点

$$(x, f(x))$$

の軌跡のことを，函数 f のグラフとよぶのであった．

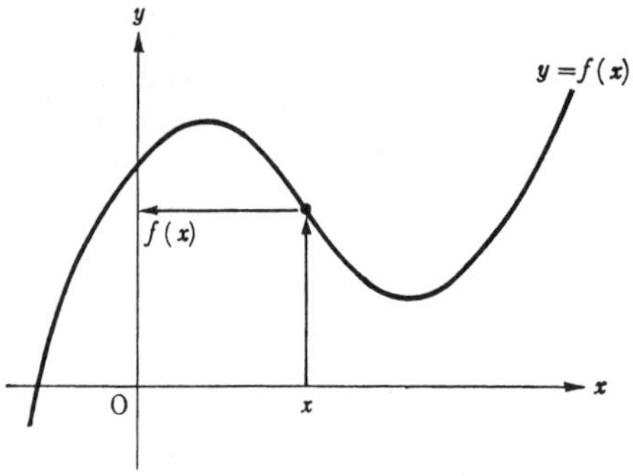

函数 f の性質からグラフという図形の性質を調べたり，逆に，図形の様子から函数の性質を知ったりする．函数とそのグラフとは密接な関係があることは周知の通りである．そして，それが何故に可能であったかといえば，それは‘直線上の点と実数との間に1:1の対応がつく’という事実である．

では，複素変数の複素数値函数についてはどうであろうか？　複素数を表わすのは平面上の点であるから，今度は1枚の平面では間に合わない．どうしても2枚の複素平面が必要である．複素変数の複素数値函数

$$w=f(z)$$

を表現するのに，2枚の複素平面を用意し，z 平面，w 平面とよぶことにする．そして，函数 $w=f(z)$ によって z 平面上の点 z が w 平面上の点 w に写されるから，

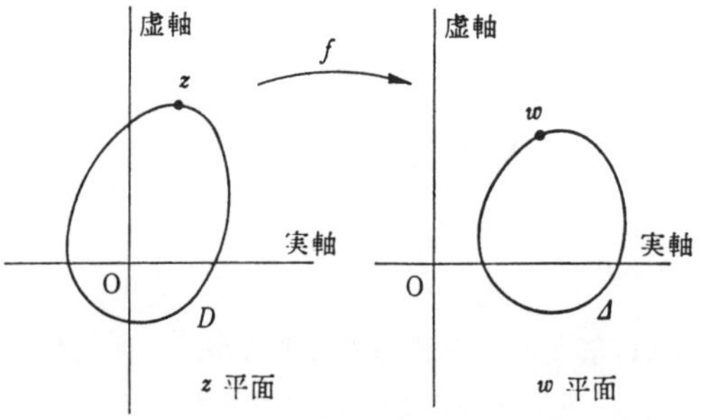

z 平面の図形 D はこの函数 f によって w 平面のある図形 Δ に写されるわけである．このとき，

$\varDelta$ は函数 f による D の像であるということがある．函数という代りに写像ということもあって，ここでは同じ意味に使うことにする．図形 D を色々と変えたときの像 D の形の変り方に函数 f の特徴が表われる．それから函数 f の性質を読むわけである．

z 平面から w 平面への写像について例を挙げておこう．

いま，函数

$$w=f(z)=z^2$$

を考えてみよう．先ず，この函数によって，z 平面上の

$$\text{円}\quad |z|=a$$

が，w 平面上のどんな図形に写されるかを調べてみると，この円は，

$$\begin{cases} z=r(\cos\theta+i\sin\theta) \\ r=a\ :\ \text{一定} \\ 0\leqq\theta<2\pi \end{cases}$$

というふうに表わすことができるから，

$$w=z^2=r^2(\cos 2\theta+i\sin 2\theta)$$

すなわち，点 $z=r(\cos\theta+i\sin\theta)$ は，写像 f によって点 $w=r^2(\cos 2\theta+i\sin 2\theta)$ に写される．

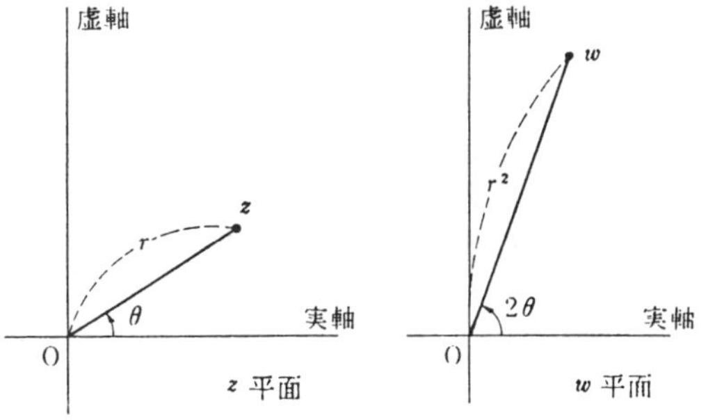

$w=z^2$ の絶対値 r^2 と偏角 2θ とについては，

$$r^2=a^2\ :\ \text{一定}$$
$$0\leqq 2\theta<4\pi$$

したがって，w は半径 a^2 の円周上にあって，点 z が z 平面上の円 $|z|=a$ 上を一周するとき，点 w は w 平面上の円 $|w|=r^2$ の周上を2倍の角速度で丁度2周することになる．この写像 $w=z^2$ による円 $|z|=a$ の像を普通の円と区別して **2重円**とよぶことにする．この様子を図示してみれば，次のようである．

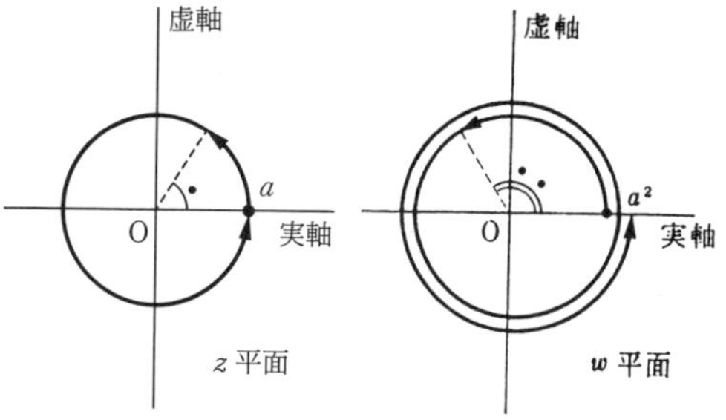

次に，この写像 $w=z^2$ によって，z 平面上の円板

$$|z|\leqq a$$

が，w 平面上のどんな図形に写されるかを調べてみよう．上と同様な考察によって，

$$\begin{cases} w=r^2(\cos 2\theta+i\sin 2\theta) \\ 0\leqq r^2\leqq a^2 \\ 0\leqq 2\theta<2\pi \end{cases}$$

から，求める像は図に示すような図形になる．

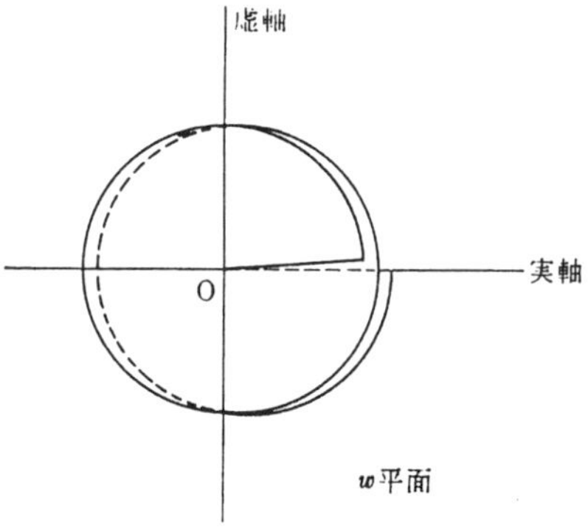

この像の実軸上の正の部分の状態は難しく，一枚の円板の上下に位置する点線と実線部分とは同一のものなのである．

いまのは，写像 $w=z^2$ について調べたのであったが，一般に，写像 $w=z^n$（n：正整数）について考えれば，円 $|z|=a$ の像は，**n 重円** $|w|=a^n$ になることは明らかであろう．

なお，もうすこし前に述べておくべきであったかもしれないが，複素数の絶対値について次の不等式が成立する．

$$|z_1+z_2|\leqq|z_1|+|z_2|$$

図形的な意味は，3角形の2辺の和は他の1辺

を越えないということであって，等号は $\arg z_1 = \arg z_2$ または z_1, z_2 のうち少なくとも一方が 0 のときに限って成立するのである．

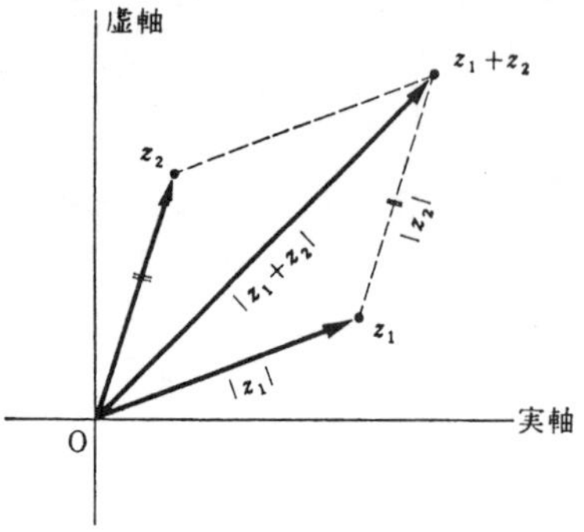

この不等式から，

$$||z_1|-|z_2|| \leqq |z_1+z_2| \leqq |z_1|+|z_2|$$

および，

$$|z_1+z_2+\cdots+z_n| \leqq |z_1|+|z_2|+\cdots+|z_n|$$

が得られる．

§2　代数方程式の根の性質

代数学の基本定理の証明は次節にゆずることにして，ここでは，この定理から得られる二，三の性質について述べておきたい．

基本定理によれば，n 次代数方程式 $f(x)=0$ は複素数の根を持つ．いま，そのひとつを α_1 とすれば，

$$f(\alpha_1)=0$$

であるから，n 次式 $f(x)$ は $x-\alpha_1$ で割り切れる筈である．したがって，

$$f(x)=(x-\alpha_1)f_1(x)$$

とかけて，$f_1(x)$ は複素数係数の $n-1$ 次式である．そして，また方程式 $f_1(x)=0$ が複素数根を持つ．そのひとつを α_2 とすれば，$f_1(x)$ は $x-\alpha_2$ を因数を持つことになり，

$$f(x)=(x-\alpha_1)(x-\alpha_2)f_2(x)$$

とかける．1 次因数を 1 個括り出すごとに商の次数は 1 だけ減るから，この手続きを n 回繰り返せば商は定数となる．したがって，$f(x)$ は，

$$f(x)=a_0(x-\alpha_1)(x-\alpha_2)\cdots(x-\alpha_n) \quad \cdots\cdots①$$

という形になってしまう．もちろん，$f(x)=0$ の根 $\alpha_1, \alpha_2, \cdots, \alpha_n$ の中には相等しいものが含まれていることもありうるわけである．いま，この n 個以外に根 α_{n+1} を持ったとすれば，上の①へ代入して，

$$f(\alpha_{n+1})=a_0(\alpha_{n+1}-\alpha_1)(\alpha_{n+1}-\alpha_2)\cdots(\alpha_{n+1}-\alpha_n)=0$$

これは明らかに不合理である．したがって，以上から，

定理 2　n 次の代数方程式は，ちょうど n 個の複素数根を持つ．

n 次の整式 $f(x)$ の①という因数分解が，因数の順番を無視すれば一意的であることは明らかであろう．この①という分解で $(x-\alpha)$ という因数がちょうど k 個あるとき，k を根 α の重複度数とよぶ．$k=1$ の場合に根 α を単根，そうでないとき k 重根という．

いま，n 次の整式 $f(x)$ をテーラーの定理によって，$x-\alpha$ で展開すれば，

$$f(x)=f(\alpha)+\frac{f'(\alpha)}{1!}(x-\alpha)+\frac{f''(\alpha)}{2!}(x-\alpha)^2+\cdots+\frac{f^{(n)}(\alpha)}{n!}(x-\alpha)^n$$

ゆえに，α が方程式 $f(x)=0$ の k 重根であるための条件は，

$$f(\alpha)=f'(\alpha)=\cdots=f^{(k-1)}(\alpha)=0,$$
$$f^{(k)}(\alpha)\neq 0$$

である．したがって，方程式 $f(x)=0$ の k 重根は，$n-1$ 次方程式 $f'(x)=0$ の $k-1$ 重根になっているわけである．

さて，話かわって，係数がすべて実数の代数方程式

$$f(x)=a_0x^n+a_1x^{n-1}+\cdots+a_{n-1}x+a_n=0 \quad \cdots\cdots②$$

を，実係数方程式とよぶ．

いま，実係数方程式が α という根を持っているとしよう．α が根であるということの定義から，

$$a_0\alpha^n+a_1\alpha^{n-1}+\cdots+a_{n-1}\alpha+a_n=0$$

ここで，この式の両辺の共役複素数を考えると，

$$\overline{a_0\alpha^n+a_1\alpha^{n-1}+\cdots+a_{n-1}\alpha+a_n}=\bar{0}$$

この左辺は，p. 109 の性質 4° により，

$$\overline{a_0}\bar{\alpha}^n+\overline{a_1}\bar{\alpha}^{n-1}+\cdots+\overline{a_{n-1}}\bar{\alpha}+\overline{a_n}=\bar{0}$$

というふうになる．また，実係数ということから，$\overline{a_0}=a_0, \overline{a_1}=a_1, \cdots, \overline{a_n}=a_n$ そして $\bar{0}=0$ だから，

$$a_0\bar{\alpha}^n+a_0\bar{\alpha}^{n-1}+\cdots+a_{n-1}\bar{\alpha}+a_n=0$$

この式は，$\bar{\alpha}$ が方程式②の根であることを示している．これを定理としてまとめておけば，

定理 3　実係数方程式が虚根を持てば，その共役複素数 $\bar{\alpha}$ をも根にもつ．

したがって，実係数方程式 $f(x)=0$ の根は，

虚根：　$\alpha_1, \bar{\alpha}_1, \alpha_2, \bar{\alpha}_2, \cdots, \alpha_r, \bar{\alpha}_r$

実根：　$\beta_1, \beta_2, \cdots, \beta_s$

という状態になっているわけである．そして，ここで次数の関係から，$n=2r+s$ である．したがって，$f(x)$ は，

$$\begin{aligned}f(x)&=(x-\alpha_1)(x-\bar{\alpha}_1)\\&\quad\cdots(x-\alpha_r)(x-\bar{\alpha}_r)(x-\beta_1)\cdots(x-\beta_s)\\&=\{x^2-(\alpha_1+\bar{\alpha}_1)x+\alpha_1\bar{\alpha}_1\}\cdots\\&\quad\cdots\{x^2-(\alpha_r+\bar{\alpha}_r)x+\alpha_r\bar{\alpha}_r\}\\&\quad(x-\beta_1)\cdots(x-\beta_s)\end{aligned}$$

という形である．$\alpha_i+\bar{\alpha}_i, \alpha_i\bar{\alpha}_i$ は実数であるから，

定理 4　実係数の整式は 1 次または 2 次の実係数の整式の積に因数分解される．

この分解の一意性も明らかなことと思う．諸君自身で証明を付けてみて頂きたい．

§3　代数学の基本定理の証明

それではいよいよ，代数学の基本定理を証明しよう．

定理 1　（代数学の基本定理）　複素係数の代数方程式

$$f(z)=a_0z^n+a_1z^{n-1}+\cdots+a_{n-1}z+a_n=0 \quad\cdots\cdots①$$

は，少なくとも 1 個の複素数根を持つ．

この定理の異なった観点からの証明を 3 種類ほど試みることにするが，いずれも整式の連続性に基づいている．

［証明 I］　最高次の係数が，$a_0\neq 0$ であるから，あらかじめ方程式①の両辺を a_0 で割っておけば，与えられた方程式は，はじめから，

$$f(z)=z^n+a_1z^{n-1}+\cdots+a_{n-1}z+a_n=0 \quad\cdots\cdots②$$

なる形だと思って差支えない．

そこで，この②なる $f(z)$ を用いて，z 平面から w 平面への写像

$$w=f(z)=z^n+a_1z^{n-1}+\cdots+a_n \quad\cdots\cdots③$$

を考える．

方程式②が複素数根を持つということは，この③なる写像 $w=f(z)$ によって w 平面の点 O に写されるような点が z 平面上に少なくとも 1 個は存在するということである．したがって，このような点が確かに z 平面上にあるということを示せばよいわけである．それには，一体どういうふうに考えたらよいであろうか．

いま，$f(0)=0$ ならば，$z=0$ が根であるから定理は証明されている．したがって，以下では $f(0)=a_n\neq 0$ なる場合を考えることにする．

いま，②または③という式を考えてみると，この $f(z)$ は，

$$z^n,\ a_1z^{n-1}, \cdots, a_{n-1}z,\ a_n$$

なる $n+1$ 個の単項式の和であるが，$a_1, \cdots, a_{n-1}, a_n$ が定数であることを考えれば，z の絶対値 $|z|$ が十分に大きいときは，z^n が全体を支配することになる．すなわち，$|z|$ が十分に大きい所では，

$$f(z)\fallingdotseq z^n$$

なのである．このことを式の上でキチンと確認しようと思えば次のようにすればよい．

$$\begin{aligned}w=f(z)&=z^n+a_1z^{n-1}+a_2z^{n-2}+\cdots+a_n\\&=z^n\left(1+\frac{a_1}{z}+\frac{a_2}{z^2}+\cdots+\frac{a_n}{z^n}\right)\end{aligned}$$

いま，ここで，カッコの中味を，

$$w^*=1+\frac{a_1}{z}+\frac{a_2}{z^2}+\cdots+\frac{a_n}{z^n}$$

とおけば，w は，

$$w=z^n w^*$$

したがって，w の絶対値と偏角は，

$$|w|=|z^n w^*|=|z^n|\,|w^*|$$
$$\arg w=\arg(z^n w^*)=\arg(z^n)+\arg w^*$$

というふうになる．ところで，

$$a=\max\{1, |a_1|, |a_2|, \cdots, |a_n|\}$$

とおけば，

$$\begin{aligned}|w^*-1| &= \left|\frac{a_1}{z}+\frac{a_2}{z^2}+\cdots+\frac{a_n}{z^n}\right| \\ &\leqq \frac{|a_1|}{|z|}+\frac{|a_2|}{|z|^2}+\cdots+\frac{|a_n|}{|z|^n} \\ &\leqq \frac{a}{|z|}+\frac{a}{|z|^2}+\cdots+\frac{a}{|z|^n} \\ &< \frac{a}{|z|}+\frac{a}{|z|^2}+\cdots+\frac{a}{|z|^n}+\frac{a}{|z|^{n+1}}+\cdots \\ &= \frac{a}{|z|-1}\end{aligned}$$

だから，$|z|$ を十分に大きくしさえすれば，$|w^*-1|$ をいくらでも小さくすることができる．すなわち，w^* を点1の好きなだけ近くにあるようにできることが分った．けっきょく，$|z|$ を十分に大きくすれば，$|w^*|$ は1にいくらでも近く，$\arg w^*$ は0にいくらでも近くすることができるわけであるから，

$$|w|=|z^n|\,|w^*|\doteqdot|z^n|$$
$$\arg w=\arg(z^n)+\arg w^*\doteqdot\arg(z^n)$$

ということになる．

これで，$|z|$ が十分に大きな所では，$w=f(z)$ は大略 z^n に等しいことが分ったわけである．

さて，次に，$f(z)=0$ なる点 z が z 平面上にあることを示すのであるが，先ず，z 平面上の半径 r の円

$$C_r : |z|=r$$

が，写像 $w=f(z)$ によってどんな図形に写されるかを考えてみよう．半径 r が十分に大なる円 C_r の写像 $w=f(z)$ による像は，上で調べたことにより，写像

$$w=z^n$$

による像で近似される．ところで，先程 p. 17 で密かに準備しておいたように，z 平面上の円 C_r は写像 $w=z^n$ によって，w 平面上の半径 r^n の n 重円に写されるのであった．したがって，円 C_r の写像 $w=f(z)$ による像はこの n 重円の少しゆがんだものになっている筈であろう．

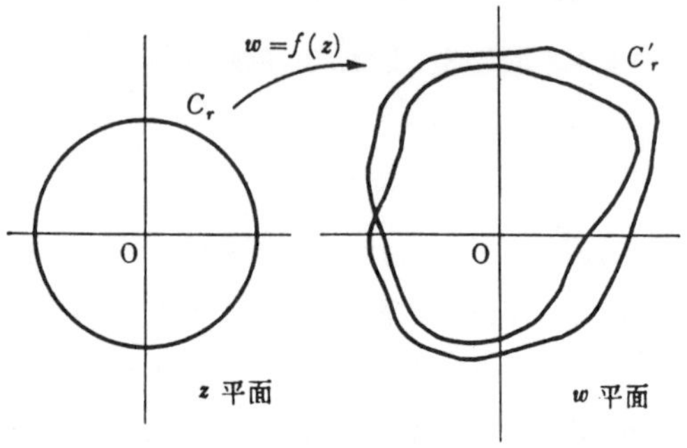

n 重円の少しゆがんだ図形という以外にはどんな形になっているかまったく分らないけれど，w 平面の原点Oのまわりを丁度 n 回だけ巻いている連続閉曲線であることだけは確かである．

いま，この円 C_r の半径 r を連続的に0に近づけたらどうであろうか．像 C_r' も n 重円の少し歪んだ図形が連続的に変形し，次第に形を変えて遂には1点 a_n に収縮してしまうことであろう．そうなれば，原点Oは最初は図形 C_r' の内部にあったのだから，この変形で1点 a_n に収縮する途中のどこかで**閉曲線 C_r' が点 O を通過する瞬間**というものが存在する筈である．いま，C_{r_0}' が

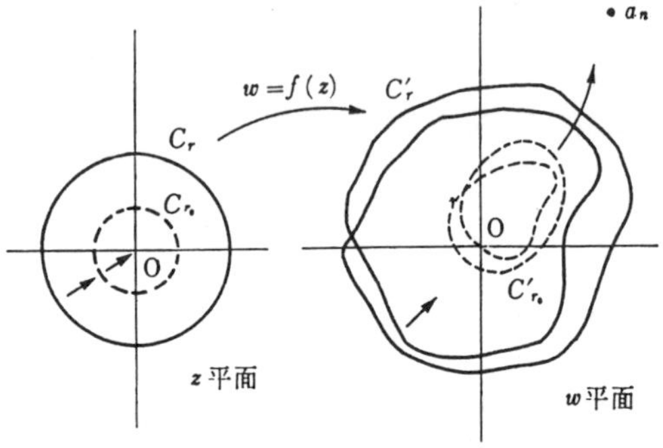

点Oを通る閉曲線としよう．そのとき，C_{r_0}' の原像を C_{r_0} とすれば，円 C_{r_0} 上には写像 $w=f(z)$ によって w 平面上の点Oに写るような点 α が乗っている筈である．この点 α こそ代数方程式 $f(z)=0$ の根である．したがって，定理は証明されたわけである．

よく複素数の性質を使って図形の性質を研究するということがあるが，上でやった証明 I はその逆である．図形の性質から複素数の性質を導くわけである．その意味で，この証明を仮に‘幾何学的な証明’とよんでおこう．幾何学的な証明とは言っても図形の位相的な性質を使っているのであって，本質的には整式の連続性である．この整式の連続性ということは，高等学校では直観的に認めてきたことであって，あまり深く考える機会がなかったように思われる．これらを具体的にはどのように論じたらよいかということになれば，色々と議論もあることであろうが，ε-δ 方式にしろトポロジー方式にしろ，極限とは何か，連続とは何かの反省が大学数学の第１歩であることだけは確かである．

何度も言った，整式

$$f(z)=a_0z^n+a_1z^{n-1}+\cdots+a_{n-1}z+a_n$$

の連続性（正確には整函数 f の連続性というべきであろう）とは，いろいろな表現方法があろうが，結局は，

> 函数 f において，変数 z の変化高がごく僅(わず)かならばそれに応ずる函数値 $f(z)$ の変化高もごく僅かである

ということである．‘整函数は連続函数である’ことがいえるから，

> z 平面上の図形の移動がごく僅かならば，
> f による像もごく僅かしか動かない

ことになり，この事実が上の証明を支えているわけである．

そこで，整函数の連続性の証明であるが，これは次に述べる証明 II にも必要なので，証明 II の予備定理として証明することにする．

［証明 II］ 先ず，証明の荒筋を述べておこう．

$f(z)=0$ であるかどうかを調べるのであるが，我々は，

$$f(z)=0 \quad \rightleftarrows \quad |f(z)|=0$$

であることに着目すれば，$f(z)$ そのものを取扱わなくても $|f(z)|$ を考えれば十分である．そこで，

$$\varphi : C \longrightarrow R$$
$$\varphi(z)=|f(z)|$$

なる複素変数の実数値函数 φ を考えることにしよう．

点 z の上に $|f(z)|$ という長さの垂線を立てるとその先端はひとつの曲面を作るわけだが，

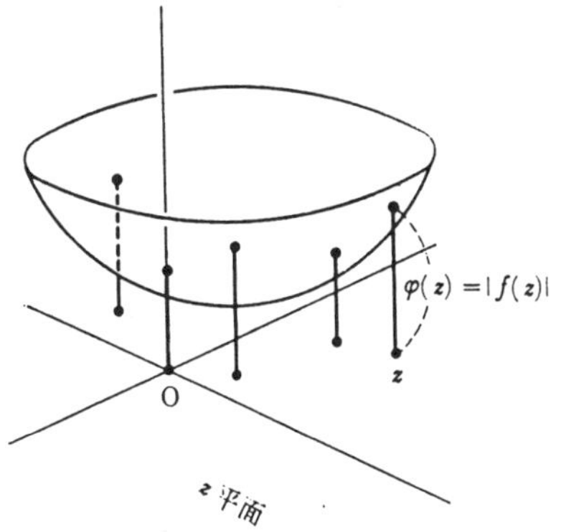

$\varphi(z)=|f(z)|\geqq 0$ であるからこの曲面は z 平面の上方にあって下へはこない．もし，z 平面に接する点があればその点が $f(z)=0$ の根である．それはこの曲面の谷底にあたる点である．

点 z が遠くへ行けば，$|f(z)|$ もドンドン大きくなるからこの谷底にあたる点がもしあるとすれば余り遠くにはない筈である．話が雑になるので証明の各ステップをきちんと記しておこう．

命題 1 $|z|$ を十分大きくすれば，$\varphi(z)=|f(z)|$ をいくらでも大きくすることができる．

（証） $z\neq 0$ ならば，$f(z)$ は，

$$f(z)=a_0z^n\left(1+\frac{a_1}{a_0z}+\frac{a_2}{a_0z^2}+\cdots+\frac{a_n}{a_0z^n}\right)$$

とかける．証明 I でやったのとまったく同じようにして $|z|$ を十分に大きく取れば，

$$\left|\frac{a_1}{a_0z}+\frac{a_2}{a_0z^2}+\cdots+\frac{a_n}{a_0z^n}\right|$$

をいくらでも小さくすることができる．したがって，たとえば，十分大きな $|z|$ に対しては，

$$\left|\frac{a_1}{a_0z}+\frac{a_2}{a_0z^2}+\cdots+\frac{a_n}{a_0z^n}\right|<\frac{1}{2}$$

が成立している．そのとき，

$$\begin{aligned}\varphi(z)&=|f(z)|\\&=|a_0z^n|\left|1+\frac{a_1}{a_0z}+\cdots+\frac{a_n}{a_0z^n}\right|\end{aligned}$$

$$\geqq |a_0z^n|\left(1-\left|\frac{a_1}{a_0z}+\cdots+\frac{a_n}{a_0z^n}\right|\right)$$
$$=\frac{1}{2}|a_0z^n|=\frac{1}{2}|a_0|\,|z|^n$$

したがって，勝手に与えられた正数 G に対して，

$$|z|>\sqrt[n]{\frac{2G}{|a_0|}}$$

なる z をとれば，いつでも $|f(z)|>G$ となることが分る．

次は，実変数の実数値函数の場合とまったく同様に証明することができるから，諸君の演習問題として残しておきたい．

命題 2　整函数 $f(z)$ は，いたるところで連続である．

したがって，

$$|\varphi(z)-\varphi(\alpha)|=||f(z)|-|f(\alpha)||$$
$$\leqq|f(z)-f(\alpha)|$$

という式を考えることによって，$\varphi(z)=|f(z)|$ も連続函数であることが分る．

命題 3　複素変数の実数値函数 φ は，複素平面上で最小値を持つ．

（証）　命題 1 で，$|z|$ を十分大きく取れば $\varphi(z)$ をいくらでも大きくすることができることが証明してある．よって，たとえば実数 $\varphi(0)$ に対して，十分大きな R をとれば，

$$|z|>R \quad \text{ならばいつも} \quad \varphi(z)>\varphi(0)$$

が成り立つ．したがって，少なくとも円 $|z|=R$ の外部

$$|z|>R$$

では函数 φ は最小値をとることはないわけである．

いま上で述べたように函数 φ は連続だから，解析学でよく知られているように，函数 φ は，

$$\text{有界閉集合} \quad \{z\ ;\ |z|\leqq R\}$$

で最小値を持つ．したがって，これが複素平面全体での函数 φ の最小値である．

命題 4　点 a において $\varphi(a)\neq 0$ ならば，$\varphi(b)<\varphi(a)$ なる点 b が存在する．

（証）　$f(z)$ に $z=a+h$ を代入して h について整理したものを，

$$f(a+h)=c_0+c_1h+c_2h^2+\cdots+c_nh^n$$

とする．この係数は具体的には，

$$c_0=f(a),\quad c_1=\frac{f'(a)}{1!},$$
$$c_2=\frac{f''(a)}{2!},\ \cdots,\ c_n=\frac{f^{(n)}(a)}{n!}$$

なのであるが，いまはこの事実は使わない．この係数のうち，$c_0=f(a)\neq 0$ であるが残る $c_1, c_2, \cdots, c_n$ のうち 0 でない最初の係数を c_m としよう．すなわち，

$$c_1=c_2=\cdots=c_{m-1}=0 \quad c_m\neq 0,$$
$$1\leqq m\leqq n$$

とするわけである．このとき，$f(a+h)$ は次のように書ける．

$$f(a+h)=c_0+c_mh^m+c_{m+1}h^{m+1}+\cdots+c_nh^n$$
$$=c_0+c_mh^m\left(1+\frac{c_{m+1}}{c_m}h+\cdots+\frac{c_n}{c_m}h^{n-m}\right)$$

ここで，簡単のために，

$$g(h)=\frac{c_{m+1}}{c_m}h+\frac{c_{m+2}}{c_m}h^2+\cdots+\frac{c_n}{c_m}h^{n-m}$$

とおけば，

$$f(a+h)=c_0+c_mh^m(1+g(h))$$
$$=c_0+c_mh^m+c_mh^mg(h)$$

とかける．この $g(h)$ はその形から明らかなように，$|h|$ を十分に小さくすれば，$|g(h)|$ はいくらでも小さくなる．そこで，いま，

$$|g(h)|<1$$
$$|c_mh^m|<|c_0|$$

が同時に成立するように $|h|$ を小さくとり，さらに偏角については，

$$\arg(c_mh^m)=\arg c_0+\pi$$

であるように h をとっておく．

図において，点 P, Q, R, S の表わす複素数はそれぞれ c_0, c_mh^m, $c_0+c_mh^m$, $c_0+c_mh^m+c_mh^mg(h)=f(a+h)$ である．$\overrightarrow{\mathrm{PR}}$ は複素数 c_mh^m を表わし，$|c_mh^m|<|c_0|$ だから点 R は線分 OP 上の点である．また，$\overrightarrow{\mathrm{RS}}$ は複素数 $c_mh^mg(h)$ を表わし，

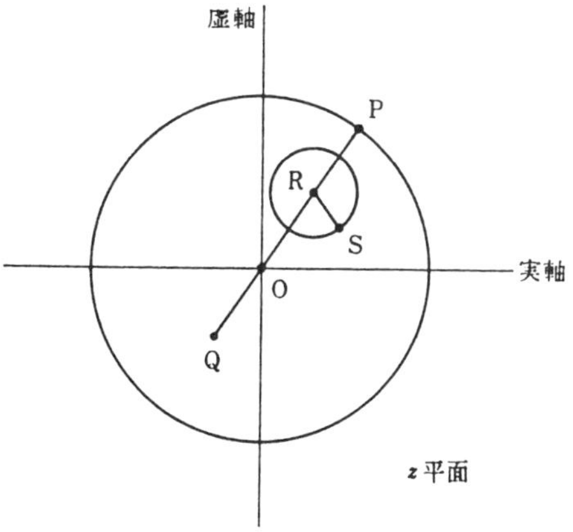

仮定 $|g(h)|<1$ から，

$$\overline{\mathrm{RS}}=|c_m h^m g(h)|$$
$$=|c_m h^m|\,|g(h)|<|c_m h^m|=\overline{\mathrm{PR}}$$

であるから，点Sは中心O半径 $|c_0|$ なる円の内部の点である．したがって，

$$|f(a+h)|<|c_0|$$

すなわち，

$$g(a+h)<g(a)$$

ということになる．したがって，$b=a+h$ とおけば，確かにこの b が求める条件を満すものである．

この命題4の証明は少し面倒であったが，これが終れば目的の定理の証明はもう済んでしまったようなものである．

命題3によって函数 φ は最小値を持つのであった．いま，その最小値を $\varphi(a)$ とする．いま，$\varphi(a)\neq 0$ と仮定すれば，命題4から，$\varphi(b)<\varphi(a)$ となる点 b が存在することになって $\varphi(a)$ の最小性に矛盾する．したがって，$\varphi(a)=0$ でなければならない．

大部手間をかけたが，これで完全に証明が終ったわけである．

証明Ⅰもそうであったが，この証明Ⅱは‘函数の連続性’とか‘最大値・最小値の存在定理’のような解析学の基本事項を正面から使っている点に注意して頂きたい．その意味でこの証明Ⅱを‘解析的な証明’とよんでもよいであろう．我々は‘代数学の基本定理’を問題にしているのであるが，このような証明を見ると‘本当に代数学の定理なのかな？’という気になる．代数学の基本定理とは名ばかりで本当は解析学の定理と言った方が適当だということになる．事実この証明Ⅱは常微分方程式の解の存在定理の証明と本質的には同一のものである．ここでは一寸説明できないが，この辺の事情を深く知りたい方は，たとえば「現代数学」('72年11月号）の竹之内脩先生の「関数解析入門」を熟読玩味してみられたい．

代数学の基本定理は代数学の定理なりや，はたまた解析学の定理なりや．試みにブルバキの「数学原論」を捜してみよう．あったあった．それがなんと，トポロジー（位相）の巻に入っているのである．それなら，幾何学の定理なのかと思ったら，位相第8章は複素数を扱った章で定理の証明は‘代数の巻第6章を見よ’と書いてある．そこは，順序体の性質を述べたところである．我々はこの後で，証明Ⅲとして代数的な証明をやってみるつもりでいるが，それはこのブルバキの本と類似の方法によるものである．

かつては方程式を解くということが代数学の中心課題であったことから，代数方程式の根の存在を保証するこの定理を‘代数学の基本定理’とよぶようになったのかもしれない．

私は関西を旅行すると，きまって湯葉料理の店に立寄ることにしている．湯葉・懐石などの京料理を，これこそ日本的な料理だなどと言う人がいるけれども，考えてみるとあれは純中国料理である．そういえば，街の作りを考えても京都は日本的ではなくいかにも中華風な土地だということができよう．呼び名と実質とは必ずしも一致しないものなのだ．代数学の基本定理もそのひとつだと思ってよいであろう．

代数学の基本定理は‘複素数体の基本定理’とでもよんだ方がピッタリしているし無難なように思われる．しかし，この定理は証明Ⅰ，Ⅱを見ても分るように，代数的な内容と同時に幾何学的な内容，解析的な内容をも持っている．それは，実数というものが，

代数構造　　順序構造　　位相構造

という3種の構造を持った豊かな数学的対象であるからに違いない．

代数学の基本定理は，函数論を少しでも勉強した人ならばほんの数行で証明してしまう定理である．その意味では函数論の定理と言うのが妥当かもしれない．

数学の定理の証明をいつ教えるのが適当かということは実際に授業を持つときよく考える．たとえ初等的な方法で証明できる定理であっても，その場で証明して見せるのがよいとは限らない．数学全体の流れの中で**一番自然な形で**その定理を扱うべきであろう．一番自然な形というのを‘その定理の本質を明示するような形で’と言い替えてもよいであろう．その意味では，この代数学の基本定理を‘大学数学の第1歩’の仲間に入れるべきか否かは議論のあるところであろう．定理の証明とは，定理の内容を伝える大切なものであると言われている．遠まわりの泥くさい証明がかえって教育的なこともあろう．もう何度も述べたように，代数学の基本定理は代数的，幾何学的，解析的な内容を持っている．本稿で仮に幾何学的証明，解析的証明（函数論的証明），代数的証明とよぶ3つの証明を行なうが，この各々の証明は定理の持つ代数的内容，幾何学的内容，解析的内容のある部分を直観の中に封じ込めてしまい，ひとつの要素だけを表面に取り出して見せるものである．

さらに，数学の各分野は，代数学，幾何学，解析学，…というふうに一応は分れてはいるが，これらは独立な存在ではなく，**互いに刺激し合い補い合っている**ものであることを大学数学の第1歩として頭に入れておいて頂きたいのである．（代数学の基本定理はそれを示す好例のひとつであるように思われる．）本誌「現代数学」でもしばしば説かれているように，今では微積分には線形代数の初歩が不可欠な道具である．整数論の勉強をやろうと思えば，ガロアの理論は仕方がないにしても，一見関係なさそうなトポロジーの準備までしなくてはならない．

最後に，証明IIIとして代数学の基本定理を代数的に証明してみよう．

［**証明 III**］ n 次の複素数係数の代数方程式

$$f(z)=0$$

が，少なくとも1つの複素数根を持つことを証明するのであるが，実は，方程式 $f(z)=0$ が実係数の場合について定理を証明すれば一般の場合はそれから簡単に証明されてしまうのである．このことを次に示しておこう．

いま，方程式 $f(z)=0$ の係数を実数部と虚数部とに分けて，

$$f(z)=g(z)+ih(z)$$

としよう．たとえば，

$$f(z)=z^3+(4+3i)z^2+5iz+(1-2i)$$

ならば，

$$f(z)=(z^3+4z^2+1)+i(3z^2+5z-2)$$

というふうにするわけである．

この $f(z)=g(z)+ih(z)$ に対して，

$$\bar{f}(z)=g(z)-ih(z)$$

とおけば，

$$f(z)\bar{f}(z)=g(z)^2+h(z)^2=0$$

は，z の $2n$ 次の実係数方程式になる．ところで，実係数方程式が必ず複素数の根を持つということが証明されていれば，実係数方程式

$$f(z)\bar{f}(z)=0$$

の複素数根のひとつを，$z=a+bi$ としてみよう．

$$f(a+bi)\bar{f}(a+bi)=0$$

から，$f(a+bi)=0$ または $\bar{f}(a+bi)=0$ が得られるが，$f(a+bi)=0$ ならば，方程式 $f(z)=0$ は $z=a+bi$ を根に持つし，$\bar{f}(a+bi)=0$ ならば明らかに $z=a-bi$ が方程式 $f(z)=0$ の根になる．何れにしても方程式 $f(z)=0$ はちゃんと複素数の根を持っていることが分る．

したがって，我々は方程式 $f(z)=0$ が実係数の場合だけを考えることにしよう．実係数方程式を考えるのだから，未知数を x としておく．別に z でも x でも理屈は同じことであるけれども，x の方が方程式の未知数として見慣れているから x に直すまでのことである．

さて，我々は実係数の n 次方程式 $f(x)=0$ が，少なくとも1つの複素数根を持つことを証明しよう．

我々は，実係数の方程式を考えるとき，１次方程式は例外なく実根を持つのであるが，２次方程式は必ずしも実数の範囲に根を持つとは限らないのであった．そこで虚数 i を導入し，数の範囲を複素数にまで拡大することによってすべての２次方程式が根を持つようにできたのであった．しか

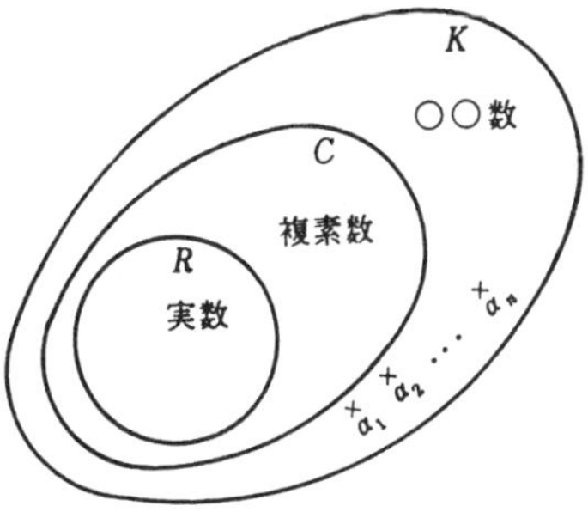

し，２次方程式なら大丈夫であっても，一般の n 次方程式については，複素数の範囲に根を持つかどうかまだ分らない．さらに新しく○○（なんとか）数というものを導入して数の範囲を拡大しなければならないかもしれない．いま，方程式 $f(x)=0$ が解けるように拡大した数の範囲を K としよう．方程式 $f(x)=0$ のすべての根 $\alpha_1, \alpha_2, \cdots, \alpha_n$ は，K の中には入っているわけである．この K のことを方程式 $f(x)=0$ の**分解体**とよぶのであるが，いまはこのような用語は知らなくても構わない．

この n 次方程式 $f(x)=0$ の根 $\alpha_1, \alpha_2, \cdots, \alpha_n$ の中には複素数が少なくとも１つは含まれていることを証明するわけであるが，いま，次数 n を，

$$n=2^m p, \quad p：奇数$$

と書いたときの 2 の指数 m についての数学的帰納法によってそのことを証明することにする．

先ず，$m=0$ の場合から始める．$m=0$ のときは，$n=2^0p=p$ であるから，n が奇数の場合である．このときは，$y=f(x)$ のグラフを考えれば，

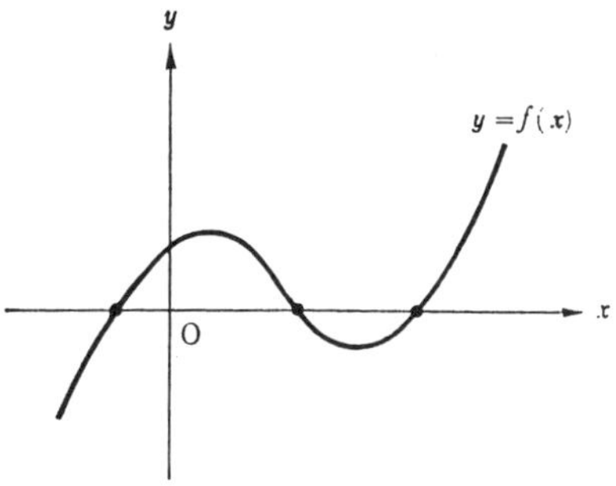

方程式 $f(x)=0$ が少なくとも１つの実根（したがって，もちろん複素数根）を持つことは明らかである．（中間値の定理）

いまやっている証明Ⅲは代数的な証明ではあるが，この代数学の基本定理そのものが整式の連続性と実数の連続性（この場合，連結性と言った方が本当である）とに支えられているのであるから，証明のどこかでこのことが使われなければならない筈である．この証明では，ご覧のように，

奇数次の実係数方程式は，少なくとも１個の実根を持つ

という形で用いられているわけである．

これで，$m=0$ の場合が済んだから，一般の場合に入ることにする．すなわち，$m-1$ 以下の場合に定理の主張が正しいと仮定して m の場合を証明するわけである．

我々は，n 次方程式 $f(x)=0$ の根を，

$$\alpha_1, \alpha_2, \cdots, \alpha_n$$

としたのであるが，いま，k を任意の整数として，

$$(\alpha_i+k)(\alpha_j+k) \quad [但し，1 \leqq i < j \leqq n]$$

なる ${}_nC_2$ 個の式を考えよう．これらを用いて，

$$整式 \quad F_k(x)=\prod_{i<j}\{x-(\alpha_i+k)(\alpha_j+k)\}$$

を作れば，$F_k(x)$ は x の ${}_nC_2$ 次式である．この $F_k(x)$ の中には，$\alpha_1, \alpha_2, \cdots, \alpha_n$ がどれも平等な立場で現われるから，x の整式 $F_k(x)$ の各係数は，$\alpha_1, \alpha_2, \cdots, \alpha_n$ の対称式になるわけである．したがって，$\alpha_1, \alpha_2, \cdots, \alpha_n$ の基本対称式（の整式）で書けることになる．すなわち，$F_k(x)$ の各係数は方程式 $f(x)=0$ の係数の整式になるわけである．したがって，方程式 $F_k(x)=0$ は実係数方程式ということになる．そして，その次数は，

$${}_nC_2=\frac{n(n-1)}{2}=\frac{2^m p(2^m p-1)}{2}=2^{m-1}p(2^m p-1)$$

であって，$p(2^m p-1)$ が奇数であるから因数に 2 を $m-1$ 個しか持たない．したがって，数学的帰納法の仮定によって，方程式 $F_k(x)=0$ は少なくとも１個の複素数根を持つことになる．すなわち，方程式 $F_k(x)=0$ の ${}_nC_2=\frac{n(n-1)}{2}$ 個の根

$$(\alpha_i+k)(\alpha_j+k) \qquad [1 \leqq i < j \leqq n]$$

のうちどれか少なくとも1個は複素数のものがあるわけである．さて，いま，整数 k として特に，

$$k=0, 1, 2, \cdots, {}_nC_2$$

とおき，${}_nC_2+1$ 個の方程式

$$F_0(x)=0,\ F_1(x)=0,\ \cdots,\ F_{{}_nC_2}(x)=0$$

を考えると，各方程式に対してその根

$$(\alpha_i+k)(\alpha_j+k)$$

が複素数となるような i, j の組 (i, j) が少なくとも1つずつはあるが，その中のある一組の (i, j) に対しては，$(\alpha_i+k_1)(\alpha_j+k_2)$，$(\alpha_i+k_2)(\alpha_j+k_2)$ が共に複素数になるような相異なる整数 $0 \leqq k_1, k_2 \leqq {}_nC_2$ が存在する筈である．（これは有名な抽(ひき)出(だ)し論法である） 2つの数

$$(\alpha_i+k_1)(\alpha_j+k_1)=\alpha_i\alpha_j+k_1(\alpha_i+\alpha_j)+k_1^2=\beta_1$$
$$(\alpha_i+k_2)(\alpha_j+k_2)=\alpha_i\alpha_j+k_2(\alpha_i+\alpha_j)+k_2^2=\beta_2$$

$$(\alpha_i+k_1)(\alpha_j+k_1)=\alpha_i\alpha_j+k_1(\alpha_i+\alpha_j)+k_1^2=\beta_1$$
$$(\alpha_i+k_2)(\alpha_j+k_2)=\alpha_i\alpha_j+k_2(\alpha_i+\alpha_j)+k_2^2=\beta_2$$

が両方とも複素数であることが分ってしまえば，あとはもう簡単である．どんなふうにやっても大差ないが，たとえば，この2式を辺ごとに引いてみると，

$$(k_1-k_2)(\alpha_i+\alpha_j)+(k_1^2-k_2^2)=\beta_1-\beta_2$$

これから，$\alpha_i+\alpha_j$ は複素数であることが分り，したがって，$\alpha_i\alpha_j$ は複素数が出てくる．和 $\alpha_i+\alpha_j$，積 $\alpha_i\alpha_j$ が共に複素数ならば，α_i, α_j 自身が複素数であることは明らかであろう．このようにして，最初の方程式 $f(x)=0$ は確かに複素数の根 α_i, α_j を持つことが分った．

以上によって，定理の証明が完全に終ったわけである．

ごたごたした計算は出てこないけれども，なかなか巧妙な証明であった．もう一度よく復習し，この証明の面白さを味わってみて頂きたい．

（こでら　へいち　愛知教育大）

実数論のからくり

矢ヶ部　巌

香山教授は，週に四日，弁当を持参する．月火と木金で，それは幼稚園の子供の弁当日と一致する．

箱崎，六本松の両君が質問に来たのは，その弁当をガンミしている時である．だから，それは水曜でも土曜でもないことだけは確かなのである．

講義への疑惑

箱崎　この間の講義で実数の話がありましたね．

香山　ウン．

箱崎　そのとき，「上に有界な実数の集合は上限をもつ」という性質を公理とする――とおっしゃいましたね．

香山　そうだよ．

箱崎　どうして，この性質を公理に採用するのか，ヨクわからないのですが．

香山　この間も説明しただろう．どうしてワカランのかね．キミ達は数学科志望の学生だろう．

六本松　先生の声は小さい．おまけに早口だ．黒板の字もサッと消してしまう．あれでは「数学科志望の学生」でもワカラナイ．

香山　ナサケナイ！　そのために教科書がある．教科書と同じことしかシャベッとらん．（食事を中断されて，キゲンがわるい．）

六本松　教科書にはキ奇カイ怪なことが書いてある．

箱崎　そうなんです．「我々は上に有界で，かつ，上限をもたない実数の集合の具体例を作ることができないので，これからは，実数はこの性質をもつものとして，これを公理に採用する」とあります．

六本松　「具体例を作ることができない」といったって，イチイチ全部の例で確かめたワケでもない．また，そんなことができるハズもない．こんなハクジャクな理由で公理にするとは！　数学とはコンナにイイカゲンなものですか？

香山　テキビシイね．それは，何だナー，公理とする理由は各人各様であってよいわけだ．教科書のも立派な見解の一つだ．ただキミ達を納得させられないのが玉にキズなだけだな．（実は，香山教授は教科書を読んでいなかったのである．）

箱崎　本当は，六本松君はコレを証明したのです．証明できるのに，どうして公理に採用するのですか？

香山　ホホー，どんな証明かね．

六本松　上に有界な実数の集合を S とする．すなわち，

$$k \geqslant x \quad (x \in S)$$

となる定数 k が存在するとする．

まず，S に正の数が属する場合を考える．S に属する正の数全体の集合を S_+ で表わす．

箱崎　そして，S_+ に属する実数を無限小数で表わします．有限小数で表わせるものは，ある位から後の数字がすべて零になる，無限小数とします．

六本松　このとき，S_+ に属する実数の整数部分は，k の整数部分以下で，零以上だ．だから，有限種類しかない．その最大数を c_0 で表わす．

箱崎　そして，S_+ に属する実数で，その整数部分が c_0 であるもの全体の集合を S_0 とします．

つぎに，S_0 に属する実数の小数第1位を比べます．そこには0から9までの有限種類の数字しか現われません．ですから，やはり最大なものが存在します．それを c_1 とします．

六本松　S_0 に属する実数で，c_1 を小数第1位とするもの全体の集合を S_1 で表わす．

S の元で，その整数部分が c_0，その小数第1位が c_1 であるもの全体の集合が S_1 だ．

箱崎　そして，S_1 に属する……

香山 わかった．同じことをくり返すわけだな．

箱崎 そうです．この方法をつづけますと，Sの空でない部分集合の系列

$$S_0 \supset S_1 \supset S_2 \supset \cdots \supset S_n \supset \cdots$$

と，数列

$$c_0,\ c_1,\ c_2,\ \cdots,\ c_n,\ \cdots$$

ができます．

S_nは小数第n位までが

$$c_0.c_1c_2\cdots c_n$$

となる，Sの元全体の集合です．

六本松 S_nに属する実数の小数第$n+1$位の数字の最大としてc_{n+1}が確定する． このc_{n+1}を小数第$n+1$位とする，S_nの元全体の集合としてS_{n+1}が確定する．

箱崎 そして，無限小数

$$c_0.c_1c_2\cdots c_n\cdots$$

で表わされる実数をcとしますと，cがSの上限なのです．

香山 どうしてかね．

六本松 まず，cはSの上界だ．すなわち

$$c \geqq x \quad (x \in S)$$

が成立する．

これは，cの作り方から，明らかだ．

香山 「明らか」という言葉をカルガルしく使ってはいかん． わからなくなると，「明らかに」といって，ゴマカス学生がいる．チャント説明してごらん．

箱崎 Sに属する元xが0または負のときは， cは正ですから，この不等式は成立します．

六本松 xが正のときは

「$x \fallingdotseq c \Longrightarrow x < c$」

を示せばよい．

xを無限小数で表わす．$x \fallingdotseq c$だから，xとcの位を表わす数字がすべて一致することはない．

そこで，小数第m位までは一致して，第$m+1$位は異なるとする．このとき，xの小数第m位までは

$$c_0.c_1c_2\cdots c_m$$

だから，xはS_mに属する．

c_{m+1}はS_mに属する元の小数第$m+1$位の最大数だから，xの第$m+1$位はc_{m+1}より小さい．したがって，$x<c$だ．

香山 なるほど．

六本松 つぎに，cはSの最小上界だ．すなわち

「$c>y \Rightarrow c \geqq x > y$となる$S$の元$x$が存在する」

が成立する．

箱崎 yを無限小数で表わしますと，$y<c$ですから，yとcの位を表わす数字がすべて一致することはありません．それで，小数第l位までは一致して，第$l+1$位はc_{l+1}より小さいとします．

六本松 そこで，S_{l+1}に属する一つの元xをとれば

$$c \geqq x > y$$

が成立する．

xとyの小数第l位までは一致している．xの小数第$l+1$位はc_{l+1}で，それはyの小数第$l+1$位より大きい．だから，この不等式が成立する．

香山 S_+の実数を小数で表わすとき， 有限小数となるものは，ある位から後の数字をすべて零とする方式だったね．yの無限小数表示も， この方式に従っておれば，そういう結論となるな．

箱崎 これで，Sに正の数が属する場合の証明はできました．Sに正の数が属しない場合には

(イ) Sに負の数が属しない

(ロ) Sに負の数が属する

の二通りがあります．

(イ)の場合には，Sの元は零だけですから，零がSの上限です．

六本松 (ロ)は「正の数がSに属する場合」に帰着される． x_0をSに属する負の数の 一つとする．このとき

$$S' = \{x - x_0 + 1 \mid x \in S\}$$

は上に有界で，それには正の数が属する．

だから，S'は上限をもつ．その上限にx_0-1を加えたものが，Sの上限だ．

箱崎 これが「上に有界な実数の集合は上限をもつ」の証明です． これではイケナイの でしょうか？

香山 イイともいえる．イケナイともいえる．(独白：「無限集合」の扱いには，ヤカマシクいえば，問題がある．が，それはヌキにしよう．教養課程では，一般にはヤカマシクはいわないのだから．)

六本松 煮え切らない．

箱崎 イイのでしたら，どうして公理に採用するのでしょか？ 証明できるのに．

香山 最近の学生はユウトウ生が多い．「これが公理だぞ」といえば，「はい， それが公理です」とシタリ顔をする．わかっても，わからんでも盲

従する．ところが，キミ達は「自分の頭」で考えている．オソレイリマーシタ．

何故「煮え切らない」のか，何故「公理とする」のか，詳しく説明しよう．講義での「発生法のマズサ」を補うためにもな．だが，それには時間がかかる．弁当を片づけるから，一寸まってくれ．

高校での実数概念

香山　さてと，それでは高校の復習から始めよう．高校では，実数をどういう風に教わった？

箱崎　有限または無限小数と教わりました．

香山　それは数ⅡBで無限級数を教わってから出てくるはずだ．中学の復習をする段階の数Ⅰで，別の定義が与えられている．

六本松　有理数と無理数とを合わせて実数という．

香山　そのとおり，有理数も無理数も中学で学習するが，無理数の定義は？

箱崎　有理数では表わされない数――と教わりました．

香山　そうすると，虚数単位iは無理数かね．

有理数を二乗すると零か正となる．iは二乗すると負になる．したがって，iは有理数では表わされない．

箱崎　iは無理数ではありません．

香山　そうすると，「有理数では表わされない数」と無理数を定義するのは不正確だね．どう修正すればよい．

箱崎　有理数では表わされない実数――ですか．

香山　そうすると，「有理数と，有理数では表わされない実数とを合わせて実数という」こととなる．これは定義にならない．

六本松　実数の定義に実数を使っているのだ．

箱崎　そうか．有理数では表わされない数――の「数」の意味をハッキリさせないと，数Ⅰの実数の定義は，アヤフヤなわけですね．

香山　そのとおり．中学や高校では，その点がボカしてある．

箱崎　ウカツでした．

香山　君だけがウカツなのではない．僕もそうだった．それは先生がウワテなためだ．「有理数では表わされない数」の例として，どんなものを教わったかね．

箱崎　たとえば，$\sqrt{2}$．

香山　それを，「有理数では表わされない数」として，スット無抵抗に受け入れるように，あらかじめ伏線がはってある．

六本松　数直線？

香山　そうだ．歴史的に見れば，自然数$1,2,3,\cdots$は，有限個の対象の集り――所有している家畜や，村落の人口など――を数えるという過程を通して抽象されたものだった．

しかし，日常生活では，このような家畜や人間などの個々の対象を数えるだけではない．酒の量，畑の広さなど体積，面積，長さなどを測ることも必要となる．

たとえば，「長さ」を測るには，どうする？

箱崎　物指で測ります．

香山　物指の原理は？

箱崎　ある線分を規準にとります．そして，測りたい線分が，この規準のものをいくつ集めたものに等しいかを調べる――ということです．

香山　その際に，キチント何倍かになってくれればよい．しかし，一般には，そうはいかないだろう．そのとき，どうする．

箱崎　初めに規準にとった線分を等分します．その何倍かを調べます．それでもキチントいかないときは，さらに等分します．これを，くり返すわけです．

香山　そうだね，規準の線分をm等分する．測ろうとするものが，そのような線分のn個の集りとなれば，その線分の長さを記号$\dfrac{n}{m}$で表わした．

このように，いくらでも分割できる量の測定という過程を通して分数が抽象された．

六本松　自然数m,nに対して，方程式

$$mx=n$$

が何時でも解けるようにするために，分数$\dfrac{n}{m}$を導入する――と高校で教わった．

香山　いままで見てきたのは，分数を導入する「実用的な」背景だった．六本松君のは「理論的な」背景だね．同じ理論的な背景が，零と負の数の導入にもあるね．

箱崎　自然数m,nに対して，方程式

$$m+x=n$$

が何時でも解けるようにする――ということですか．

香山「記号として」の分数が，「数として」の分数にまで認められるようになるのは，理論的な観

点からだった．

二つ以上のむれの家畜の数を数える，といったことから自然数の加法が得られる．同じ数から構成される家畜のむれの加法の省略算として，自然数の乗法が得られる．そして，加法と乗法の計算規則が確立される．

箱崎　m, n, l を自然数とするとき

(1)　加法の結合法則 $(m+n)+l=m+(n+l)$

(2)　加法の交換法則　$m+n=n+m$

(3)　乗法の結合法則　$(mn)l=m(nl)$

(4)　乗法の交換法則　$mn=nm$

(5)　分配法則　$m(n+l)=mn+ml$

ですね．

香山　小学校以来くり返し，くり返しセンノウされているので，その意味はよくわかっていると思う．

零や負の数を含めた整数の具体的な加法・乗法は中学で学習しているね．そして，この法則に従うことも，中学で確認しているね．

六本松　「符号の法則」がわからなかった．とくに

$$(-1)(-1)=1$$

と，どうしてきめるのかが．

香山　それは整数に対しても分配法則を保存しようとする希望からだね．自然数に対する五つの法則が，整数に対しても成り立つという観点から，零や負の整数が「数」として認められた．

箱崎　零や負の分数を含めた有理数の加法・乗法は

$$\frac{b}{a}+\frac{d}{c}=\frac{bc+da}{ac}\ ;\ \frac{b}{a}\cdot\frac{d}{c}=\frac{bd}{ac}$$

と，中学で学習しています．

これから，五つの法則が成立することが確かめられます．それで，有理数も「数」として認められるようになったのですね．

香山　そのとおりだが，この有理数の加法・乗法が分数，つまり正の有理数の場合には，実際の測定の結果と一致する点も見すごしてはいけない．

ヨソノ大学へ行くと

$$\frac{1}{2}+\frac{1}{3}=\frac{2}{5}$$

という答案にお目にかかることがある．

六本松　分数の加法を

$$\frac{a}{b}+\frac{c}{d}=\frac{a+c}{b+d}$$

とするわけだ．

香山　この加法でも，上の五つの法則は成立する．しかし，測定の結果とは一致しない．

箱崎　それで，ダメなわけですね．

香山　これで，いわゆる四則演算――加法・減法・乗法および除法――のできる「数」として，有理数が確立される．

六本松　大小関係もある．

箱崎　それを含めて，有理数を幾何学的に表示する方法が数直線ですね．長さの測定という，分数の導入過程を考えると，自然な方法ですね．

香山　有理数を直線上の点で表示すると，直線上の点には，すべて，有理数が対応すると信じられていた時代があった．つまり，線分の長さは必ず有理数で測定される，と思われていた．

六本松　ところが，単位の長さを一辺とする正方形では，その対角線は有理数では表わされないことがわかった――というわけだ．

香山　このギリシャの発見は，科学における最も重要な事件の一つだね．これが無理数の導入につながる．

すべての線分に「長さ」を認めるのは，だれでも異議はないと思う．とすれば，長さの測定に関連して，長さを表わすものとしての「数」が考えられる．そうすれば，有理数では表わされない数――無理数――を導入しなければならなくなる．

箱崎　「$\sqrt{2}$ は有理数では表わされない数」といわれたとき，スット頭に入るのは，線分の長さを表わすものとしての「数」が直観されているからなのですね．

香山　そのとおり．高校での実数概念は，線分の長さを表わす数という，直観的なものに支えられている．

規準にえらんだ線分を10等分する．さらに，それを10等分する．このくり返しを基本として，線分の長さを測定する過程から，実数の小数表示が得られる．

六本松　実数とは有限または無限小数である，という数ⅡBの考えは，それが背景となっているのだ．

香山　これまでの話では，実数の「実用的な面」だけにふれて来た．「理論的な面」はどうかね．

箱崎　有理数と同じように，大小関係もあり，四則演算も自由です．加法と乗法は五つの法則に従

っています.

香山　そういうけれど，たとえば，加法と乗法に対して五つの法則が成立することを，実際に確かめたことがあるのかい？

箱崎　そういわれてみれば，ありません.

香山　有理数までは加法と乗法は具体的に定義されている．しかし，一般の実数に対しては，高校では何も指示されていない．確かめようがなかったはずだ.

箱崎　小数を使ったら，どうですか.

香山　どうやって．たとえば，加法は？

箱崎　同じ位の数字を加えます.

香山　無限小数同志だったら，どこから加え始める．オワリはないのだよ.

箱崎　そうか.

香山　ただ，大小関係には無限小数が使える．さっきの君達の証明にあったようにね.

六本松　数直線を使えばよい.

香山　どうやって？

六本松　大小関係は，点の位置できまる．符号もだ．二つの線分の和と差の作図から，加法と減法が定義できる．三角形の相似から，二つの線分の積と商も

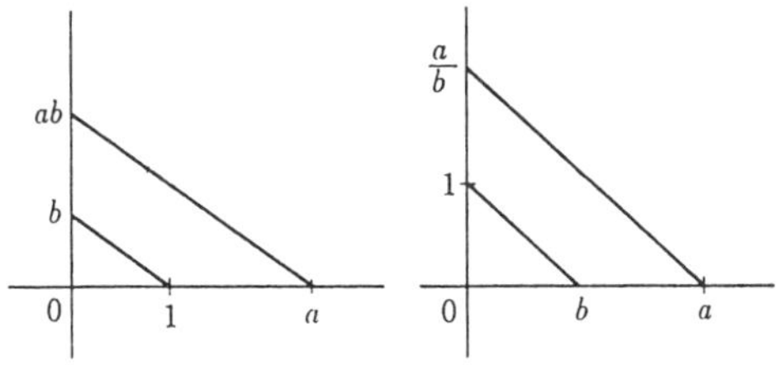

のように作図できる．これと「符号の法則」とから，乗法と除法とが定義できる.

作図の仕方から，五つの法則が成立することも，すぐに確かめられる.

香山　この方法だと，あくまでも幾何学的なものから，抜け出せないね.

箱崎　イケナイのですか.

香山　そうは，いわない．17世紀から18世紀までに展開された微積分は，大まかにいって，このような実数概念の上に打ち立てられて来た．その成果は偉大なものだ．「月への使者」を送り出す原動力ともなっている.

しかし，微積分の反省期である19世紀に入ると，幾何学や物理学からの「微積分の独立」が叫ばれるようになる．その過程で，実数の概念も，理論的に再構成されることとなる.

箱崎　それを話して下さい.

理論的構成（Dedekind）

香山　一番打者は Dedekind だ．1872年に"Stetigkeit und irrationale Zahlen" という本で発表している.

箱崎　1872年といえば明治5年ですね.

六本松　日本で初めて，横浜にガス灯がともった記念すべき年だ.

香山　そんなことは，どうでもよい．この本は全集第2巻の315頁から334頁に収録してある．その序文に，理論的な構成の動機が説明してある．ここだ.

"Die Betrachung, welche den Gegenstand dieser kleinen Schrift bilden, stammen aus dem Herbst des Jahres 1858."

箱崎　先生，日本語でいきましょう.

香山　日本語なら，河野伊三郎氏の訳で，岩波文庫に収録されている．これだ.

六本松　『数について』か．ウスッペライ本だ.

香山　これでも "Was sind und was sollen die Zahlen?" と合併したものだよ.

箱崎　最初の「連続性と無理数」というのが，問題の訳なのですね.

六本松　なになに，「この小冊子の対象となっている考察は1858年の秋に導き出されたものである．当時私はチューリヒのスイス連邦工科大学の教授として，はじめて微分学の基礎知識を講義しなければならない立場にあったが，そのときにそれ以前にも増して，数の理論の真に科学的な基礎が欠けていることを痛感した.」

箱崎　「変動する大きさが一つの固定した極限値に近づくという概念に際して，ことには絶えず増大しながらも，しかもあらゆる限界を越えては増大しないという大きさは，どれでも必ず一つの極限値に近づかなければならないという定理の証明に当って，私は幾何学的な明証に逃げ道を求めていた.」

六本松　「いまでも私はこのように幾何学的直観に助けを借りることは，はじめて微分学を教えるのに教育的見地からは非常に有用であり，余り多くの時間を掛けまいとすれば，欠くことのできな

いものとさえ考えている．しかし，このような微分学への導入が科学性を有すると主張できないことは，誰も否定できないであろう．」

箱崎　段落がなく，おまけに一つの文章が長くて，読みづらいですね．

香山　Dedekind のクセと，ドイツ語特有の文章構造とからで，仕方がない．チョットとばして，ここを見てごらん．

箱崎　「微分学の最も厳密な叙述といっても，その証明は基礎を連続性におかず，幾何学的な，または幾何学によって生ぜしめられた表象の意識に多かれ少なかれ訴えるか，またはそれ自身いつになっても純粋に数論的に証明されないような定理に基づいているかのいずれかである．」

六本松　「たとえば上に述べた定理はこれに属しているし，いっそう精密な検討によって，この定理またはこれと同等な，どの定理もいわば無限小解析にとっての十分な基礎と見なすことができると私は確信するにいたった．ただそれは，その本来の起源を数論の基礎知識のうちに発見し，それと同時に連続性の本質についての真の定義を獲得したうえでのことである．」

箱崎　「このことに私は 1858 年 11 月 24 日に成功した．」

成功の日付に，イヤニこだわるんですね．動機はわかりましたから，内容をカイツマンデ話して下さい．

六本松　ぜんぶ読むのは大変だ．

香山　数直線上の一つの点をとれば，それを境目として，直線上の点は左右の組に分けられる．この境目の点を，左右の組のどちらかに入れておけば，直線上の点は完全に二つの組に分けられるだろう．

この分け方の特長は何だね？

箱崎　一方の組の点は，いつでも他方の組の点の左側にあることです．そして，境目の点は，どちらかの組の端となることです．

香山　そうだね．そこで逆に，「直線のあらゆる点を二た組に分けて，第一の組の一つ一つの点は第二の組の一つ一つの点の左にあるようにするとき，このあらゆる点の二つの組への組分け，直線の二つの半直線への分割を引き起こすような点は一つ，そうしてただ一つだけ存在する」ことが認められる——と Dedekind は考える．

六本松　20 頁に「連続性の本質」として述べてある．

香山　そこで，かりに数直線上の点を表わす数が有理数だけだとすると，直線のこの性質に反することとなる．

箱崎　たとえば．

香山　たとえば，二乗して 2 より大きい正の有理数全体の集合を B，残りの有理数全体の集合を A としよう．A, B の有理数に，対応する点を数直線上に表示する．

A に属する有理数は，B に属する有理数より小さいから，A 組の点は，いつでも，B 組の点の左にある．そうすると，この組分けを引き起こす点が存在して，それは A 組か B 組の端となる．したがって，それに対応する有理数は，A の最大数か B の最小数かでなければならない．ところが，A には最大数はない．B にも最小数はない．

六本松　楽屋裏から見れば，それは $\sqrt{2}$ という無理数に対応する点だからだ．

香山　このようにして，有理数では表わされない点の存在が再確認される．と同時に，数直線上の点は有理数のこのような組分けで特長づけられることがわかる．

六本松　数直線上の一つの点を境目として，有理点全体を左右の組に分ける．この境目の点が有理点のときは，どちらかの組に端ができる．この境目の点が有理点でないときは，どちらの組にも端ができない．

逆に，どちらかの組に端ができるときは，その端の有理点を組分けに対応させる．どちらの組にも端ができないときは，境目の点の存在を承認して，それを組分けに対応させる——ということか．

香山　そのとおり，Dedekind はこのアイデアで実数を定義する．あとはキチント定式化すればよい．

箱崎　有理数全体の集合 Q を，次の性質をもつ二つの集合 A, B に分ける：

(イ)　$A \neq \phi$，$B \neq \phi$ かつ $A \cup B = Q$，

(ロ)　$a \in A$，$b \in B$ ならば $a < b$．

——と有理数の組分けは定式化されます．

香山　(ロ)の方だけしか気がつかないかと思ったが，(イ)も考えるとは，感心．さすが「数学科志望の学生」だけはある．

Dedekind は，これを切断とよび，(A, B) で表

わす．そして，切断そのものを実数と定義する．

六本松　切断を「数」として認めるには，大小関係や四則演算がなければいけない．

香山　勿論だ．それもチャント定義される．たとえば，二つの切断 (A,B) と (C,D) とに対して

$$E=\left\{e\in Q \;\middle|\; \begin{array}{l} e\leqq a+c \text{ となる} \\ \text{元 } a\in A,\, c\in C \text{ が存在する}\end{array}\right\},$$

$$F=Q-E$$

が作られる．

このとき，(E,F) は切断となることが確かめられる．そこで，これが (A,B) と (C,D) との和と定義される．

箱崎　この定義は，数直線上で考えると，ヨクわかりますね．

香山　その外くわしいことは，この本にある．

第4節と第5節で，二つの切断が「等しい」ことの定義と，「大小関係」の定義がある．第6節では，切断の計算が考察される．加法・乗法は五つの基本法則を満足し，減法・除法の可能性もわかる．

箱崎　そうしますと，今度は実数全体の切断が考えられますね．有理数の切断からは，有理数でない新しい数が導入されましたね．同じように，実数の切断からは，実数でない数，たとえば複素数のようなものが導入されるのですか．

香山　その心配はない．有理数の切断から新しい数を導入する必要が生じたのは，どちらの組にも最大数や最小数が存在しないときだったね．ところが実数の切断では，必ず，どちらか一方の組に最大数か最小数が存在する．すなわち，実数の切断 (A,B) に対して

$$a\leqq c\ (a\in A) \text{ かつ } c\leqq b\ (b\in B)$$

となる実数 c が存在する．

これは第5節で証明してある．このことは，「連続性の本質」として Dedekind が認めた直線の性質――直線上の点の組分けを引き起こす点は一つ，しかも，ただ一つ存在する――の理論的な裏付けになっている．

箱崎　その点で直線全体が二つの半直線に切り分けられるので，「切断」という言葉が使われたのですね．

六本松　それはオカシイ．

箱崎　どうして？

六本松　実数の切断に対応する二つの半直線では，境目の点はどちらか一方にだけしか入らない．それなら，一方の半直線には切り口の端があるが，他方には切り口の端がないことになる．

そんなバカナ話はない．幾何でも，線分を二等分するとき，切り口の点は平等に両方の線分の端として扱っている．直観に反している．

香山　22頁を見てごらん．河野氏の訳註がある．「通常切断といっているので，そのまま用いたが，切れ目の意味らしい．」

六本松　「切れ目」ならワカル．

香山　「有理数」や「無理数」もモトモトは「比をもつ数」，「比をもたない数」の意味だった．「切断」もそのタグイらしい．

ついでに，序文の終り，ここを見てごらん．

六本松　「そうしてこの序文を書いている（1872年3月20日）間にも，私は関心を引くべきカントールの論文“三角級数論からの一定理の拡張について”を受けとった．これに対して私は，この明敏な見通しを有する著者に深い感謝を表するものである．」

箱崎　「取り急いで通読したところでは，§2.の公理は，その扮装の外形を除けば，私が§3.で連続性の本質として述べているものと全く一致している．」

カントールて，「集合論」の Cantor ですね．彼も実数の理論的構成を完成したのですか．

香山　そうだ．Dedekind とはちがう方法でね．

理論的構成（Cantor）

香山　問題の論文のコピーがある．これだよ．

六本松　“Ueber die Ausdehnung eines Satzes aus der Theorie der trigonometrischen Reihen”か．

香山　この論文の主題は，いわゆる，「三角級数の一意性」だ．二つの三角級数

$$\frac{1}{2}b_0+\sum_{n=1}^{\infty}(a_n\sin nx+b_n\cos nx),$$

$$\frac{1}{2}b_0'+\sum_{n=1}^{\infty}(a_n'\sin nx+b_n'\cos nx),$$

が，x の各値に対して収束し，その和が等しいならば，この二つの級数の対応する係数は一致する――を，この前の論文で示している．

さらに，有限個の x の値に対して，「収束性」や「和の一致」を仮定しなくても，この結果はやはり成立することも，そこで注意している．

このような例外が，ある種の無限なxの値に対しても主張できることを示そうとするのが，この論文の目的となっている．

六本松　どうして第一項だけに$\frac{1}{2}$がついているのかな？

香山　弦の振動という物理の問題から，ある種の偏微分方程式が作られる．その解には「全く任意」な関数が現われる．1807年に，Fourierは，この「全く任意」な関数は三角級数で表わされる——といい出した．

閉区間$[-\pi, \pi]$で定義される「任意の関数」$f(x)$は

$$f(x)=\frac{b_0}{2}+\sum_{n=1}^{\infty}(a_n\sin nx+b_n\cos nx),$$

ただし

$$a_n=\frac{1}{\pi}\int_{-\pi}^{\pi}f(x)\sin nxdx,\ (n=1,2,3,\cdots),$$

$$b_n=\frac{1}{\pi}\int_{-\pi}^{\pi}f(x)\cos nxdx,\ (n=0,1,2,\cdots),$$

と三角級数で表わされる——というのだ．

六本松　この公式から$\frac{1}{2}$が出るのだな．

箱崎　この結果は正しいのですか？

香山　「全く」任意な関数に対しては，必ずしも成立しない．どういう制限をつければ，このFourierの主張は成立するのか——という問題が現在のFourier解析の発端となっている．

この外にも，この三角級数の研究から発生した「新しい数学」がいくつもある．それ以後の数学の発展に与えた影響は大きい．

箱崎　実数の構成も，その一つなのですね．

香山　「この目的のためには，有限個あるいは無限個の数が与えられたとき，その間に生ずる関係を明るみに出す必要を感じた．その際，目的とした定理を，できるだけ簡潔に表現するために，ある種の定義に導かれる」といった意味のことが123頁に書いてあるだろう．

箱崎　「ある種の定義」に関係するわけですね．

香山　結果は130頁にある．

“Wenn eine Gleichung besteht von Form:

$$0=c_0+c_1+\cdots+c_n+\cdots,$$

wo $c_0=\frac{1}{2}d_0$; $c_n=c_n\sin nx+d_n\cos nx$, für alle Werthe von x mit Ausnahme derjenigen, welche den Punkten einer im Intervalle $(0\cdots(2\pi))$ gegebenen Punktmenge P der ν^{ten} Art entsprechen, wobei ν eine beliebig grosse ganze Zahl bedeutet, so ist:

$$d_0=0,\ c_n=d_n=0.”$$

箱崎　例外となる無限集合は，「第ν種の点集合P」なのですね．

香山　この「第ν種の点集合」を定義する際に，実数の新しい構成法が出てくる．

箱崎　どんな風に実数を定義するのですか？

香山　ある性質をもつ，有理数の数列として捉える．

六本松　「ある性質」とは？

香山　有理数の数列を

$$a_1,\ a_2,\ \cdots,\ a_n,\ \cdots$$

としよう．任意に与えられた正の有理数εに対して，適当な自然数Nが取れて

$$|a_m-a_n|<\varepsilon \qquad (m, n\geqq N)$$

が成立する——ということだ．

この性質をもつ有理数の数列は基本列とよばれている．基本列を実数と定義する．

六本松　どうして，この性質が出てくるのか，わからない．

香山　高校の実数概念を復習したとき，実数は小数で表わされる，といったね．小数の正体は何かね．

箱崎　無限級数です．

六本松　無限級数は部分和の数列と考えられるから，小数の正体は数列だ．

香山　級数も数列も同じものの二つの顔だね．この級数の概念と，その収束の概念とを現代風に確立したのは，Cauchyだといわれている．

箱崎　それまでは「無限の数の和」と考えたのですね．そして，「$0=1$」といったパラドックスに悩まされた——という話を読んだことがあります．

香山　級数の収束概念を確立すると同時に，収束するための必要十分条件も求めている．

1821年の“Cours d’analyse de l’école royale polytechnique”という本にある．全集（2）の第3巻に収録してある．これが，その本だよ．

六本松　デッカイ本だな．

香山　第6章で級数を扱っている．115頁を見てごらん．「級数

$$u_0+u_1+u_2+\cdots+u_n+\cdots$$

がsに収束することは，部分和

$$s_n=u_0+u_1+u_2+\cdots+u_{n-1}$$

が，n が大きくなっていくとき，極限値 s に収束することである．すなわち

$$s_n,\ s_{n+1},\ s_{n+2},\ \cdots$$

と s との差，したがって，またお互い同志の差が，n が大きくなっていくとき，限りなく小さくなることである．s_n とそれ以下のものとの差は

$$s_{n+1}-s_n=u_n,$$
$$s_{n+2}-s_n=u_n+u_{n+1},$$
$$s_{n+3}-s_n=u_n+u_{n+1}+u_{n+2}$$
$$\cdots\cdots\cdots\cdots\cdots\cdots$$

したがって，この級数が収束するためには，まず一般項 u_n が限りなく小さくならなければならない．しかし，この条件だけでは十分ではない．

$$u_n+u_{n+1},$$
$$u_n+u_{n+1}+u_{n+2},$$
$$\cdots\cdots\cdots\cdots\cdots\cdots$$

が，すべて限りなく小さくならなければならない．すなわち

$$u_n,\ u_{n+1},\ u_{n+2},\ \cdots$$

という数を，u_n から始めて，どこまで加えても，その絶対値は，n さえうまく選んであれば，あらかじめ与えられたどんな正の数をも超えることがない，というようになっていなければならない」といった意味のことが書いてあるだろう．

Cauchy は ε-N 方式までは，いってない．

六本松　「あらかじめ与えられた正の数」を ε，それに対して「うまく選んだ」番号を N とする．そうすると，「u_N から始めて，どこまで加えても」というのは

$$s_{N+p}-s_N=u_N+u_{N+1}+\cdots+u_{N+p-1}$$

で，p を $1,2,3,\cdots$ と変えたものを対象とすることだ．

だから，Cauchy の主張は

$$|s_{N+p}-s_N|<\varepsilon\quad(p=1,2,3,\cdots)$$

と定式化される．

香山　これは，任意に与えられた正数 ε に対して，適当な自然数 N が取れて

$$|s_{n+p}-s_n|<\varepsilon\quad(n\geqq N,\ p=1,2,3,\cdots)$$

が成立する——と同値なことが示される．

箱崎　$n+p$ を m で表わせば，さっきの形になるのですね．これが収束の必要十分条件なのですね．

六本松　まだ，十分だという説明はない．

香山　116頁で，“Réciproquement, lorsque ces diverses conditions sont remplies, la convergence de la sérite est assurée.” といって．証明はしていない．「明らか」と考えている．

箱崎　先生にシカラレルぞ．

香山　キミ達の証明のように，部分和 s_n を無限小数で表わして考えると，「明らか」かも知れない．

六本松　しかし，実数は無限小数であるという概念は，Dedekind 流にいえば，その当時では「真に科学的な基礎に欠けていた」のだ．

香山　「天才はその弱点において時代につながっている」と Goethe はいっているそうだ．「解析の父」Cauchy にしても，実数概念については「時代のキズナ」にしばられている．

箱崎　Cantor は，この Cauchy の結果を逆手に取ったのですね．

香山　そのとおり．かりに「数」が有理数だけだとすると，Cauchy の主張は必ずしも成立しない．

六本松　$\sqrt{2}$ に収束する有理数の数列がある．

香山　さらに，数直線の各点には，それにいくらでも近づく，有理点の点列が直観される．すなわち，「数」は基本列の極限になっていることが直観される．この事実から Cantor は出発する．

箱崎　基本列の極限が有理数のときは，その有理数を対応させる．極限が有理数にならないときは，極限の存在を承認して，それを対応させる——ということですね．

六本松　基本列を「数」と認めるには，大小関係，加法，乗法が定義されて，五つの基本法則が満足されなければならない．

箱崎　加法・乗法は，それぞれ，項の和からできる基本列，項の積からできる基本列を取るのでしょう．

香山　そのとおり．くわしいことは，この論文にある．また，『現代数学』という雑誌の72年2月号にも，竹之内氏の解説がある．ドイツ語がいやなら，それを読むといい．「第 ν 種の点集合」の説明もある．

箱崎　そうしますと，今度は実数の基本列が考えられますね．実数の基本列から，新しい「数」を導入する必要はないのですか．

香山　ない．実数の基本列は実数に収束する——が証明される．それが Cauchy の主張でもあった．

六本松　数列と級数とが同じものなら，級数を基礎にとっても，実数が構成されるワケだ．

香山　そのとおり．事実，Weierstrass はその方法をとっているそうだ．1859 年に講義しているとのことだ．原文を見たことがないから，割愛しよう．

Méray という人も，Cantor より一足はやく 1869 年に，Cantor と全く同じ構成法を発表しているそうだ．これも原文を見たことがない．

六本松　Dedekind 流と Cantor 流とを比べると，Cantor 流の方が具体的で，わかりやすい．

箱崎　だけど，有理数の切断だの，有理数の基本列だのと，いろんな解釈があるので，実数とは一体何なのか，ワケがわからなくなりました．

香山　理論的構成の目的は，「実数とは何か」を哲学的に追求することではない．「数の理論の真に科学的な基礎」として，実数のどの性質から出発するかが問題なのだ．

六本松　それじゃ，実数の基本的な性質を全部ならべ立てて，それから出発する手もある．

香山　それが教科書の方法で，Hilbert に始まる．

理論的構成（Hilbert）

香山　"Ueber den Zahlbegriff" という表題の論文で，1889 年に発表している．"Grundlagen der Geometrie" という本にも収録されている．これが，その本だよ．

六本松　カビくさい．

香山　付録の Ⅵ だ．実数の定義は本文の第 Ⅲ 章にもあるが，付録の方を見てみよう．238 頁から定義が始まっている．

"Wir denken ein System ven Dingen ; wir nennen diese Dinge Zahlen und bezeichen sie mit $a, b, c, \cdots$. Wir denken diese Zahlen in gewissen gegenseitigen Beziehungen, deren genaue und vollständige Beschreibung durch die folgenden Axiome geschieht."

箱崎　先生，日本語でいきましょう．

香山　「物の集合を考察する；これらの物を数とよび，$a, b, c, \cdots$ で表わす．これらの数を一定の相互関係で考察する．

その関係とは，次の公理によって正確にしかも完全に記述されるものである．

Ⅰ．結合の公理

Ⅰ₁．数 a と数 b とから，「加法」によって，一定な数 c が生ずる．これを次の記号で表わす：

$$a+b=c \quad \text{または} \quad c=a+b.$$

Ⅰ₂．数 a, b が与えられたとき

$$a+x=b \quad \text{または} \quad y+a=b$$

となる数 x, y が常に，それぞれ，一つしかもただ一つ存在する．

Ⅰ₃．一つの一定な数——それを 0 とよぶ——が存在して，各 a に対して

$$a+0=a \quad \text{と} \quad 0+a=a$$

とが同時に成立する．

Ⅰ₄．数 a と数 b とから，「乗法」という別の方法によって，一定な数 c が生ずる．これを次の記号で表わす：

$$ab=c \quad \text{または} \quad c=ab.$$

Ⅰ₅．数 a, b が与えられ，a が 0 ではないとき

$$ax=b \quad \text{または} \quad ya=b$$

となる数 x, y が常に，それぞれ，一つしかもただ一つ存在する．

Ⅰ₆．一つの一定な数——それを 1 とよぶ——が存在して，各 a に対して

$$a\cdot 1=a \quad \text{と} \quad 1\cdot a=a$$

とが同時に成立する．

Ⅱ．計算の公理

a, b, c が任意の数のとき，次の公式が常に成立する：

Ⅱ₁．　$a+(b+c)=(a+b)+c,$

Ⅱ₂．　$a+b=b+a,$

Ⅱ₃．　$a(bc)=(ab)c,$

Ⅱ₄．　$a(b+c)=ab+ac,$

Ⅱ₅．　$(a+b)c=ac+bc,$

Ⅱ₆．　$ab=ba.$

Ⅲ．順序の公理

Ⅲ₁．a, b が二つの異なる数のとき，一方（たとえば前者の a）は常に他方より大きい（$>$）；このとき，後者は前者より小さいとよび，次の記号で表わす：

$$a>b \quad \text{または} \quad b<a.$$

Ⅲ₂．$a>b$ で $b>c$ のとき，$a>c$.

Ⅲ₃．$a>b$ のとき

$$a+c>b+c \quad \text{と} \quad c+a>c+b$$

とが常に成立する．

Ⅲ₄. $a>b$ で $c>0$ のとき

$$ac>bc \quad と \quad ca>cb$$

とが常に成立する.

Ⅳ. 連続の公理

Ⅳ₁. (Archimedes の公理) $a>0$ と $b>0$ とが任意の二つの数のとき, a を次々と加えていって

$$a+a+\cdots\cdots+a>b$$

とすることが, 常に可能である.

Ⅳ₂. (完全性の公理) この数の集合に他の物の集合を付け加えて, この新しい集合で公理Ⅰ, Ⅱ, Ⅲ, Ⅳ₁がすべて成立するようには出来ない；簡単にいうと, これらの数は, すべての公理を保存しようとすれば, もはやこれ以上は拡張できない, ような物の集合を構成している.」

箱崎 加法,乗法それから大小関係も, 具体的には定義しないで, 何もかも公理化してしまうんですね.

六本松 クサイものにはフタをせよ.

箱崎 動機は何ですか？

香山 非 Euclid 幾何が発見されたイキサツは知っているだろう？

箱崎 「平行線の公理」を他の公理から証明しようとしたけど失敗した. そして, それを否定したものを新しい公理として, 非 Euclid 幾何ができあがった——という話ですね.

香山 その過程で, 数学の公理的構成とは何か, が問題となった. Hilbert の考えは, こうだ.

「科学の基礎を探求することを問題にするときは, その科学における基礎概念の間の関係を, 正確に, かつ余すところなく包含する公理系を打ち立てねばならない. その公理系それ自体がそれら基礎概念の定義なのであり, その科学における命題は, これらの公理から有限段階の論理過程を経て導かれるようなもののみが正しいと認められるのである.」

箱崎 「その科学における命題」が「導かれるようなもの」なら, どんな公理系を取っても自由なのですね.

香山 その意味では自由だが, 別の意味で制限がある. そのようなものとして, Hilbert は

(イ) 公理間の独立性

(ロ) 公理間の無矛盾性

を, あげている. (独白：もう一つあるけど,割愛しよう.)

箱崎 それは, どういう意味ですか？

六本松 (イ)は, どの公理も他の公理からは証明されない, ということだ. (ロ)は, 公理系から矛盾した結果が出ない, ということだ.

香山 そのとおり. この立場から幾何学の公理系を構成したのが, この本なのだ.

独立性と無矛盾性は, 第Ⅱ章で論じている. それには解析幾何を使い, 「実数の体系が無矛盾ならば, ここに与えた幾何学の体系も無矛盾である」ことを示している.

箱崎 それで, 物事の順序として, 今度は実数の構成が問題となったわけですね.

六本松 動機はいいとしても, 「連続の公理」がわからない.

香山 「Archimedes の公理」は, 求積問題と関連している.古代ギリシャの求積法は知ってるね.

六本松 「おしぼり」だ.

箱崎 何のこと.

六本松 正確にいえば,「搾り出しの方法」だ.

箱崎 17 世紀に入ると, Cavalieri の「不可分量の方法」もあります.

六本松 いわゆる「Kepler の第二法則」を発見するときに使った, Kepler の方法もある.

香山 Kepler や Cavalieri の方法と,「搾り出しの方法」とは本質的に異なる点がある. 二人の方法は, 論理的な面でアイマイサを含んでいる. だが,「搾り出しの方法」は厳密なものだった.

六本松 背理法を使ったのだ.

香山 その根拠となったのが, 次の命題だった.

「二つの量が与えられたとき, 一方の量から, その半分よりも大きな量を引き去る. その残りから, さらに, その半分よりも大きな量を引き去る. これを続けていけば, 何回目かの後には, 残りの量を他方の量よりも小さくすることができる (Euclid 原論 第 10 章 命題 1).」

箱崎 一方の量をヘラシながら, 他方の量よりも小さくするわけですね. だけど, 反対に, 他方の量をフヤシて, 一方の量より大きくしても, いいわけでしょう.

六本松 「半分よりも大きな量」にコダワル必要もないのだ.

香山 キミ達のような考えを Archimedes もしたのだろう.「Archimedes の公理」は, そこか

ら来ている．

箱崎　「完全性の公理」は？

香山　高校までに使って来た有理数全体の集合では，公理Ⅰ，Ⅱ，Ⅲ と Ⅳ_1 が成立するね．さらに，無理数の集合をそれに付け加えても，やはり公理Ⅰ，Ⅱ，Ⅲ と Ⅳ_1 は成立するね．

もう一つ，虚数の集合を付け加えたらどうかね？

箱崎　ダメです．「順序の公理」が満足されません．

香山　このことから，公理Ⅰ，Ⅱ，Ⅲ と Ⅳ_1 とが成立する，一番広い数の集合は，実数全体の集合——ということがわかる．

箱崎　それを公理化したわけですね．

六本松　有理数の切断で実数を定義するとき，実数の切断からは実数しか生れなかった．有理数の基本列で実数を定義するとき，実数の基本列からは実数しか生れなかった．それと同じ事をいいたい，という寸法だ．

香山　そのとおり．

箱崎　この公理系には，「上に有界な実数の集合は上限をもつ」というのは，ありませんね．

香山　Hilbert の立場に立てば，微積分も公理系の上に構成されなければならない．高校での微積分は，そうなっていたかね？

六本松　ノー．とんでも．

香山　今度は，それを調べよう．

箱崎　そうすると，出て来るのですね．

微積分の公理化

香山　微積分の起源は三つあったね．

箱崎　接線問題，最大最小問題，求積問題です．

香山　初めの二つは，関数の変動状態を調べることと関係している．

六本松　式で考えると，大小関係，座標軸を取れば，グラフの形を調べることだ．

香山　グラフを書くとき，軸との交点が問題になるね．

六本松　方程式の根を求める問題だ．

香山　たとえば，数Ⅲの教科書に，こんなのがある．

「方程式 $x-\cos x=0$ は 0 と $\dfrac{\pi}{2}$ の間に実根をもつことを証明せよ．」

この証明は？

箱崎　$f(x)=x-\cos x$ とおきます．

$f(0)=-1$，$f\left(\dfrac{\pi}{2}\right)=\dfrac{\pi}{2}$ と符号が反対になりますから，$f(x)=0$ となる x の値が，0 と $\dfrac{\pi}{2}$ との間にあります．

香山　その証明の根拠は何かね？

六本松　$f(x)$ が連続なことだ．

香山　そのとおり．この教科書には，こう書いてある．

「関数 $f(x)$ が区間 $[a,b]$ において連続で，$f(a)$ と $f(b)$ が反対の符号をもつとき

$$f(x)=0,\quad a<x<b$$

をみたす x が少なくとも一つ存在する．」

これは関数の変動状態を調べるときに大切な，連続関数の性質の一つで，「中間値の定理」とよばれている．

その証明は？

箱崎　高校では，していません．

六本松　「幾何学によって生ぜしめられた表象の意識」に訴えているだけだ．

香山　そのとおり．この教科書には，こう書いてある．

「このことを図示すれば，次のようである．すなわち，仮定により，$f(a)$ と $f(b)$ が反対の符号をもつから，点 $(a,f(a))$ と点 $(b,f(b))$ とは x 軸の反対側にある．このとき曲線

$$y=f(x)$$

は区間 $[a,b]$ 内で少なくとも一回 x 軸と交わる．」

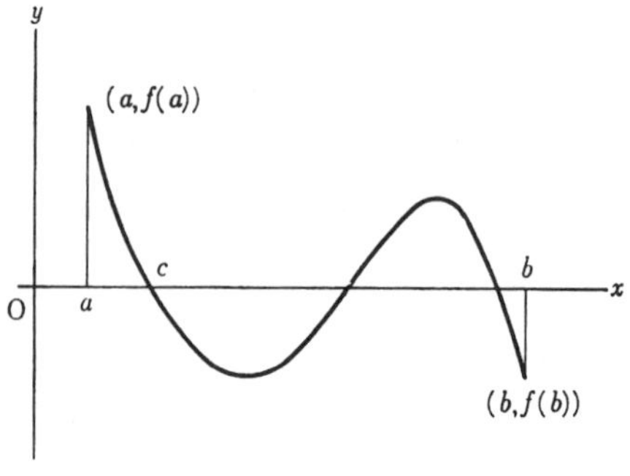

「連続関数のグラフは，連続な曲線である」という直観にたよっている．このことを，シッカリ頭においておこう．

次は，関数の変動状態を調べるキワメツケとして，極大極小の判定法があったね．

箱崎　微分できる関数の極値を求めるには，導関数の値が 0 となるような x の値を求めればよい——ということですか．

香山　それは必要条件だね．十分条件は？

六本松　$f'(a)=0$ のとき

（Ⅰ）$f''(a)>0$ ならば，$f(x)$ は $x=a$ で極小値をとる．

（Ⅱ）$f''(a)<0$ ならば，$f(x)$ は $x=a$ で極大値をとる．

香山　この証明は？

六本松　これもチャントは，してない．

香山　この数Ⅲの教科書にも，一つの例で，しかもグラフによってしか説明してない．

実は，「平均値の定理」から証明される．平均値の定理は知ってるね．

六本松　関数 $f(x)$ が区間 $[a,b]$ で微分できるとき

$$f(b)=f(a)+(b-a)f'(c)\quad(a<c<b)$$

をみたす c が少なくとも一つ存在する．

香山　その証明は？

箱崎　関数 $f(x)$ が区間 $[a,b]$ で微分できて

$$f(a)=f(b)=0$$

のとき

$$f'(c)=0\quad(a<c<b)$$

をみたす c が少なくとも一つ存在する——というRolle の定理を使いました．

香山　Rolle の定理で，座標軸を原点のまわりに回転すると，平均値の定理となるからだね．

ところで，その Rolle の定理の証明は？

箱崎　忘れました．

香山　この数Ⅲの教科書には，こう書いてある．

「区間 $[a,b]$ で，つねに $f(x)=0$ のときは，明らかに上の定理は成り立つ．よって，$f(x)$ がこの区間で 0 でない値をとることがあるものとする．

区間 $[a,b]$ で $f(x)$ は微分できるから，$f(x)$ はこの区間で連続である．従って，$f(x)$ はこの区間で最大値および最小値をとる．

いま，$f(x)$ が正の値をとることがあるとすれば $f(x)$ は a および b 以外のある点 $x=c$ $(a<c<b)$ で最大値をとる．

もし，$f'(c)>0$ とすれば，$f(x)$ は $x=c$ で増加の状態にあり，また，$f'(c)<0$ とすれば，$f(x)$ は $x=c$ で減少の状態にある．

いずれにしても，$f(c)$ は最大値とならない．ゆえに

$$f'(c)=0\quad(a<c<b)$$

でなければならない．

また，$f(x)$ がこの区間で負の値をとるときは，$f(x)$ が最小値をとる x の値を c $(a<c<b)$ とすれば，$f'(c)=0$ となる．」

六本松　今度は，「$f(x)$ はこの区間で最大値および最小値をとる」の証明は——と来るわけだ．

香山　一を聞いて万を知るとは，キミのことだね．

六本松　それほどでも．

香山　（独白：皮肉が通じないとは．）その外にもアヤシイ点はあるが，いま問題にしたいのは，「閉区間で連続な関数は，そこで最大値および最小値をとる」という性質だ．これも，関数の変動状態を調べるときの基本となる，連続関数の性質だ．

六本松　これも「幾何学によって生ぜしめられた表象の意識」に訴えているのだ．

香山　最後に求積問題だが，積分の定義は覚えているだろうね．

箱崎　関数 $f(x)$ は，区間 $[a,b]$ で連続とします．この区間を，$(n-1)$ 個の点

$$x_1,\ x_2,\ \cdots,\ x_{n-1}$$

で n 個の小区間

$$[a,x_1],\ [x_1,x_2],\ \cdots,\ [x_{n-1},b]$$

に分けます．

それらの小区間内に，それぞれ，任意の点

$$t_1,\ t_2,\ \cdots,\ t_n$$

をとって，和

$$S_n=\sum_{k=1}^{n}f(t_k)(x_k-x_{k-1})$$

を作ります．ただし，$x_0=a$，$x_n=b$ です．

おのおのの小区間の長さが 0 に近づくように，n を限りなく大きくするとき，点 t_k のとり方にかかわらず，和 S_n は一定の値に限りなく近づきます．

この極限値を，関数 $f(x)$ の a から b までの定積分といって

$$\int_a^b f(x)dx$$

で表わす——と高校で教わりました．

香山　感心，感心．数ⅡBと数Ⅲとでは，積分の定義がちがうことにも気がついたかね．君のは数Ⅲのだね．

箱崎　いいえ．

六本松　数ⅡBでは整関数しか対象としていない．また，分点のとり方を等分にしている．

香山　そのとおり．数Ⅲの方が，より一般的になっている．そこで問題となるのは，この極限値の

存在の証明がないことだね.

箱崎　ヤッパリ.

香山　1823年に, Cauchy が証明しているのだが, それは間違っていた. それを修正する過程で,「閉区間で連続な関数は, そこで一様連続である」という性質がクローズ・アップされることとなる.

箱崎　「一様連続」て, 何のことですか?

香山　もうすぐしたら講義で話す. 今日は時間がないので, 割愛しよう.

六本松　仕方がない. ガマンするか.

香山　数Ⅲの積分の考察では, この性質が基本となる. また, さっきの二つの性質も, 積分を計算するときに必要な, いろいろな性質の基礎になっている.

箱崎　たとえば?

香山　「二つの関数 $f(x), g(x)$ が区間 $[a,b]$ で連続で, かつ, この区間で $f(x) \geqq g(x)$ ならば

$$\int_a^b f(x)dx \geqq \int_a^b g(x)dx \qquad 」$$

と組合わせて

「関数 $f(x)$ が区間 $[a,b]$ で連続ならば

$$\int_a^b f(x)dx = (b-a)f(c) \quad (a<c<b)$$

をみたす c が少なくとも一つ存在する」

の証明に使われる.

箱崎　そうしますと, 高校の微積分で出てくる, いろいろな結果は, いままでに注意された, 連続関数の三つの性質にオンブしているワケですね.

香山　「高校の」微積分でなくても, そうなのだ.

六本松　そこで, 微積分を公理化するには, この三つの性質を導き出せる公理系を取ればよいわけだ.

香山　それには, これらの性質の証明を見なければならない. 三つとも調べるのは大変だし, さっきもいったように, もうすぐ講義に出かけなくちゃならない. 中間値の定理の証明だけを見てみよう.

中間値の定理の証明

香山　初めて証明したのは Bolzano だといわれている. 1817年に "Rein analytischer Beweis des Lehrsatzes, dass zwischen je zwei Werthen, die ein entgegengesetzes Resultat gewähren, wenigstens eine reelle Wurzel der Gleichung liege" という表題の論文で発表している.

六本松　「相反する結果を与える二つの値の中間には, 方程式の実根が少なくとも一つ存在するという命題の, 純解析的証明」か, ズイブンと長い題だな.

香山　これは, さっきふれた, 「微積分の幾何学や物理学からの独立」という運動のハシリだ. Bolzano は『無限の背理』という本も書いている. これは Cantor の集合論のハシリだ.

六本松　よくハシル人だ.

香山　問題の論文の原文にも, まだ, お目にかかっていない. 『数学と論理と』(東京図書) という本に, この論文の解説の翻訳がある. 何時でも思うことだが, 古典の原文が何でも手に入る図書館が日本にあるといいな.

箱崎　証明はどうするのですか?

香山　中間値の定理を

「関数 $f(x)$ は閉区間 $[a,b]$ で連続とする.

$f(a)>0$, $f(b)<0$ ならば

$$f(c)=0 \quad (a<c<b)$$

となる点 c が存在する.」

という形にして, その証明を三人で考えてみよう.

六本松　原文に頼るばかりがノウではない.

香山　まず, この定理を幾何学的に解釈しよう.

$f(x)$ のグラフと x 軸との交点は, 一般には, いくつもあるだろう. 何時でも目につくのは, どんな場合かね.

箱崎　初めて交わる点です.

六本松　「ハジメあればオワリあり」というから, 最後に交わる点がいい.

箱崎　ただ一回しか交わらないときは, 「ハジメあってオワリなし」ですね.

六本松　それじゃ, 初めて交わる点 c に注目する.

香山　この点 c と $f(x)$ のグラフとの関係は?

箱崎　$f(a)>0$ ですから, 点 c の手前までは, $f(x)$ のグラフはズーット x 軸の上方にあります.

六本松　点 c を過ぎると, 「ズーット x 軸の上方にある」という性質は破られてしまう.

香山　このことを定式化すれば?

箱崎　このことを式で書けば

(イ)　$a \leqq y < c$ のとき「$f(x)>0 \quad (y \geqq x \geqq a)$」

(ロ)　$c \leqq y \leqq b$ のとき「$f(x)>0 \quad (y \geqq x \geqq a)$」

は成り立たない――となります.

香山　性質(イ)をもつ点と, 性質(ロ), すなわち,

性質(イ)をもたない点とは，点cを境として左右に分かれるね．点cは性質(ロ)をもつ点の最左端に位置している．このことを定式化すると？

箱崎　性質(イ)をもつ点の集合をS，性質(イ)をもたない点の集合をTで表わしますと

$$T=\{t \mid t>y \quad (y\in S)\}$$

となり，cは集合Tの最小数である――となります．

六本松　Tには区間外の点も入ってくる．

香山　それでも，「cがTの最小数」という性質は変わらないだろう．このように，$f(x)$のグラフがx軸と初めて交わる点cは，集合Tの最小数として，特長づけられるね．

逆に，直観をはなれて，集合

$$S=\{y \mid f(x)>0 \quad (y\geqq x\geqq a)\}$$

に対して，集合

$$T=\{t \mid t>y \quad (y\in S)\}$$

が作られる．

このとき，集合Tが最小数をもてば，それをcとするとき

$$f(c)=0 \quad (a<c<b)$$

が示される．

箱崎　その証明は？

香山　これも，もうすぐ講義でする．

六本松　信用しよう．

香山　これまでの考察から，中間値の定理を示すには，Sに対して作られた集合Tが最小数をもつことを証明すればよいこと，がわかったね．

これを一般化すると…

箱崎　実数の集合Dに対して，集合

$$T=\{t \mid t>y \quad (y\in D)\}$$

が空でないとき，Tは最小数をもつ――を示す問題となります．

六本松　「空でないとき」とは？

箱崎　$t>y \ (y\in D)$ となるtが存在するとき．

六本松　それでは，君の主張は成立しない．Dが最大数をもつときに，Dedekind の「連続性の本質」から．

香山　それを防ぐには，Dの最大数をTに入れておけばよいだろう．

箱崎　そうしますと，「$t\geqq y \ (y\in D)$ となるtが存在するとき」と修正するワケですね．これは「Dが上に有界」という性質ですね．TはDの上界の集合なのですね．

六本松　中間値の定理の証明にはエイキョウしないのかな．

香山　中間値の定理の場合には，Sには最大数が存在しないから，その心配はない．

箱崎　結局，中間値の定理の証明は，「上に有界な実数の集合は上限をもつ」という実数の性質に帰着されるわけですね．

六本松　ヤット出て来たぞ．

香山　Bolzano は，これに相当することを，無限級数を使って証明している．それには，Cauchy の収束判定法を一般化したものを利用している．そして，中間値の定理を証明した．

殆ど同じ頃，Cauchy も証明している．

箱崎　同じ方法ですか？

香山　それが，ちがう．さっきの "Cours d'analyse" で二通りの証明を与えている．

一つは本文の50頁にある．そこでは「連続関数のグラフは連続曲線である」という高校流の立場から，証明している．

もう一つは付録にある．378頁のここだ．

箱崎　どんな証明ですか？

香山　方針だけを説明しよう．Cauchy の証明ではm等分しているが，同じことだから2等分して考える．

二点a,bの中点をxとする．三つの値

$$f(a), \quad f(x), \quad f(b)$$

の符号を比べる．左の方から始めて，隣り合うもの同志の符号が異なる，最初の組に対する点をa_1,b_1とする．

六本松　$f(x)=0$なら，これ以上証明することはない．$f(x)>0$なら，$a_1=x$，$b_1=b$だ．$f(x)<0$なら，$a_1=a$，$b_1=x$だ．

香山　次は，a_1とb_1の中点をx_1とする．

$$f(a_1), \quad f(x_1), \quad f(b_1)$$

の隣り合うもの同志の符号を比べる．左から始めて，符号が異なる最初の組に対する点をa_2,b_2とする．

さらに，a_2とb_2の中点をx_2とする…

箱崎　同じことを，くり返すわけですね．

香山　そのとおり．これをくり返すと，閉区間の系列

$$I_1\supset I_2\supset\cdots\supset I_n\supset\cdots$$

ができる．ただし，$I_n=[a_n,b_n]$だ．

I_n の長さは $\frac{b-a}{2^n}$ だから，$n\to\infty$ のとき，この区間の長さは0に近づく．だから，これらの区間は一点に縮まることが直観される．その点を c とすれば

$$f(c)=0 \quad (a<c<b)$$

が成立する——という方針だ．

六本松　「上に有界な実数の集合は上限をもつ」を証明した，僕の方法に似ている．S_n の代わりに I_n がある感じだ．

香山　その筈だよ．キミ達が求めた上限 c は，次の閉区間

$$I_0=[c_0,\quad c_0+1],$$
$$I_1=[c_0.c_1,\quad c_0.c_1+\frac{1}{10}],$$
$$I_2=[c_0.c_1c_2,\quad c_0.c_1c_2+\frac{1}{100}],$$
$$\cdots\cdots\cdots\cdots\cdots\cdots$$
$$I_n=[c_0.c_1c_2\cdots c_n,\quad c_0.c_1c_2\cdots c_n+\frac{1}{10^n}],$$
$$\cdots\cdots\cdots\cdots\cdots\cdots$$

が縮まっていく点，すなわち，これらの区間全体に共通に含まれる点として，直観されるのだから．

箱崎　無限小数で表わす場合には，閉区間の長さが $\frac{1}{10}$ ずつ縮まって行きますが，何も「$\frac{1}{10}$」にこだわる必要はないのですね．

香山　そのとおり．これは一般に

「閉区間 $I_n=[a_n,b_n]$ の系列 $I_1,I_2,I_3,\cdots$ で

(イ)　$I_1\supset I_2\supset\cdots\supset I_n\supset\cdots$,

(ロ)　$\lim_{n\to\infty}(b_n-a_n)=0$,

であれば，すべての I_n に共通に含まれる実数が存在する．」

と定式化されて，「区間縮小法の原理」とよばれている．Cauchy の時代には，「証明なし」で広く使用されていたらしい．

六本松　この「区間縮小法の原理」も，有理数の集合だけでは，勿論成立しないのだ．

香山　そのとおり．

疑惑への解答

香山　これまでに出て来た実数の性質の中で，有理数だけでは成立しないものが，いくつかあったね．それを整理してみよう．

箱崎　全部で五つあります．

(1)　上に有界な実数の集合は上限をもつ．

(2)　実数の切断 (A,B) に対して

$$a\leqq c\ (a\in A)\quad かつ\quad c\leqq b\ (b\in B)$$

となる実数 c が存在する．

(3)　実数の基本列は収束する．

(4)　完全性の公理．

(5)　区間縮小法の原理．

——です．

香山　(1) は Bolzano の定理，(2) は Dedekind の連続公理，(3) は実数の完備性と，よばれている．

学部に行けば，「位相空間の完備化」ということを教わるが，それは有理数から実数を構成した，この Cantor の方法のマネだ．

箱崎　抽象化ですね．

香山　さっきから，チラホラ話に出ているように，これらの五つの性質は互に関連している．大まかにいえば，同値なのだよ．

くわしくは，Hilbert の公理系の公理 I，II，III を満足する集合で，さらに次の五つの性質のどれかが成立することは同値となる：

(i)　Bolzano の定理．

(ii)　Dedekind の連続公理．

(iii)　Archimedes の公理と実数の完備性．

(iv)　Hilbert の公理IV．

(v)　Archimedes の公理と区間縮小法の原理．

——ということが，わかっている．

箱崎　証明は割愛するのですね．

香山　いずれ講義でクワシク証明するからな．

さて，ここまでくれば，キミ達の疑惑に答えたこととなる——と思うが，どうだね．

箱崎　高校までの直観的な実数概念を，17世紀や18世紀の数学界のように，認めることにすれば，僕達の証明は「イイといえる」のですね．

六本松　しかし，19世紀後半の厳密な実数概念に立っていないという点からすれば，「イケナイともいえる」のだ．

香山　「証明できるのに」どうして公理とするのか——という点は？

箱崎　出発点のチガイだけですね．

六本松　出発点が違えば，「公理」も証明されるのだ．

箱崎　上の五つの命題は同値なのですから，どれを実数の公理に採用してもよいわけですね．

六本松　「実数」の公理だけでなく，「微積分」の公理でもあるのだ．

箱崎　連続関数の外の二つの基本性質も，これから導かれるのですか.

香山　勿論，導かれる.

箱崎　Bolzano の定理を採用した，特別の理由はあるのですか？

香山　ミニ・スカートが流行するようなものだ.論理的なものは何もない　これで，納得したろう.

箱崎　大筋だけは.だいぶ証明を省略されたので，チャント勉強してみないと.

六本松　「証明」のない数学なんて!

香山　ダイゴロウ,「証明」が恋しいか!

箱崎　わからなかったら，また，質問に来ていいですか.

香山　いいよ．だけど，今度は食事どきは避けてくれよな.

（やかべ　いわお　九州大学名誉教授）

ベクトル・行列・群

石谷　茂

はじめに

読者は，おおかた，高校で矢線ベクトルを学んだはずである．数ベクトルらしいものも現われるが，それはあくまでも支流であって，ベクトルといえば矢線ベクトルを連想するのが現状であろう．

ところが大学へ進むと，大部分のテキストが数ベクトルを主流として展開され，矢線ベクトルはその1つの応用分野の地位に転落する．矢線ベクトルからはいる方法は古典的のレッテルがはられ，応用数学の名で，工科系の一部に生き残っている．

矢線ベクトルによるベクトル導入は，指導上からみて多少の長所があるのも事実だが，それをうわまわる欠陥があるというのが，大方の意見とみてよい．

欠陥の1つは，次元の制約である．具象的な矢線によってわれわれが認識できるのは3次元までである．一般のベクトルは何次元へでも拡張できるもので，n 次元でこそ本領を発揮する．さらに，ヒルベルト空間のように無限次元へ拡張する道もあって，そこには意外な応用の道が開けている．

欠陥の第2は，矢線の集合が矢線ベクトルだということ．長さと向きの等しい矢線は位置を無視すれば無数にあり，それらの全体を1つのベクトルとみる．このような例を，すでに分数で学んでいる．たとえば $\frac{2}{3}$ は，この分数1つを表わすわけではなく，これに等しい $\frac{4}{6}$，$\frac{6}{9}$，$\frac{8}{12}$ などを代表しているわけで，1つの有理数を表わす．1つの例を学ぶのに成功したからといって，同じ考えにもとづく他の例を学ぶのがやさしいとは限らない．構造的には，似ていても，素材が変わればむずかしいことは多いもので，分数と矢線ベクトルの対比がそれであろう．

矢線ベクトルが矢線の集合であることから，その演算の理解の困難が必然的に起きる．たとえば2つのベクトル $\boldsymbol{a}, \boldsymbol{b}$ の加法を定義するとき，1点Aをとって，$\boldsymbol{a}$ を代表する矢線 $\overrightarrow{\mathrm{AB}}$，$\boldsymbol{b}$ を代表する矢線 $\overrightarrow{\mathrm{BC}}$ を作り，矢線 $\overrightarrow{\mathrm{AC}}$ によって代表されるベクトルを $\boldsymbol{a}+\boldsymbol{b}$ とする．しかし，この定義が可能であるためには，$\overrightarrow{\mathrm{AC}}$ の大きさと向きがAの選び方に関係なく一定であることをいわねばならない．これがいえて，はじめて，$\overrightarrow{\mathrm{AC}}$ によって代表される矢線ベクトルが定まるわけである．ところが高校の大部分の教科書はこの点を無視している．

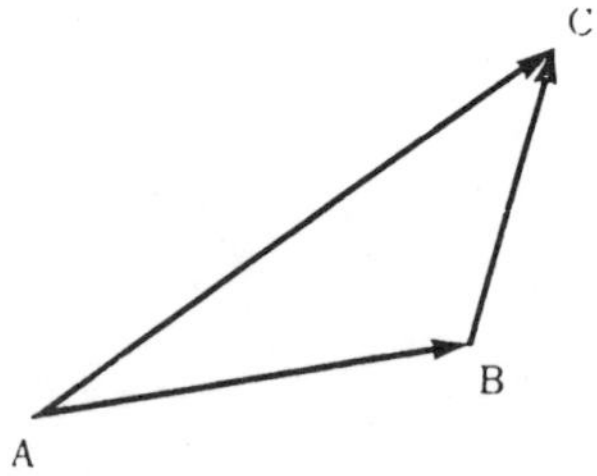

この無視がベクトルの理解をモヤモヤしたものにするのだが，それを明白にさせることが高校では無理だというのであれば，ベクトルの矢線ベクトルによる導入には致命的な欠陥があることになろう．

まあ，こういうわけだから，読者は矢線ベクトルを一応棚上げとし，全く別個のものとして，ベクトルの学習に取り組むことをすすめたい．

この道も単一ではない．ベクトル一般を先にするか，その代表例である数ベクトルを先にするかが問題になる．

第1の道　ベクトル一般（公理的）⟶ 数ベクトル

第2の道　数ベクトル ⟶ ベクトル一般（公理的）

第1の道は，数学の公理的構成になれていないと困難である．そのような能力をつける学習は高校にはないに等しい現状では，一気に第1の道を選ぶのには無理がある．大部分のテキストが，第

2の道を選んでいるのは，そのためであろう．それに数学的にみても，応用的にみても，数ベクトルはベクトルの代表的なものであることも考慮されていよう．

テキストが第1の道であって，理解困難なときは，参考書として第2の道の本を選び，そのはじめの方を一読することをすすめたい．

以下では，第2の道によるベクトルの学び方について考えてみたい．

数ベクトル

実数全体の集合を慣用にしたがって $\boldsymbol{R}$ で表わそう．$\boldsymbol{R}$ の中から2数 x, y を取り出して，この順に並べたものを (x, y) で表わし，**列**と呼ぶことにする．

➡注　この列 (x, y) の慣用では順序対というのだが，対では3つ以上の列 $(x, y, z, \cdots)$ のときの用語として適切でないから，ここでは列を用いることにした．数列という用語もあるのだから，一人よがりの用法とも思わない．

列 (x, y) を1つのモノとみる．この着想をすなおに受け入れる心の姿勢がたいせつ．モノを作ったら，その範囲を明確にするため集合としてとらえる．

$$\{(x, y) \mid x \in \boldsymbol{R},\ y \in \boldsymbol{R}\}$$

「はじめに集合ありき」とは，この事実をさす．

➡注　$x \in \boldsymbol{R}$, $y \in \boldsymbol{R}$ は $x \in \boldsymbol{R}$ and $y \in \boldsymbol{R}$ のこと．or は略さないが and は略すのが数学の慣用である．

この集合は**直積**（**デカルト積**ともいう）で表わせば $\boldsymbol{R} \times \boldsymbol{R}$ であるが，略して $\boldsymbol{R}^2$ ともかく．

$$\boldsymbol{R}^2 = \{(x, y) \mid x \in \boldsymbol{R},\ y \in \boldsymbol{R}\}$$

これで，われわれがこれから取り組む対象が明確になった．さて，このモノに対して，最初に何を与えるか．それは相等である．

モノ (x, y) で，x, y を**成分**といい，x を**第1成分**，y を**第2成分**という．

2つのモノは，第1成分どうし，第2成分どうしが等しいときに限って等しいと見ることにする．この事実は式で表わせば

$$(x, y) = (x', y') \iff x = x',\ y = y'$$

➡注　論理記号 ⇔ は本によって使い方が一定していないから，ここの使い方を明らかにしておくのが親切であろう．条件文「p ならば q」を $p \to q$ で表わすことにし，$p \to q$ が真のときを $p \Rightarrow q$ で表わす．$p \rightleftarrows q$ は $p \to q$ and $p \leftarrow q$ と同じもので，これが真であるとき，すなわち $p \Rightarrow q$ でかつ $p \Leftarrow q$ のときは $p \Leftrightarrow q$ で表わすことにする．このとき p と q は同値である．

以上の相等を定めるだけでは，モノは内容に乏しく，あまり役に立たない．モノを数らしくするには演算を導入すればよい．そこで，次の3つの演算を定める．

（i）加法

$$(x, y) \mathbin{\boldsymbol{+}} (x', y') = (x + x',\ y + y')$$

（ii）減法

$$(x, y) \mathbin{\boldsymbol{-}} (x', y') = (x - x',\ y - y')$$

（iii）スカラー倍

$$k \in \boldsymbol{R} \text{ のとき } k \mathbin{\boldsymbol{\times}} (x, y) = (k \times x,\ k \times y)$$

左辺の $\boldsymbol{+}, \boldsymbol{-}, \boldsymbol{\times}$ が新しく定めた演算で，右辺の（　）の中の $+, -, \times$ は，すでに知られている実数の加法，減法，乗法の記号そのままである．ここでは，導入したばかりだから一方を太くかいて区別したが，同じ記号を用いても，記号の位置がちがうから，混乱のおそれはない．なお $\boldsymbol{\times}$ は $\times$ と同様に省略することが多い．

モノ (x, y) に以上のような演算を定義することは，子供が成長しておとなになるようなものだから，昔のしきたりにならって名を与え**ベクトル**と呼ぶわけである．$\boldsymbol{R}^2$ のほうはベクトル一家で，これにも名を与えるのが望ましいので**ベクトル空間**と呼ぶ．

➡注　(x, y) を2次元ベクトル，その集合を2次元ベクトル空間，(x, y, z) を3次元ベクトル，その集合を3次元ベクトル空間などという．以下では2次元ベクトルを中心に話をすすめる．

ベクトルの集合の代りになぜベクトル空間と呼ぶか．表現の視覚化のためである．数の世界も空間も抽象化と単純化を押しすすめれば，出発点はモノとその集合に帰着する．したがって集合があったら，その要素を点と呼び，集合の方を空間と呼ぶのが合理的なのである．この合理性は，座標平面上に (x, y) を矢線ベクトルまたは点として具象化できることを思い出せば，実感を深めるはずである．

演算から法則へ

演算を定義すれば，その定義を用いるだけで，演算に関するいくつかの法則が導かれる．その法則はたくさんあるが，基本になるものは意外と少ない．

ベクトルの演算の定義の特徴は，すべて，実数の演算がもとになっていること．そこで当然，実数の演算の法則から，ベクトルの演算の法則が，

自動的に誘導される.

その法則を (x,y) を用いて表わしたのでは煩雑で，その内容が読みとりにくい．そこでベクトル自身を1つの文字で表わす．高校では $\vec{a}$, $\vec{b}$ などを用いたテキストが多いが，大学では $\boldsymbol{a},\boldsymbol{b}$ などの太字を用いたものが多い.

ベクトルのうちで，とくに $(0,0)$ は特殊な性質をもっているので，それをはっきりさせるために**零ベクトル**と呼び，$\boldsymbol{0}$ で表わす.

また，$\boldsymbol{a}=(x,y)$ のとき $(-x,-y)$ を $-\boldsymbol{a}$ で表わし，$\boldsymbol{a}$ の**反ベクトル**という.

ゼロベクトルと反ベクトルとは，減法に関する法則を加法に関する法則の中に吸収するために考えられたもので，これがあるために，基本法則の数がへる.

[1] $(\boldsymbol{a}+\boldsymbol{b})+\boldsymbol{c}=\boldsymbol{a}+(\boldsymbol{b}+\boldsymbol{c})$　加法の結合律

[2] $\boldsymbol{a}+\boldsymbol{b}=\boldsymbol{b}+\boldsymbol{a}$　加法の可換律

[3] $\boldsymbol{a}+\boldsymbol{x}=\boldsymbol{x}+\boldsymbol{a}=\boldsymbol{a} \Leftrightarrow \boldsymbol{x}=\boldsymbol{0}$　$\boldsymbol{0}$ の性質

[4] $\boldsymbol{a}+\boldsymbol{x}=\boldsymbol{x}+\boldsymbol{a}=\boldsymbol{0} \Leftrightarrow \boldsymbol{x}=-\boldsymbol{a}$　反ベクトルの性質

[5] $\boldsymbol{a}-\boldsymbol{b}=\boldsymbol{a}+(-\boldsymbol{b})$　加法と減法の関係

[6] $(hk)\boldsymbol{a}=h(k\boldsymbol{a})$　スカラー倍の結合律

[7] $h(\boldsymbol{a}+\boldsymbol{b})=h\boldsymbol{a}+h\boldsymbol{b}$　第1分配律

[8] $(h+k)\boldsymbol{a}=h\boldsymbol{a}+k\boldsymbol{a}$　第2分配律

[9] $1\cdot\boldsymbol{a}=\boldsymbol{a}$　1倍の性質

法則自身の証明はいたってやさしい．すべて，成分に立ちもどってみれば，実数についての計算に帰着する．たとえば [5] ならば $\boldsymbol{a}=(x_1,y_1)$，$\boldsymbol{b}=(x_2,y_2)$ とおくと

$$\boldsymbol{a}-\boldsymbol{b}=(x_1,y_1)-(x_2,y_2)=(x_1-x_2,\ y_1-y_2) \quad ①$$

$$\boldsymbol{a}+(-\boldsymbol{b})=(x_1,y_1)+(-x_2,-y_2)=(x_1+(-x_2),\ y_1+(-y_2)) \quad ②$$

ところが成分は実数だから

$$x_1-x_2=x_1+(-x_2),\quad y_1-y_2=y_1+(-y_2)$$

①,② は第1成分どうし，第2成分どうしが等しいから

$$\boldsymbol{a}-\boldsymbol{b}=\boldsymbol{a}+(-\boldsymbol{b})$$

さらに [3] の場合ならば ⇒ と ⇐ に分けて証明すればよい．$\boldsymbol{a}=(x_1,y_1)$，$\boldsymbol{x}=(x_2,y_2)$ とおいてみよ.

⇒ の証明．仮定から

$$(x_1+x_2,y_1+y_2)=(x_2+x_1,y_2+y_1)=(x_1,y_1)$$

$$\therefore\ x_1+x_2=x_2+x_1=x_1,\quad y_1+y_2=y_2+y_1=y_1$$

$$x_2=0,\ y_2=0 \qquad \therefore\ \boldsymbol{x}=(0,0)=\boldsymbol{0}$$

⇐ の証明．$\boldsymbol{x}=\boldsymbol{0}=(0,0)$ ならば

$$\boldsymbol{a}+\boldsymbol{x}=(x_1+0,y_1+0)=(x_1,y_1)=\boldsymbol{a}$$

同様にして　$\boldsymbol{x}+\boldsymbol{a}=\boldsymbol{a}$

まあ，こんな要領で他の法則も証明する.

×　　　×

以上の法則を並列的にとらえるようでは高校的であって大学らしい収穫からは遠い．次の3つのグループとしてとらえることである.

第1グループ　[1],[2]

第2グループ　[3],[4],[5]

第3グループ　[6],[7],[8],[9]

グループごとに法則の役割と特徴をつかめ．第1グループは，ベクトル空間が，加法について**可換半群**をなすことを示し，第2グループは，減法は加法の逆算であることに関するもの．したがって第1,第2グループを合わせると，ベクトル空間は，加法について**可換群**すなわち**加群**をなす.

第3グループは，すべてスカラー倍に関する法則である.

加群が第3グループの法則をみたすとき，**$\boldsymbol{R}$-加群**をなすというのである.

第1グループ——可換半群 ⎫
第2グループ———————⎭ 加群 ⎫
第3グループ————————————⎭ $\boldsymbol{R}$-加群

法則の役割

法則を挙げた目的は，それを使うことにある．ベクトルに関する計算は，すべて，以上の基本法則から導かれる．それを示すには，よく用いられる計算のタイプを示す法則を明らかにしなければならない．それをふつう系，**レンマ** (lemma) という．系よりは補助法則，副法則というのが適切な気がしないでもない.

これらのレンマを基本法則から誘導することも，基本法則のグループと関連させてつかむのでないと，代数系の構造の理解が深まらない.

第1のグループから導かれるレンマとしては，結合律と可換律の拡張がある．これについての解説は，群のところでくわしく試みる.

第1,第2グループ，すなわち加群に関する基本法則から導かれるレンマの一例として

[10] $-(-\boldsymbol{a})=\boldsymbol{a}$

を取り挙げてみる.

成分にもどるのであったら $\boldsymbol{a}=(x_1,y_1)$ とおいて

$$-\boldsymbol{a}=-(x_1,y_1)=(-x_1,\ -y_1)$$
$$-(-\boldsymbol{a})=-(-x_1,\ -y_1)=(-(-x_1),\ -(-y_1))$$
$$=(x_1,y_1)=\boldsymbol{a}$$

これでは，基本法則を導いた意図に反する．基本法則の [4] を見よ．

$$\boldsymbol{a}+\boldsymbol{x}=\boldsymbol{x}+\boldsymbol{a}=\boldsymbol{0} \quad \Leftrightarrow \quad \boldsymbol{x}=-\boldsymbol{a}$$

仮定は $\boldsymbol{a}$ と $\boldsymbol{x}$ について対称的であるから，$\boldsymbol{a}$ は $\boldsymbol{x}$ の反ベクトルでもある．したがって

$$\boldsymbol{a}=-\boldsymbol{x}$$

これに $\boldsymbol{x}=-\boldsymbol{a}$ を代入してみると

$$\boldsymbol{a}=-(-\boldsymbol{a})$$

このように [10] は [4] を読み換えれば，出る法則である．

第 2 の例として

[11]　$-(\boldsymbol{a}+\boldsymbol{b})=-\boldsymbol{a}-\boldsymbol{b}$

を導いてみよう．

それには $-\boldsymbol{a}-\boldsymbol{b}$ が $\boldsymbol{a}+\boldsymbol{b}$ の反ベクトルになることを示せばよい．それには，これらのベクトルの和が $\boldsymbol{0}$ になることを示せばよい．

$(\boldsymbol{a}+\boldsymbol{b})+(-\boldsymbol{a}-\boldsymbol{b})$
$=(\boldsymbol{a}+\boldsymbol{b})+((-\boldsymbol{a})+(-\boldsymbol{b}))$　　[5] による
$=((\boldsymbol{a}+\boldsymbol{b})+(-\boldsymbol{a}))+(-\boldsymbol{b})$　　[1] による
$=((\boldsymbol{b}+\boldsymbol{a})+(-\boldsymbol{a}))+(-\boldsymbol{b})$　　[2] による
$=(\boldsymbol{b}+(\boldsymbol{a}+(-\boldsymbol{a})))+(-\boldsymbol{b})$　　[1] による
$=(\boldsymbol{b}+\boldsymbol{0})+(-\boldsymbol{b})$　　[4] による
$=\boldsymbol{b}+(-\boldsymbol{b})$　　[3] による
$=\boldsymbol{0}$　　[4] による

$$\therefore \quad -(\boldsymbol{a}+\boldsymbol{b})=-\boldsymbol{a}-\boldsymbol{b}$$

以上の証明は，スカラー倍を全く用いないところに興味と意義がある．スカラー倍を用いてもよいとすれば，別の証明が考えられる．しかしそれには準備として

$$(-1)\boldsymbol{a}=-\boldsymbol{a} \qquad 0\boldsymbol{a}=\boldsymbol{0}$$

が必要であって，見かけほどやさしくはない．

加群の範囲で重要なものが，もう 1 つ残っている．それは，減法は加法の逆算であるということ．すなわち

[12]　$\boldsymbol{a}+\boldsymbol{x}=\boldsymbol{b} \quad \Leftrightarrow \quad \boldsymbol{x}=\boldsymbol{b}-\boldsymbol{a}$

⇒ の証明　$\boldsymbol{b}-\boldsymbol{a}$ の $\boldsymbol{b}$ に $\boldsymbol{a}+\boldsymbol{x}$ を代入すると

$\boldsymbol{b}-\boldsymbol{a}=(\boldsymbol{a}+\boldsymbol{x})-\boldsymbol{a}$
$=(\boldsymbol{a}+\boldsymbol{x})+(-\boldsymbol{a})$　　[5] による
$=(-\boldsymbol{a})+(\boldsymbol{a}+\boldsymbol{x})$　　[2] による
$=((-\boldsymbol{a})+\boldsymbol{a})+\boldsymbol{x}$　　[1] による
$=\boldsymbol{0}+\boldsymbol{x}$　　[4] による
$=\boldsymbol{x}$　　[3] による

⇐ の証明　$\boldsymbol{a}+\boldsymbol{x}$ の $\boldsymbol{x}$ に $\boldsymbol{b}-\boldsymbol{a}$ を代入すると

$\boldsymbol{a}+\boldsymbol{x}=\boldsymbol{a}+(\boldsymbol{b}-\boldsymbol{a})$
$=(\boldsymbol{b}-\boldsymbol{a})+\boldsymbol{a}$　　[2] による
$=(\boldsymbol{b}+(-\boldsymbol{a}))+\boldsymbol{a}$　　[5] による
$=\boldsymbol{b}+((-\boldsymbol{a})+\boldsymbol{a})$　　[1] による
$=\boldsymbol{b}+\boldsymbol{0}$　　[4] による
$=\boldsymbol{b}$　　[3] による

証明の仕方はいろいろ考えられよう．要するに既知のものだけを用いて，一歩一歩式を変形する推論になれることがたいせつ．大学の数学における計算は，量よりも質ということである．

×　　　　×

基本法則を第 3 グループまで許せば，レンマにもスカラー倍に関するものが現われる．それらのレンマを導く順序は多様的で，テキストによって異なる．テキストの方式にとらわれずに，自分なりの順序を構成してみることは，収穫も多く，興味深いことでもある．ここでは，代表的二三の例を挙げ，読者の主体的学習の糸口としよう．

ぜひほしいレンマの 1 つは，分配法則を差の場合へ拡張したものであろう．

[13]　$k(\boldsymbol{a}-\boldsymbol{b})=k\boldsymbol{a}-k\boldsymbol{b}$

[14]　$(h-k)\boldsymbol{a}=h\boldsymbol{a}-k\boldsymbol{a}$

常識的にみて 2 つの証明法が頭に浮ぶ．その 1 つは，移項して

$$k(\boldsymbol{a}-\boldsymbol{b})+k\boldsymbol{b}=k\boldsymbol{a},\ (h-k)\boldsymbol{a}+k\boldsymbol{a}=h\boldsymbol{a}$$

を証明するもので，レンマ [12] にもとづく．もう 1 つの方法は差を和にかえして

$$k(\boldsymbol{a}+(-\boldsymbol{b}))=k\boldsymbol{a}+(-k\boldsymbol{b}),$$
$$(h+(-k))\boldsymbol{a}=h\boldsymbol{a}+(-k\boldsymbol{a})$$

を証明するもの．しかし，この証明では，途中で

$$k(-\boldsymbol{b})=-k\boldsymbol{b} \qquad (-k)\boldsymbol{a}=-k\boldsymbol{a}$$

が必要になることは明らかで，残念ながら未知のレンマが必要である．

そこで，はじめの証明を挙げてみる．

[13] の証明

$k(\boldsymbol{a}-\boldsymbol{b})+k\boldsymbol{b}$
$=k((\boldsymbol{a}-\boldsymbol{b})+\boldsymbol{b})$　　[6] による
$=k((\boldsymbol{a}+(-\boldsymbol{b}))+\boldsymbol{b})$
$=k(\boldsymbol{a}+((-\boldsymbol{b})+\boldsymbol{b}))$
$=k(\boldsymbol{a}+\boldsymbol{0})=k\boldsymbol{a}$

よって [12] により

$$k(\boldsymbol{a}-\boldsymbol{b})=k\boldsymbol{a}-k\boldsymbol{b}$$

[14] の証明

$(h-k)\boldsymbol{a}+k\boldsymbol{a}$

$=((h-k)+k)\boldsymbol{a}$ [7] による

（ ）の中は，全く実数についての計算であって，簡単にすれば，$h-k+k=h$ となるから

$(h-k)\boldsymbol{a}+k\boldsymbol{a}=h\boldsymbol{a}$

そこで [12] により

$(h-k)\boldsymbol{a}=h\boldsymbol{a}-k\boldsymbol{a}$

× ×

第2のレンマとしてスカラー倍のみに関するものを挙げてみる．

[15] $k\boldsymbol{0}=\boldsymbol{0}$, $0\boldsymbol{a}=\boldsymbol{0}$

成分にもどってみれば，いたって簡単であるが，われわれの関心は，既知の法則からの誘導にある．

[13] において $\boldsymbol{a}=\boldsymbol{b}$ とおくと

$k(\boldsymbol{a}-\boldsymbol{a})=k\boldsymbol{a}-k\boldsymbol{a}$

ところが $\boldsymbol{a}-\boldsymbol{a}=\boldsymbol{a}+(-\boldsymbol{a})=\boldsymbol{0}$，同様にして $k\boldsymbol{a}-k\boldsymbol{a}=\boldsymbol{0}$ であるから

$k\boldsymbol{0}=\boldsymbol{0}$

[14] において $h=k$ とおくと

$(h-h)\boldsymbol{a}=h\boldsymbol{a}-h\boldsymbol{a}$ $\therefore$ $0\boldsymbol{a}=\boldsymbol{0}$

次に反ベクトルとスカラー倍とを結びつけるレンマとして

[16] $(-1)\boldsymbol{a}=-\boldsymbol{a}$

が基本的である．

これを証明するには，$(-1)\boldsymbol{a}$ は $\boldsymbol{a}$ の反ベクトルになることを示せばよい．それには $\boldsymbol{a}+(-1)\boldsymbol{a}$ が $\boldsymbol{0}$ に等しいことを示せばよい．

$\boldsymbol{a}+(-1)\boldsymbol{a}=1\boldsymbol{a}+(-1)\boldsymbol{a}$ [9] による

$=(1+(-1))\boldsymbol{a}$

$=0\boldsymbol{a}=\boldsymbol{0}$

$\therefore$ $(-1)\boldsymbol{a}=-\boldsymbol{a}$

このレンマを用いれば，スカラー倍と反数，反ベクトルに関するレンマが導かれる．

[17] $(-k)\boldsymbol{a}=-k\boldsymbol{a}$, $k(-\boldsymbol{a})=-k\boldsymbol{a}$

この証明はレンマ [13], [14] にもどってもよいが，ここでは [16] へもどるにとどめよう．

$(-k)\boldsymbol{a}=((-1)k)\boldsymbol{a}=(-1)(k\boldsymbol{a})=-k\boldsymbol{a}$

$k(-\boldsymbol{a})=k((-1)\boldsymbol{a})=(k(-1))\boldsymbol{a}=(-k)\boldsymbol{a}$

$=-k\boldsymbol{a}$

× ×

以上のように，いろいろの計算法則を導いて，われわれが気付いたことは，ベクトルの計算が，1次の同次式の加減と全く同じということである．

たとえば，文字式でみると

$(2a+5b)-3(a-4b)$

$=2a+5b-3a+12b$

$=2a-3a+5b+12b$

$=-a+17b$

であるが，a,b をベクトル $\boldsymbol{a},\boldsymbol{b}$ にかえても

$(2\boldsymbol{a}+5\boldsymbol{b})-3(\boldsymbol{a}-4\boldsymbol{b})$

$=2\boldsymbol{a}+5\boldsymbol{b}-3\boldsymbol{a}+12\boldsymbol{b}$

$=2\boldsymbol{a}-3\boldsymbol{a}+5\boldsymbol{b}+12\boldsymbol{b}$

$=-\boldsymbol{a}+17\boldsymbol{b}$

となって全く同じ計算ができる．もし不安ならば，いままでに導いた基本法則とレンマのみを用いて，一歩一歩かみしめながら計算してみることをすすめよう．

$(2\boldsymbol{a}+5\boldsymbol{b})-3(\boldsymbol{a}-4\boldsymbol{b})$

$=(2\boldsymbol{a}+5\boldsymbol{b})+(-3(\boldsymbol{a}-4\boldsymbol{b}))$ [？]

$=(2\boldsymbol{a}+5\boldsymbol{b})+(-3)(\boldsymbol{a}-4\boldsymbol{b})$ [？]

$=(2\boldsymbol{a}+5\boldsymbol{b})+(-3)\boldsymbol{a}-(-3)4\boldsymbol{b}$ [？]

$=2\boldsymbol{a}+5\boldsymbol{b}+(-3\boldsymbol{a})-(-12\boldsymbol{b})$ [？]

$=2\boldsymbol{a}+5\boldsymbol{b}+(-3\boldsymbol{a})+12\boldsymbol{b}$ [？]

$=2\boldsymbol{a}+(-3\boldsymbol{a})+5\boldsymbol{b}+12\boldsymbol{b}$ [？]

$=-\boldsymbol{a}+17\boldsymbol{b}$ [？]

計算の各過程ごとに，どんな基本法則やレンマが用いられたか当てて頂きたい．

部分空間と1次結合

集合で部分集合が重要であったように，空間では部分空間の概念が，空間の構造化のために重要である．ベクトル空間における**部分空間**というのは，空でない部分集合のうち，それ自身でベクトル空間をなすもののことである．

たとえば，ベクトル空間

$V=\{\boldsymbol{a} \mid \boldsymbol{a}=(x,y),\ x,y\in\boldsymbol{R}\}$

の元のうち，第1成分が0のもの全体の集合，すなわち

$W=\{\boldsymbol{a} \mid \boldsymbol{a}=(0,y),\ y\in\boldsymbol{R}\}$

に目をつけてみよ．

W が V の部分集合で，しかも W 自身は加法，減法，スカラー倍について閉じている．

$\boldsymbol{a},\boldsymbol{b}\in W$ とすると，$\boldsymbol{a}=(0,y_1)$，$\boldsymbol{b}=(0,y_2)$ と置けるから

$\boldsymbol{a}+\boldsymbol{b}=(0,y_1+y_2)\in W$

$\boldsymbol{a}-\boldsymbol{b}=(0,y_1-y_2)\in W$

$k\boldsymbol{a}=(0,ky_1)\in W$

しかも，W のすべての元が基本法則 [1]～[9] を

みたすことは，W の元は V の元でもあることからたやすくわかることである．

さて，それでは V の部分集合 W ($W \neq \phi$) が部分空間をなすことを確かめるには，どれだけのことを調べればよいか．すべての基本法則が成り立つことを調べるのではたまらない．幸いにして，その必要がない．W が加法とスカラー倍について閉じていることがわかれば，基本法則は自動的に成り立つことが証明されるのである．

[18] ベクトル空間 V の部分集合 W ($W \neq \phi$) が，部分空間をなすための必要十分条件は，次の2つが成り立つことである．

(i) W は加法について閉じている．

$$\boldsymbol{a}, \boldsymbol{b} \in W \Rightarrow \boldsymbol{a}+\boldsymbol{b} \in W$$

(ii) W はスカラー倍について閉じている．

$$\boldsymbol{a} \in W,\ k \in \boldsymbol{R} \Rightarrow k\boldsymbol{a} \in W$$

この定理の証明は読者にゆずり，先を急ぐことにしよう．

× ×

部分空間と深い関係のある概念が，ベクトルの1次結合である． たとえば，空間 V からある2つのベクトル $\boldsymbol{a}, \boldsymbol{b}$ を取り出し，これらに任意の実数をかけて和をつくる．すなわち

$$p\boldsymbol{a}+q\boldsymbol{b} \quad (p, q \in \boldsymbol{R})$$

このベクトルを $\boldsymbol{a}, \boldsymbol{b}$ の**1次結合**という．3つ以上のベクトルについても同様で

$$p\boldsymbol{a}+q\boldsymbol{b}+r\boldsymbol{c} \quad (p, q, r \in \boldsymbol{R})$$

を $\boldsymbol{a}, \boldsymbol{b}, \boldsymbol{c}$ の1次結合という．また，特殊の場合として1つのベクトルの場合にも

$$p\boldsymbol{a} \quad (p \in \boldsymbol{R})$$

も $\boldsymbol{a}$ の1次結合という．

× ×

ベクトル空間 V の2つのベクトル $\boldsymbol{a}, \boldsymbol{b}$ の1次結合全体の集合を W としてみよ．

$$W=\{\boldsymbol{x} \mid \boldsymbol{x}=p\boldsymbol{a}+q\boldsymbol{b},\ p, q \in \boldsymbol{R}\}$$

W は V の部分空間をなすことが簡単にわかる．なぜかというに，W の任意の2つの元を

$$\boldsymbol{x}=p\boldsymbol{a}+q\boldsymbol{b}, \quad \boldsymbol{y}=p'\boldsymbol{a}+q'\boldsymbol{b}$$

とすると

$$\boldsymbol{x}+\boldsymbol{y}=(p+p')\boldsymbol{a}+(q+q')\boldsymbol{b} \in W$$

$$k\boldsymbol{x}=(kp)\boldsymbol{a}+(kq)\boldsymbol{b} \in W$$

となって，W は加法とスカラー倍について閉じているからである．

この部分空間 W を $\boldsymbol{a}, \boldsymbol{b}$ によって**張られる部分空間**といい，ふつう $[\boldsymbol{a}, \boldsymbol{b}]$ で表わす．

全く同様にして，1つのベクトル $\boldsymbol{a}$ によって張られる部分空間 $[\boldsymbol{a}]$，3つのベクトル $\boldsymbol{a}, \boldsymbol{b}, \boldsymbol{c}$ によって張られる部分空間 $[\boldsymbol{a}, \boldsymbol{b}, \boldsymbol{c}]$ などが考えられる．

× ×

$[\boldsymbol{a}, \boldsymbol{b}]$ の任意の元 $p\boldsymbol{a}+q\boldsymbol{b}$ は

$$p\boldsymbol{a}+q\boldsymbol{b}+0\boldsymbol{c}$$

とも表わされるから，$[\boldsymbol{a}, \boldsymbol{b}, \boldsymbol{c}]$ の元でもある．したがって $[\boldsymbol{a}, \boldsymbol{b}]$ は $[\boldsymbol{a}, \boldsymbol{b}, \boldsymbol{c}]$ の部分集合である．しかし，真部分集合であるかどうかは明らかでない．これに答えるには，さらに別の概念を導入しなければならない．それが次の1次従属，1次独立である．

1次従属と1次独立

1つのベクトルが他のベクトルの1次結合で表わされるかどうかを定式化したものが1次従属，1次独立の概念なのである．

たとえば，2つのベクトル

$$\boldsymbol{a}=(6, -4), \quad \boldsymbol{b}=(-9, 6) \qquad ①$$

でみると，$\boldsymbol{b}=\left(-\frac{3}{2}\right)\boldsymbol{a}$ の関係があるから，$\boldsymbol{b}$ は $\boldsymbol{a}$ の1次結合で表わされる．また $\boldsymbol{a}=\left(-\frac{2}{3}\right)\boldsymbol{b}$ ともかけるから $\boldsymbol{a}$ は $\boldsymbol{b}$ の1次結合で表わされる．

次に，2つのベクトル

$$\boldsymbol{a}=(0, 0), \quad \boldsymbol{b}=(-9, 6) \qquad ②$$

でみると，$\boldsymbol{a}$ にどんな実数をかけても $\boldsymbol{b}$ に等しくはならないから，$\boldsymbol{b}$ は $\boldsymbol{a}$ の1次結合では表わせない．しかし，$\boldsymbol{b}$ に0をかけると $\boldsymbol{a}$ になるから $\boldsymbol{a}=0\boldsymbol{b}$ となって，$\boldsymbol{a}$ は $\boldsymbol{b}$ の1次結合で表わされる．

一般に2つのベクトル $\boldsymbol{a}, \boldsymbol{b}$ があって，$\boldsymbol{a}$ が $\boldsymbol{b}$ の1次結合で表わされるか，または $\boldsymbol{b}$ が $\boldsymbol{a}$ の1次結合で表わされるとき，$\boldsymbol{a}, \boldsymbol{b}$ は**1次従属**であるというのである．

この定義は，ふつうのテキストの定義と見かけは異なるが内容は同じである．テキストにおける定義は

$$(\ast)\begin{cases} p\boldsymbol{a}+q\boldsymbol{b}=\boldsymbol{0} \\ \text{実数 } p, q \text{ の少なくとも1つは0でない．} \end{cases}$$

たとえば $\boldsymbol{b}$ が $\boldsymbol{a}$ の1次結合で表わされたとすると

$$\boldsymbol{b}=k\boldsymbol{a} \qquad \therefore \quad k\boldsymbol{a}+(-1)\boldsymbol{b}=\boldsymbol{0}$$

↑ 0でない

$\boldsymbol{a}$ が $\boldsymbol{b}$ の1次結合で表わされたとすると

$$\boldsymbol{a}=h\boldsymbol{b} \qquad (-1)\boldsymbol{a}+h\boldsymbol{b}=\boldsymbol{0}$$

↑ 0でない

したがって(＊)をみたす．

逆に(＊)が成り立ったとすると，p,q の少なくとも1つは0でないから，たとえば $p \neq 0$ とすると

$$a=\left(-\frac{q}{p}\right)b$$

となって，$\boldsymbol{a}$ は $\boldsymbol{b}$ の1次結合で表わされる．

× ×

3つのベクトル $\boldsymbol{a},\boldsymbol{b},\boldsymbol{c}$ の1次従属も，1次結合を用い，同様に定義される．

$\boldsymbol{a},\boldsymbol{b},\boldsymbol{c}$ のどれか1つが残りのベクトルの1次結合で表わされるとき，これらの3つのベクトルは1次従属であるということにすればよい．

この定義もテキストにある次の定義と同値である．

[19] $\begin{cases} p\boldsymbol{a}+q\boldsymbol{b}+r\boldsymbol{c}=\boldsymbol{0} \\ \text{実数 } p,q,r \text{ の少なくとも 1 つは 0 でない.} \end{cases}$

ここまでくれば，4つ以上のベクトルの1次従属をどう定義すればよいかは見当がつくはず．

➡注　テキストの1次従属が1次結合を用いて定義してないのは，1つのベクトルのとき困るからである．テキストの定義[19]によると，1つのベクトル $\boldsymbol{a}$ は，$\boldsymbol{a}=\boldsymbol{0}$ ならば $1\cdot\boldsymbol{a}=\boldsymbol{0}$ となるので，$\boldsymbol{a}$ は1次従属である．$\boldsymbol{a} \neq \boldsymbol{0}$ のときは，$p\boldsymbol{a}=\boldsymbol{0}$，$p \neq 0$ をみたす実数 p がないから $\boldsymbol{a}$ は1次従属でない．

× ×

1次従属の否定が1次独立である．たとえば，3つのベクトル $\boldsymbol{a},\boldsymbol{b},\boldsymbol{c}$ が1次従属でないときは1次独立であるという．すなわち $\boldsymbol{a},\boldsymbol{b},\boldsymbol{c}$ のどれをとっても残りのベクトルの1次結合で表わされない．これをテキストでは，次のようにいいかえてある．

[20] $p\boldsymbol{a}+q\boldsymbol{b}+r\boldsymbol{c}=\boldsymbol{0} \Rightarrow p=q=r=0$

たとえば

$$\boldsymbol{a}=(2,1,1),\ \boldsymbol{b}=(1,2,1),\ \boldsymbol{c}=(1,1,2)$$

において，$p\boldsymbol{a}+q\boldsymbol{b}+r\boldsymbol{c}=\boldsymbol{0}$ をみたす実数 p,q,r があったとすると

$$\begin{cases} 2p+q+r=0 \\ p+2q+r=0 \\ p+q+2r=0 \end{cases}$$

これを解くと $p=q=r=0$ となるから，$\boldsymbol{a},\boldsymbol{b},\boldsymbol{c}$ は1次独立である．

では

$$\boldsymbol{a}=(2,1,1),\ \boldsymbol{b}=(1,2,1),\ \boldsymbol{c}=(1,-1,0)$$

ではどうか．$p\boldsymbol{a}+q\boldsymbol{b}+r\boldsymbol{c}=\boldsymbol{0}$ であったとすると

$$\begin{cases} 2p+q+r=0 \\ p+2q-r=0 \\ p+q=0 \end{cases}$$

これを解くと $q=-p$，$r=-p$ したがって

$$p=1,\ q=-1,\ r=-1$$

に対して $p\boldsymbol{a}+q\boldsymbol{b}+r\boldsymbol{c}=\boldsymbol{0}$ が成り立つから，$\boldsymbol{a},\boldsymbol{b},\boldsymbol{c}$ は1次従属である．

× ×

以上の準備があれば部分空間に対して次元の概念を導入する道が開かれる．1次結合，1次従属，1次独立の理解が不完全のままで次元へすすめば，どこかで行詰るだろう．数学の学習では，行詰ったとき，もどるべき位置を心得ていなければならない．いつも振り出しへ戻るようなら，学び方自身に欠陥があると知るべきである．

内積の役割

ベクトル空間 V は，加法，減法，スカラー倍の定義されている集合で，かつ9個の基本法則をみたすものであった．したがって V は内積がなくてもベクトル空間であることに変わりがない．ベクトル空間は内積を導入することによって，特殊なベクトル空間に変る．

V を2次元ベクトル空間とすると，その2つの元

$$\boldsymbol{a}=(x_1,y_1),\ \boldsymbol{b}=(x_2,y_2)$$

に対して

$$\boldsymbol{ab}=x_1x_2+y_1y_2$$

によって定義される演算が内積であった．$\boldsymbol{ab}$ の代りに $(\boldsymbol{a},\boldsymbol{b})$，$\boldsymbol{a}\cdot\boldsymbol{b}$ などの表わし方を用いることもある．

ベクトルの加法，減法は，写像でみると

$V\times V$ から V への写像

であり，スカラー倍は

$\boldsymbol{R}\times V$ から V への写像

であった．これに対し内積は

$V\times V$ から $\boldsymbol{R}$ への写像

である．

× ×

新しい演算を導入するからには，先々の展望として，その目的を知っておくのが望ましい．矢線ベクトルでは頭初から矢線の大きさ（長さ）という概念が必要であったが，数ベクトルでは，この概念を用いずにベクトル空間が構成された．したがって，大きさの概念は，新しく定義するのでな

いと存在しないわけである．内積導入の主要な目的は，大きさの概念の導入にあると見てよい．

×　　　　×

内積の計算にもいろいろの法則があるが，そのうち基本的なものを抽出してみると，その数は意外と少なく，次の3つに尽きる．

[21]　$\boldsymbol{ab}=\boldsymbol{ba}$　　可換律

[22]　$\boldsymbol{a}(\boldsymbol{b}+\boldsymbol{c})=\boldsymbol{ab}+\boldsymbol{ac}$　　分配律

[23]　$(k\boldsymbol{a})\boldsymbol{b}=\boldsymbol{a}(k\boldsymbol{b})=k(\boldsymbol{ab})$

証明は，内積の定義に戻り，成分を用いて試みればよい．

実際の計算に当っては，以上から次のレンマを導いておくと都合がよい．

[24]　$\boldsymbol{a}(\boldsymbol{b}-\boldsymbol{c})=\boldsymbol{ab}-\boldsymbol{ac}$

成分に戻らず，基本法則 [21]～[23] から導いてみるのが学び方としてはオーソドックスであろう．

$$\begin{aligned}\boldsymbol{a}(\boldsymbol{b}-\boldsymbol{c})+\boldsymbol{ac}&=\boldsymbol{a}((\boldsymbol{b}-\boldsymbol{c})+\boldsymbol{c})\\&=\boldsymbol{a}(\boldsymbol{b}+(-\boldsymbol{c})+\boldsymbol{c})\\&=\boldsymbol{a}(\boldsymbol{b}+\boldsymbol{0})=\boldsymbol{ab}\end{aligned}$$

$$\therefore\quad \boldsymbol{a}(\boldsymbol{b}-\boldsymbol{c})=\boldsymbol{ab}-\boldsymbol{ac}$$

このほかに $\boldsymbol{a}(\boldsymbol{b}-\boldsymbol{c})$ を $\boldsymbol{a}(\boldsymbol{b}+(-\boldsymbol{c}))$ と変形し，ここで分配法則を用いる証明も考えられる．

$$\begin{aligned}\boldsymbol{a}(\boldsymbol{b}-\boldsymbol{c})&=\boldsymbol{a}(\boldsymbol{b}+(-\boldsymbol{c}))\\&=\boldsymbol{ab}+\boldsymbol{a}(-\boldsymbol{c})\\&=\boldsymbol{ab}+\boldsymbol{a}((-1)\boldsymbol{c})\\&=\boldsymbol{ab}+(-1)\boldsymbol{ac}\\&=\boldsymbol{ab}+(-\boldsymbol{ac})\\&=\boldsymbol{ab}-\boldsymbol{ac}\end{aligned}$$

×　　　　×

さて，内積を用いてベクトルの大きさを導入するにはどうすればよいか．

一般に $\boldsymbol{ab}$ は符号が定まらないが $\boldsymbol{aa}=\boldsymbol{a}^2$ は非負であって，その平方根が求められる．そこで $\sqrt{\boldsymbol{a}^2}$ をもって $\boldsymbol{a}$ の**大きさ**または**ノルム**といい，$|\boldsymbol{a}|$ で表わすことにする．

この大きさについてもいろいろの法則が成り立つが，それらのうち基本になるのは，次の3つである．

[25]　$|\boldsymbol{a}|\geqq 0$

等号の成り立つのは $\boldsymbol{a}=\boldsymbol{0}$ のときに限る．

[26]　$|k\boldsymbol{a}|=|k|\,|\boldsymbol{a}|$

[27]　$|\boldsymbol{ab}|\leqq|\boldsymbol{a}|\cdot|\boldsymbol{b}|$　　コーシーの不等式

これらのうち証明らしい証明になるのはコーシーの不等式である．この不等式はシュワルツの不等式ともいう．

証明は，よく知られているように，2次関数の一定符号の条件を用いるものがエレガントである．

t を任意の実数とするとき

$$(t\boldsymbol{a}-\boldsymbol{b})^2\geqq 0$$

$$|\boldsymbol{a}|^2t^2-2(\boldsymbol{ab})t+|\boldsymbol{b}|^2\geqq 0$$

したがって，判別式≦0 から

$$(\boldsymbol{ab})^2-|\boldsymbol{a}|^2\cdot|\boldsymbol{b}|^2\leqq 0$$

$$\therefore\quad |\boldsymbol{ab}|\leqq|\boldsymbol{a}|\cdot|\boldsymbol{b}|$$

×　　　　×

コーシーの不等式の重要性は，次の三角不等式の誘導にある．

[28]　$|\boldsymbol{a}+\boldsymbol{b}|\leqq|\boldsymbol{a}|+|\boldsymbol{b}|$　　三角不等式

これを証明するには，両辺を平方した

$$(\boldsymbol{a}+\boldsymbol{b})^2\leqq(|\boldsymbol{a}|+|\boldsymbol{b}|)^2$$

すなわち　$|\boldsymbol{a}|^2+2\boldsymbol{ab}+|\boldsymbol{b}|^2\leqq|\boldsymbol{a}|^2+2|\boldsymbol{a}|\cdot|\boldsymbol{b}|+|\boldsymbol{b}|^2$

すなわち　$\boldsymbol{ab}\leqq|\boldsymbol{a}|\cdot|\boldsymbol{b}|$　　①

を証明すればよい．ところが $\boldsymbol{ab}$ は実数だから

$$\boldsymbol{ab}\leqq|\boldsymbol{ab}|$$

したがってコーシーの不等式によって①は成り立つ．

×　　　　×

ベクトルに大きさを定めると，2つのベクトルに対しては距離の概念を導入できる．2つのベクトル $\boldsymbol{a},\boldsymbol{b}$ に対して $|\boldsymbol{a}-\boldsymbol{b}|$ を $\boldsymbol{a},\boldsymbol{b}$ の距離といい，$d(\boldsymbol{a},\boldsymbol{b})$ で表わす．

$$d(\boldsymbol{a},\boldsymbol{b})=|\boldsymbol{a}-\boldsymbol{b}|$$

この距離が，次の性質を持つことの証明はいたってやさしい．

[29]　$d(\boldsymbol{a},\boldsymbol{b})\geqq 0$

等号が成り立つのは $\boldsymbol{a}=\boldsymbol{b}$ のときに限る．

[30]　$d(\boldsymbol{a},\boldsymbol{b})=d(\boldsymbol{b},\boldsymbol{a})$

[31]　$d(\boldsymbol{a},\boldsymbol{b})+d(\boldsymbol{b},\boldsymbol{c})\geqq d(\boldsymbol{a},\boldsymbol{c})$　三角不等式

×　　　　×

距離があると，ベクトル $\boldsymbol{x}$ をベクトル $\boldsymbol{a}$ に限りなく近づけるといったことが考えられるので，数列

$$\boldsymbol{x}_1,\ \boldsymbol{x}_2,\ \cdots,\ \boldsymbol{x}_n,\ \cdots$$

において，収束，発散を取扱うことができる．一般に極限の概念が考えられるわけだから，ベクトルに関するある種の関数 $f(\boldsymbol{x})$ について導関数も定義され解析学と結びつく．

行　　　列

行列の正体

新しいモノを学ぶときは，その正体をあますところなく適確につかまなければならない．ベクトルは実数（複素数でもよい）を横または縦に一列に並べたモノで，それ自身は実数ではないが，実数に似た性質をもっていた．

行ベクトル　$\boldsymbol{x}=(a\ b\ c)$　　列ベクトル　$\boldsymbol{y}=\begin{pmatrix}a\\b\\c\end{pmatrix}$

ベクトルを発展させ，横にも，縦にも数を並べた2次元の表を1つのモノとみたのが行列である．

$$A=\begin{pmatrix}a_1 & b_1 & c_1\\ a_2 & b_2 & c_2\end{pmatrix}\quad \begin{matrix}\leftarrow\text{第1行}\\ \leftarrow\text{第2行}\end{matrix}$$

（↑第1列　↑第2列　↑第3列）

行が2つで列が3つのモノは，**(2,3)型**または**2×3型**の行列という．とくに行と列の数の等しいものは**正方行列**といい，(3,3)型の正方行列ならば**3次**の正方行列という．なお，行列を作っている数を**成分**という．

行列は，日常の表現をかりれば，数の箱詰である．

×　　　　　×

行列の相等は，成分の相等の箱詰とみればよい．

$$a_1=d_1 \qquad b_1=e_1 \qquad c_1=f_1$$
$$a_2=d_2 \qquad b_2=e_2 \qquad c_2=f_2$$

これらの相等をまとめたのが行列の相等

$$\begin{pmatrix}a_1 & b_1 & c_1\\ a_2 & b_2 & c_2\end{pmatrix}=\begin{pmatrix}d_1 & e_1 & f_1\\ d_2 & e_2 & f_2\end{pmatrix}$$

である．

したがって，2つの行列の相等は，いつでも，その対応する成分の相等に分解できて，その逆の操作も可能である．たとえば(3,2)型の行列の相等は，3×2=6個の等式を総括したもので，等式の取扱いは，いちじるしく簡素化される．

×　　　　　×

この考えは，行列に関する加法，減法，実数倍においても全く同じである．たとえば(3,2)型の2つの行列の加法は，2×3=6組の2数の加法の総括である．

$$a_1+d_1=p_1 \qquad b_1+e_1=q_1 \qquad c_1+f_1=r_1$$
$$a_2+d_2=p_2 \qquad b_2+e_2=q_2 \qquad c_2+f_2=r_2$$

これらをまとめたのが，行列の加法

$$\begin{pmatrix}a_1 & b_1 & c_1\\ a_2 & b_2 & c_2\end{pmatrix}+\begin{pmatrix}d_1 & e_1 & f_1\\ d_2 & e_2 & f_2\end{pmatrix}=\begin{pmatrix}p_1 & q_1 & r_1\\ p_2 & q_2 & r_2\end{pmatrix}$$

である．

上の式のすべての＋を－にかえたのが行列の減法である．実数倍も全く同じこと．

$$ka_1=p_1 \qquad kb_1=q_1 \qquad kc_1=r_1$$
$$ka_2=p_2 \qquad kb_2=q_2 \qquad kc_2=r_2$$

これらをまとめたのが，行列のk倍

$$k\begin{pmatrix}a_1 & b_1 & c_1\\ a_2 & b_2 & c_2\end{pmatrix}=\begin{pmatrix}p_1 & q_1 & r_1\\ p_2 & q_2 & r_2\end{pmatrix}$$

である．行列のk倍というのは，すべての成分のk倍のことである．

基本法則

行列に，以上のように，加法，減法，実数倍を定めると，ベクトルと全く同じ計算の法則が成り立つ．ベクトルは行列の特殊なもので，行ベクトルは$(1,n)$型の行列，列ベクトルは$(m,1)$型とみられるのだから，それは当然なことである．

同じ型の行列全体の集合，たとえば(2,3)型の行列全体の集合をMとすると，Mについては次の法則が成り立つことが，簡単に確かめられる．

ただしOはすべての成分が0の行列，すなわち零行列を表わす．また$-A$は行列Aのすべての成分の符号をかえた行列で，Aの**反行列**という．

$$O=\begin{pmatrix}0 & 0 & 0\\ 0 & 0 & 0\end{pmatrix}$$

$$A=\begin{pmatrix}a_1 & b_1 & c_1\\ a_2 & b_2 & c_2\end{pmatrix}\ \text{のとき}\ -A=\begin{pmatrix}-a_1 & -b_1 & -c_1\\ -a_2 & -b_2 & -c_2\end{pmatrix}$$

[1]　$(A+B)+C=A+(B+C)$　　結合律

[2]　$A+B=B+A$　　可換律

[3]　$A+X=X+A=A \Leftrightarrow X=O$

[4]　$A+X=X+A=O \Leftrightarrow X=-A$

[5]　$A-B=A+(-B)$

[6]　$hA+hB=h(A+B)$

[7]　$(h+k)A=hA+kA$

[8]　$h(kA)=(hk)A$

[9]　$1A=A$

証明はベクトルの場合と変わらない．成分についての計算に戻って試みればよい．

行列の演算と基本法則がベクトルと全く同じであれば，当然の結果として，それらから導かれるレンマも全く同じであるから，解説を要しないわけである．

行列の分割

箱詰は，仕切りをいれて分割できる．全く同じことが行列でも可能で，これが行列の取扱いに計り知れない効用を与えることを知らねばならない．たとえば

$$\begin{pmatrix} a_1 & b_1 & c_1 & d_1 \\ a_2 & b_2 & c_2 & d_2 \\ a_3 & b_3 & c_3 & d_3 \end{pmatrix} \Rightarrow \left(\begin{array}{cc:cc} a_1 & b_1 & c_1 & d_1 \\ a_2 & b_2 & c_2 & d_2 \\ \hdashline a_3 & b_3 & c_3 & d_3 \end{array}\right) \Leftarrow \text{仕切り}$$

↑ 仕切り

このように仕切ると，1つの行列は4つの部分に分割される，それぞれがまた行列になる．これが**小行列**である．これらの小行列を A_1, B_1, A_2, B_2 で表わせば，行列を成分とした行列に変わる．

$$A_1=\begin{pmatrix} a_1 & b_1 \\ a_2 & b_2 \end{pmatrix} \quad B_1=\begin{pmatrix} c_1 & d_1 \\ c_2 & d_2 \end{pmatrix}$$
$$A_2=(a_3\ b_3) \quad B_2=(c_3\ d_3) \quad \Rightarrow \begin{pmatrix} A_1 & B_1 \\ A_2 & B_2 \end{pmatrix}$$

このような分割を試みれば，行列の相等は，小行列の相等に分割できて，この逆操作も可能である．たとえば

$$\begin{matrix} A_1=C_1 & B_1=D_1 \\ A_2=C_2 & B_2=D_2 \end{matrix} \Leftrightarrow \begin{pmatrix} A_1 & B_1 \\ A_2 & B_2 \end{pmatrix}=\begin{pmatrix} C_1 & D_1 \\ C_2 & D_2 \end{pmatrix}$$

行列についての加法,減法,実数倍も，小行列についての加法,減法,実数倍になる．たとえば

$$\begin{matrix} A_1+C_1=P_1 & B_1+D_1=Q_1 \\ A_2+C_2=P_2 & B_2+D_2=Q_2 \end{matrix}$$

を総括したのが

$$\begin{pmatrix} A_1 & B_1 \\ A_2 & B_2 \end{pmatrix}+\begin{pmatrix} C_1 & D_1 \\ C_2 & D_2 \end{pmatrix}=\begin{pmatrix} P_1 & Q_1 \\ P_2 & Q_2 \end{pmatrix}$$

である．

× ×

このような分割のうちで，特に基本的で重要なのは，行列を行ベクトルまたは列ベクトルに分割するものである．

ベクトルは行列の一種だから大文字で表わしてもよいが，ベクトルの表わし方にしたがって，太字で表わすのがふつうである．

$$A=\begin{pmatrix} a_1 & b_1 & c_1 \\ a_2 & b_2 & c_2 \end{pmatrix}$$

$$\downarrow \qquad\qquad \downarrow$$

$$\left(\begin{array}{ccc} a_1 & b_1 & c_1 \\ \hdashline a_2 & b_2 & c_2 \end{array}\right) \qquad \left(\begin{array}{c:c:c} a_1 & b_1 & c_1 \\ a_2 & b_2 & c_2 \end{array}\right)$$

$$\downarrow \qquad\qquad \downarrow$$

$(a_1\ b_1\ c_1)=\boldsymbol{a}_1$

$(a_2\ b_2\ c_2)=\boldsymbol{a}_2$

とおけば

$\boldsymbol{x}=\begin{pmatrix} a_1 \\ a_2 \end{pmatrix}, \boldsymbol{y}=\begin{pmatrix} b_1 \\ b_2 \end{pmatrix}, \boldsymbol{z}=\begin{pmatrix} c_1 \\ c_2 \end{pmatrix}$

とおけば

$$\downarrow \qquad\qquad \downarrow$$

$$A=\begin{pmatrix} \boldsymbol{a}_1 \\ \boldsymbol{a}_2 \end{pmatrix} \qquad A=(\boldsymbol{x}\ \boldsymbol{y}\ \boldsymbol{z})$$

この分割を試みれば，行列の相等はベクトルの相当に帰着し，行列の加減,実数倍はベクトルの加減,実数倍に帰着する．したがって，行列の取扱に，ベクトルの性質をフルに活用する道が開ける．

行列の乗法

行列の加減と実数倍はベクトルの場合と全く同じだから新鮮味に乏しい．行列の演算の応用の正念場は，行列どうしの乗法である．

行列の乗法は，加減や実数倍のように単純ではないから，簡単な場合から順に学ぶのがよい．

ベクトルの内積は

$$(a,b,c)(x,y,z)=ax+by+cz$$

のように，行ベクトルどうしについて定義されている．

ベクトルを行列の特殊なものと見たときは，これを行ベクトルと列ベクトルの計算に転換させる．

$$(a\ b\ c)\begin{pmatrix} x \\ y \\ z \end{pmatrix}=ax+by+cz$$

行ベクトルを $\boldsymbol{a}$，列ベクトルを $\boldsymbol{x}$ で表わせば

$$\boldsymbol{a}\boldsymbol{x}=ax+by+cz$$

↑ 3次元行ベクトル　↑ 3次元列ベクトル

これをしっかりと頭に定着させたあとで，行列とベクトルとの乗法へ進む．たとえば

$$\begin{pmatrix} a_1 & b_1 & c_1 \\ a_2 & b_2 & c_2 \end{pmatrix}\begin{pmatrix} x_1 \\ y_1 \\ z_1 \end{pmatrix}$$

2組のベクトルの乗法

$$(a_1\ b_1\ c_1)\begin{pmatrix} x_1 \\ y_1 \\ z_1 \end{pmatrix}=a_1x_1+b_1y_1+c_1z_1$$

$$(a_2\ b_2\ c_2)\begin{pmatrix} x_1 \\ y_1 \\ z_1 \end{pmatrix}=a_2x_1+b_2y_1+c_2z_1$$

を上下に並べて書いたものとみる．すなわち

$$\begin{pmatrix} a_1 & b_1 & c_1 \\ a_2 & b_2 & c_2 \end{pmatrix}\begin{pmatrix} x_1 \\ y_1 \\ z_1 \end{pmatrix}=\begin{pmatrix} a_1x_1+b_1y_1+c_1z_1 \\ a_2x_1+b_2y_1+c_2z_1 \end{pmatrix}$$

ベクトルで表わしてみれば,一層はっきりしよう．

$$\begin{pmatrix}\boldsymbol{a}_1\\ \boldsymbol{a}_2\end{pmatrix}\boldsymbol{x}_1=\begin{pmatrix}\boldsymbol{a}_1\boldsymbol{x}_1\\ \boldsymbol{a}_2\boldsymbol{x}_1\end{pmatrix}$$

ここで具体例で練習し，定着させて置かないと，あとで行詰る恐れがあろう．

$$\begin{pmatrix}2&3&4\\5&6&7\end{pmatrix}\begin{pmatrix}8\\9\\10\end{pmatrix}=\begin{pmatrix}2\cdot8+3\cdot9+4\cdot10\\5\cdot8+6\cdot9+7\cdot10\end{pmatrix}$$
$$=\begin{pmatrix}83\\164\end{pmatrix}$$

(2,3) 型の行列と (3,1)型の行列との積は(2,1)型の行列になることに注目しよう．

ここまでくれば，ベクトルと行列の乗法は見当がつくだろう．

2組のベクトルの積

$$(a_1\ b_1\ c_1)\begin{pmatrix}x_1\\y_1\\z_1\end{pmatrix}=(a_1x_1+b_1y_1+c_1z_1)$$

$$(a_1\ b_1\ c_1)\begin{pmatrix}x_2\\y_2\\z_2\end{pmatrix}=(a_1x_2+b_1y_2+c_1z_2)$$

を左右に並べてかいたものを

$$(a_1\ b_1\ c_1)\begin{pmatrix}x_1&x_2\\y_1&y_2\\z_1&z_2\end{pmatrix}=(a_1x_1+\cdots,\ a_1x_2+\cdots)$$

とみる．ここでも具体例で練習しておく．

$$(2,3,4)\begin{pmatrix}5&8\\6&9\\7&10\end{pmatrix}$$
$$=(2\cdot5+3\cdot6+4\cdot7,\ 2\cdot8+3\cdot9+4\cdot10)$$
$$=(56,83)$$

(1,3) 型と (3,2) 型の行列の 積は (1,2) 型の行列になることに注意しよう．

× ×

以上の準備があれば，行列どうしの乗法に進むことができる．2つの行列 A,B の積は，つねに定義されるものではない．A が (l,m) 型で B が (m,n) 型のときに限って，乗法 AB が定義され，その積 C は (l,n) 型になる．

$$AB=C$$

$(\boldsymbol{l},m)$型行列×$(m,\boldsymbol{n})$型行列＝$(\boldsymbol{l},\boldsymbol{n})$型行列

（↑ m と ↑ m：等しい）

たとえば，(2,3) 型と (3,2) 型の積ならば (2,2) 型になる．

$$\begin{matrix}\boldsymbol{a}_1\Rightarrow\\ \boldsymbol{a}_2\Rightarrow\end{matrix}\begin{pmatrix}a_1&b_1&c_1\\a_2&b_2&c_2\end{pmatrix}\begin{pmatrix}x_1&x_2\\y_1&y_2\\z_1&z_2\end{pmatrix}=\begin{pmatrix}\boldsymbol{a}_1\boldsymbol{x}_1&\boldsymbol{a}_1\boldsymbol{x}_2\\ \boldsymbol{a}_2\boldsymbol{x}_1&\boldsymbol{a}_2\boldsymbol{x}_2\end{pmatrix}$$
$$\uparrow\ \uparrow$$
$$\boldsymbol{x}_1\ \boldsymbol{x}_2$$

具体例で練習するのでないと身につかない．

$$AB=\begin{pmatrix}1&2&3\\4&5&6\end{pmatrix}\begin{pmatrix}7&2\\8&4\\9&8\end{pmatrix}=\begin{pmatrix}p_1&q_1\\p_2&q_2\end{pmatrix}$$
?

$$p_1=1\cdot7+2\cdot8+3\cdot9=50$$
$$p_2=4\cdot7+5\cdot8+6\cdot9=122$$
$$q_1=1\cdot2+2\cdot4+3\cdot8=34$$
$$q_2=4\cdot2+5\cdot4+6\cdot8=76$$
$$AB=\begin{pmatrix}50&34\\122&76\end{pmatrix}$$

次の図解によって，行と列の内積の作り方と，その内積をかく位置を視覚的に定着させてはどうか．

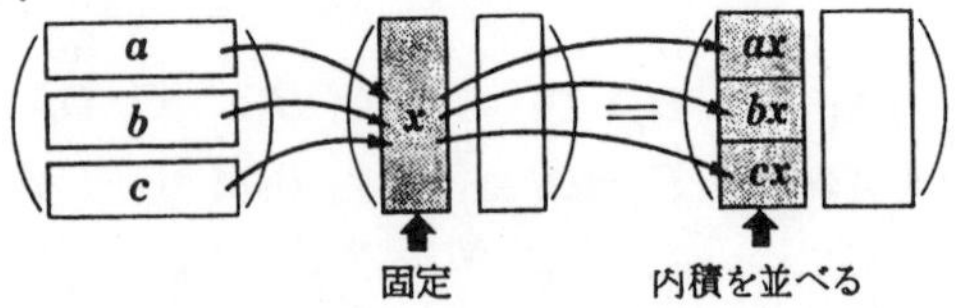

実例をもう1つ挙げてみる．

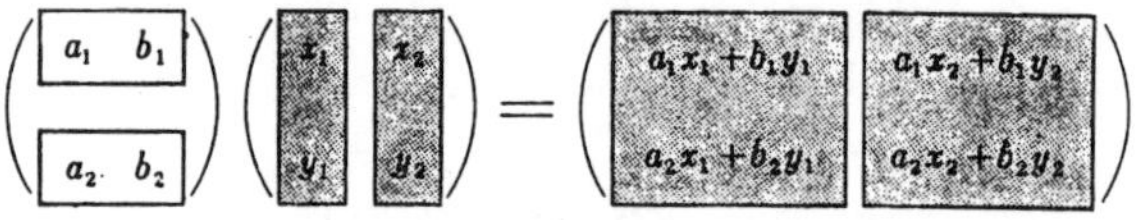

$$\begin{pmatrix}2&3\\4&5\end{pmatrix}\begin{pmatrix}6&7\\8&9\end{pmatrix}=\begin{pmatrix}2\cdot6+3\cdot8&2\cdot7+3\cdot9\\4\cdot6+5\cdot8&4\cdot7+5\cdot9\end{pmatrix}$$
$$=\begin{pmatrix}30&41\\64&73\end{pmatrix}$$

積に関する法則 簡単な実例で確かめられるように，行列についての乗法は可換律をみたさない．

たとえば

$$A=\begin{pmatrix}1&1\\0&0\end{pmatrix}\qquad B=\begin{pmatrix}0&1\\1&0\end{pmatrix}$$

とすると

$$AB=\begin{pmatrix}1&1\\0&0\end{pmatrix}\begin{pmatrix}0&1\\1&0\end{pmatrix}=\begin{pmatrix}1&1\\0&0\end{pmatrix}$$
$$BA=\begin{pmatrix}0&1\\1&0\end{pmatrix}\begin{pmatrix}1&1\\0&0\end{pmatrix}=\begin{pmatrix}0&0\\1&1\end{pmatrix}$$

となるから，AB と BA とは等しくない．

しかし，結合律，分配律は成り立つ．乗法は可換的でないから，分配律は2つ必要である．

[10]　$(AB)C=A(BC)$　　結合律

[11]　$A(B+C)=AB+AC$　　左分配律

[12]　$(B+C)A=BA+CA$　　右分配律

[13]　$(kA)B=A(kB)=k(AB)$

これらの法則は，任意の行列について成り立つのではない．どの場合にも，乗法または加法が定義されるときにのみ意味をもつ．たとえば[10]では，A が (l,m) 型ならば B は (m,n) 型であり，C は (n,p) 型でなければならない．また [11] では A が (l,m) 型ならば，B と C はともに (m,n) 型である．

行列の除法

一般の群の概念を学んだあとならば，ここの理解の苦労は半減するだろう．行列の乗法は可換的でないから，この逆算としての除法は，単位行列と逆行列を用いて示さねばならない．

正方行列において右下りの対角線上の成分を**対角成分**という．正方行列のうち

$$E=\begin{pmatrix}1&0\\0&1\end{pmatrix}\qquad E=\begin{pmatrix}1&0&0\\0&1&0\\0&0&1\end{pmatrix}$$

のように，対角成分がすべて1で，残りのすべての成分が0のものを**単位行列**といい，E または I で表わす．

A と E，E と B に積が定義されておれば

$$AE=A,\qquad EB=B$$

であり，逆にこれらの等式が成り立つならば E は単位行列であることはたやすく証明される．

とくに A が正方行列で，E が同じ次数の単位行列ならば，次のことが成り立つ．

[14]　$AX=XA=A \Leftrightarrow X=E$

逆行列は正方行列で考えるのだが，すべての正方行列に逆行列があるわけではない．正方行列 A に対して

$$AX=XA=E$$

をみたす行列 X が存在するとき，この X を A の逆行列といい A^{-1} で表わす．たとえば

$$\underset{A}{\begin{pmatrix}2&1\\5&3\end{pmatrix}}\underset{X}{\begin{pmatrix}3&-1\\-5&2\end{pmatrix}}=\underset{X}{\begin{pmatrix}3&-1\\-5&2\end{pmatrix}}\underset{A}{\begin{pmatrix}2&1\\5&3\end{pmatrix}}=\underset{E}{\begin{pmatrix}1&0\\0&1\end{pmatrix}}$$

であるから，この A には逆行列があり，それは X である．

ところが

$$\underset{A}{\begin{pmatrix}1&0\\1&0\end{pmatrix}}\underset{X}{\begin{pmatrix}a&b\\c&d\end{pmatrix}}=\begin{pmatrix}a&b\\a&b\end{pmatrix}\neq\underset{E}{\begin{pmatrix}1&0\\0&1\end{pmatrix}}$$

であるから，この A には逆行列がない．

正方行列 A に逆行列があるとき，A は**正則**であるという．

×　　　×

A,B が同じ次数の正方行列で，かつ，A が正則ならば

$$AX=B,\qquad YA=B$$

をみたす X,Y がそれぞれ1つ存在し

$$X=A^{-1}B,\qquad Y=BA^{-1}$$

であることがたやすく証明される．その証明は群のところの解説と重複するから，ここでは省略する．

A が正則であることは，行列式でみると $|A|\neq 0$ と同値であることは，どのテキストにも載っているだろう．

[15]　A が正則 $\Leftrightarrow$ $|A|\neq 0$

A が2次の正方行列で正則ならば，逆行列 A^{-1} は次の式によって与えられる．

$$A=\begin{pmatrix}a&b\\c&d\end{pmatrix}\ \Rightarrow\ A^{-1}=\frac{1}{|A|}\begin{pmatrix}d&-b\\-c&a\end{pmatrix}$$

また A が3次の正則行列ならば，その逆行列 A^{-1} は次の式で与えられる．

$$A=\begin{pmatrix}a_1&b_1&c_1\\a_2&b_2&c_2\\a_3&b_3&c_3\end{pmatrix}\ \Rightarrow\ A^{-1}=\frac{1}{|A|}\begin{pmatrix}A_1&A_2&A_3\\B_1&B_2&B_3\\C_1&C_2&C_3\end{pmatrix}$$

ここで A_1 は行列式 $|A|$ の a_1 の余因子を表わす．B_1,C_1 などについても同様である．

逆行列の求め方は，これらの公式を用いる以外に，いろいろの方法が開発されている．

群（代数系）

群とは何か

群の定義はいろいろあるが，結果的には同じものであることを完全に理解することが，群の概念をつかむ第1歩である．

発生的にみると，群とは，要するに次の3条件をみたす集合 G のことである．

群の定義[1]

（i）　G は1つの演算 $\circ$ について閉じている．

（ii）　結合律をみたす．　$(a\circ b)\circ c=a\circ(b\circ c)$．

(iii) Gは演算$\circ$の逆演算について閉じている．

この定義を理解するためには，演算とは何か，演算について閉じているとは何か，逆演算とは何か，の3つがわかっていなければならない．

× ×

演算は一般的にみると，多種多様であることはベクトルにおける演算から想像できよう．

ベクトルにおける加法は，2つのベクトルに1つのベクトルを対応させるものであった．ところがスカラー倍は，1つの実数と1つのベクトルに1つのベクトルを対応させるものであった．一方，内積は2つのベクトルに1つの実数を対応させるものであった．

これらの例から見て，3つの集合をA,B,Cとし，それらの元をそれぞれa,b,cとするときa,bに1つのcを対応させることが演算ということになる．これは

$A\times B$ からCへの一意対応

ともみられる．

群で取扱う演算は，特殊なもので，3つの集合A,B,Cが同じ集合の場合である．すなわち集合Gの2つの元a,bにGの1つの元Cを対応させる演算で，

$G\times G$ からGへの一意対応

とみることもできる．

実数における加法，乗法，ベクトルにおける加法，集合における結び，交わり，写像における合成などは，すべてこの種の演算である．このような演算はいくらでも考えられる．たとえば集合

$$G=\{1,2,3,4,6,12\}$$

で，2数a,bにそれらの最大公約数を対応させると，最大公約数は一つ定まるから，この対応は一意であって演算とみられる．この演算を$\circ$で表わせば

$$2\circ3=1,\quad 4\circ6=2,\quad 3\circ6=3$$

である．

もし，Gの2数a,bにその正の約数を対応させたとすると，$(4,6)$には$1,2,4$が対応するので，この対応は一意でないから演算とはいわない．

× ×

次に演算$\circ$について閉じているとは何か．Gに演算$\circ$が定義されているとは，一般にはGのある2元a,bにGの1つの元が対応することであって，任意の2元a,bに対してGの1つの元が必ず対応することを保証しているわけではない．もし，Gのどんな2元a,bに対してもGの元が1つ対応するとき，Gはその演算について閉じているというのである．

したがってGが演算$\circ$について閉じていることは，すべての(a,b)に対して

$$a\in G,\ b\in G\ \Rightarrow\ a\circ b\in G$$

とかける．この条件文では「すべての(a,b)に対して」を略すのがふつうであるから

$$a\in G,\ b\in G\ \Rightarrow\ a\circ b\in G$$

と表わしたのでよい．

たとえば集合

$$G=\{1,2,3,5,6,10\}$$

で，2元a,bにそれらの最小公倍数を対応させると，この対応は一意だから演算である．この演算を$\circ$で表わすと$2\circ3=6$，$2\circ5=10$で，これらはGに属する．ところが$3\circ5=15$はGに属さない．したがってGはこの演算については閉じていない．

➡注　本によっては，「集合Gに演算$\circ$が定義されている」を，「Gが演算$\circ$について閉じている」意味に用いられている．実際に使ってみて，本書の流儀の便利なことが多い．高校のテキストの大部分も，この流儀のようである．

× ×

最後に演算$\circ$の逆演算とは何か．身近かな例として実数をみると，減法$-$は加法$+$の逆演算（略して逆算）であるという．減法は加法を用いて定義できるからである．すなわち2つの実数a,bに対して

$$b+x=x+b=a$$

をみたす実数xが1つ定まるので，a,bにxを対応させることは演算になる．そこで，この演算を減法といい，$-$で表わし

$$x=a-b$$

とかくのである．

除法が乗法の逆演算であることも同様で，$b\neq0$のとき2つの実数a,bに対して

$$b\times x=x\times b=a$$

をみたす実数xが1つ定まるから，a,bにxを対応させることは演算になる．そこで，この演算を除法といい$\div$で表わし

$$x=a\div b$$

とかくのである．

実数の加法は可換律をみたすから $b+x$ と $x+b$ は等しく，$b+x=a$ をみたす x と $x+b=a$ をみたす x とは等しい．乗法でも同様で $b\times x=a$ をみたす x と $x\times b=a$ をみたす x とは等しい．

ところが，演算∘は一般には可換律をみたさないので，$b\circ x=a$ をみたす x と $y\circ b=a$ をみたす y とは等しいとは限らない．したがって，この2つを区別することが必要になる．

$b\circ x=a$ をみたす x を $a\triangle b$，$y\circ b=a$ をみたす y を $a\blacktriangle b$ と表わしたとすると，逆演算の記号が2つになって煩わしい．この煩わしさを避けるにはどうすればよいか．

逆元と単位元

逆演算を簡単に表わすために考え出されたのが逆元とその表わし方である．実数の除法でみると，$\frac{1}{b}$ が b の逆数で，これを用いると，除法 $a\div b$ は $a\times\frac{1}{b}$ で表わされた．もしも，$a\times\frac{1}{b}$ と $\frac{1}{b}\times a$ とを区別するならば

$b\times x=a$ をみたす x は $\frac{1}{b}\times a$ で

$y\times b=a$ をみたす y は $a\times\frac{1}{b}$ で

というように区別できる．$\frac{1}{b}=b^{-1}$ で表わすならば

$b\times x=a$ では $x=b^{-1}\times a$

$y\times b=a$ では $y=a\times b^{-1}$

とかけるわけで，×の逆演算を表わす記号が不要になる．その代りに逆数とその表わし方が必要になる．

×　　　　×

しかし，ここで，逆数の正体が問題になる．どのような条件をみたすものが逆数か．

実数でみると，逆数 b^{-1} は

$$b\times x=x\times b=1$$

をみたす x であったから，逆数 b^{-1} を定義するには，1が必要である．では1はどんな数かというように掘り下げてゆくと，1とは，どんな数 b にかけても b になる数，すなわち

$$b\times x=x\times b=b$$

をみたす数であることに気付く．

群では，実数の1に当たる数を単位元，実数の逆数に当たる数を逆元というのである．

これを用いることによって，群の第2の定義が生れる．

群の定義 [2]

(i)　G は演算∘について閉じている．

(ii)　結合律をみたす．　$(a\circ b)\circ c=a\circ(b\circ c)$

(iii)　G の任意の元を a とするとき

$$a\circ x=x\circ a=a$$

をみたす1つの元 x が，a に関係なく1つ定まる．

この元 x を**単位元**といい，ふつう e で表わす．よって

$$a\circ e=e\circ a=a \qquad ①$$

(iv)　G の任意の元 a に対応して

$$a\circ x=x\circ a=e$$

をみたす x が1つずつ定まる．

この x を a の**逆元**といい，a^{-1} で表わす．よって

$$a\circ a^{-1}=a^{-1}\circ a=e \qquad ②$$

集合 G が(i)，(ii)をみたすときは，演算∘について**半群**をなすといい，さらに(iii)，(iv)もみたすときは，演算∘について**群**をなすというのである．

×　　　　×

この群の定義[2]が[1]に代わりうることを確認するには，任意の元 a,b に対して

$$b\circ x=a,\qquad y\circ b=a$$

をみたす元 x,y がそれぞれ1つずつ定まることをいえばよい．

たとえば $b\circ x=a$ をみたす元 x は1つだけ定まることを明らかにしてみる．

少なくとも1つあることの証明．

任意の元 b に対して逆元 b^{-1} があるから，任意の2元 a,b に対して，a,b^{-1} が定まり，(i)によって G の元 $b^{-1}\circ a$ が定まる．これを x に代入してみると

$$\begin{aligned} b\circ x&=b\circ(b^{-1}\circ a)\\ &=(b\circ b^{-1})\circ a &&\text{(ii) による}\\ &=e\circ a &&\text{② による}\\ &=a &&\text{① による}\end{aligned}$$

これで $b\circ x=a$ をみたす x が少なくとも1つあることがあきらかにされた．

2つ以上ないことの証明．

それには $b\circ x=a$ をみたす x があったとすると，それは $b^{-1}\circ a$ に限ることを示せばよい．$b^{-1}\circ a$ の a に $b\circ x$ を代入してみよ．

$$\begin{aligned} b^{-1}\circ a&=b^{-1}\circ(b\circ x)\\ &=(b^{-1}\circ b)\circ x &&\text{(ii) による}\\ &=e\circ x &&\text{② による}\\ &=x &&\text{① による}\end{aligned}$$

これで証明が済んだ．

同様にして $y \circ b = a$ をみたす y は1つだけあって，それは $a \circ b^{-1}$ に等しいことが証明される．まとめると

[3] $b \circ x = a \Leftrightarrow x = b^{-1} \circ a$

$y \circ b = a \Leftrightarrow y = a \circ b^{-1}$

これをみると，$b \circ x = a$ をみたす x を求めるには，この両辺に，左側から b^{-1} をかければよいことがわかる．

$b \circ x = a \Rightarrow b^{-1} \circ (b \circ x) = b^{-1} \circ a \Rightarrow (b^{-1} \circ b) \circ x$
$= b^{-1} \circ a \Rightarrow e \circ x = b^{-1} \circ a \Rightarrow x = b^{-1} \circ a$

同様の理由で，$y \circ b = a$ をみたす y を求めるには，この両辺に，右側から b^{-1} をかければよいことがわかる．

× ×

群が演算 $\circ$ について可換律をみたすとき，すなわち第5の条件として

(v) 可換律 $a \circ b = b \circ a$

をみたすときは，**可換群**であるという．可換群はこの研究に先鞭をつけた数学者アーベルの名をかりて**アーベル群**ともいう．

G がアーベル群ならば $b \circ x = x \circ b$ であるから，$b \circ x = a$ をみたす x と $y \circ b = a$ をみたす y とは等しい．したがって，任意の2元 a, b に対して

$$b \circ x = x \circ b = a$$

をみたす元 x が1つだけ定まるから，(a, b) に x を対応させれば演算になる．この演算をかりに・で表わしたとすると，・は $\circ$ の逆演算になり，x を $a \cdot b$ で表わす道が開かれる．非アーベル群では，このような表わし方が不可能である．

具体例でつかむ

群の概念を定義のみでつかもうとするのは無理である．群は，もともと，種々の具体例を総括することから生れた概念であって，抽象的である．抽象的なものは具体的なものの裏づけによって実感として把握され，実践的知識に成長する．具体例で確認しながら先へ進む学び方が望ましい．

手近かな例でみると，整数全体は加法についてアーベル群をなし，正の有理数全体は，乗法についてアーベル群をなす．実数全体はもちろん加法についてアーベル群をなす．しかし，乗法については，そうでない．0で割ることができないからである．実数全体から0を除けば，乗法についてもアーベル群をなす．

関数でみると，1次関数

$$f(x) = ax + b \quad (a \neq 0)$$

全体の集合 G は合成について非アーベル群をなす．

G の2つの元を

$f(x) = ax + b \quad (a \neq 0), \quad g(x) = cx + d \quad (c \neq 0)$

とすると

$$(f \circ g)x = f(g(x)) = a(cx + d) + b$$
$$= acx + (ad + b) \quad (ac \neq 0)$$

も G に属し，G は合成について閉じている．

結合律をみたすことを示すには，3つの関数，f, g, h について $(f \circ g) \circ h = f \circ (g \circ h)$ が成り立つことを示せばよい．

恒等関数 $e(x) = x$ が単位元であることは，任意の1次関数 f に対して $f \circ e = e \circ f = f$ が成り立つことから明らか．

また，任意の1次関数 $f(x) = ax + b$ に対して，

$$f \circ g = g \circ f = e$$

をみたす g があることは $g(x) = cx + d$ とおいて，c, d を求めることによって確かめられる．

$$a(cx + d) + b = c(ax + b) + d = x$$

これが成り立つためには

$$ac = ca = 1, \quad ad + b = cb + d = 0$$

これを解いて $c = \dfrac{1}{a}$，$d = -\dfrac{b}{a}$，したがって

$$g(x) = \frac{1}{a}x - \frac{b}{a}$$

が $f(x)$ の逆元で，これは $f(x)$ の逆関数に等しい．

可換律をみたさないことは

$$(f \circ g)(x) = acx + (ad + b)$$
$$(g \circ f)(x) = acx + (bc + d)$$

は，一般には等しくないことが明らかである．

× ×

以上は，いずれも無限群の例である．なんといっても，親しみやすいのは有限群であろう．

有限なアーベル群の例としては，たとえば，整数の集合

$$G = \{1, 2, 3, 4\}$$

で，2数 a, b に $a \times b$ を5で割ったときの余りを対応させる演算を選んだものなどがすぐれていよう．この演算を $\circ$ で表わすと $2 \circ 3 = 3 \circ 2 = 1$，$3 \circ 4 = 4 \circ 3 = 2$，同様のことをすべての2元について試み表にまとめてみよ．

$a \circ b$ の表
（演算表）

$a \backslash b$	1	2	3	4
1	1	2	3	4
2	2	4	1	3
3	3	1	4	2
4	4	3	2	1

単位元は1である．演算表から

$$1\circ 1=1,\ 2\circ 3=3\circ 2=1,\ 4\circ 4=1$$

したがって 1,2,3,4 の逆元はそれぞれ 1,3,2,4 である．すなわち

$$1^{-1}=1,\ 2^{-1}=3,\ 3^{-1}=2,\ 4^{-1}=4$$

これによってGは演算$\circ$についてアーベル群をなすことがわかった．

有限な非アーベル群のうち最も簡単なのは，3文字についての置換全体の集合

$$G=\{e,f,g,h,i,j\}$$

で，多くのテキストに挙げられている．ここで

$$e=\begin{pmatrix}A&B&C\\A&B&C\end{pmatrix}=\text{恒等置換}$$

$$f=\begin{pmatrix}A&B&C\\B&C&A\end{pmatrix}=(ABC)$$

$$g=\begin{pmatrix}A&B&C\\C&A&B\end{pmatrix}=(ACB)$$

$$h=\begin{pmatrix}A&B&C\\B&A&C\end{pmatrix}=(AB)$$

$$i=\begin{pmatrix}A&B&C\\C&B&A\end{pmatrix}=(AC)$$

$$j=\begin{pmatrix}A&B&C\\A&C&B\end{pmatrix}=(BC)$$

演算表を労をいとわず作ってみること．このような原始的作業の過程から，数学の生命がよみがえるものである．自分の作った表と，与えられた表とは，見かけは同じようで，実際は異なるのだ．それは既成の玩具と，自作の玩具の違いのようなものである．

単位元はeである．演算表から

$$f\circ g=g\circ f=e,\ h\circ h=e,\ i\circ i=e,\ j\circ j=e$$

したがって e,f,g,h,i,j の逆元はそれぞれ e,g,f,h,i,j であり，G は群をなす．この群が非アーベル群であることは

$$h\circ i=f,\ i\circ h=g,\ h\circ i\neq i\circ h$$

となることによって明らか．

結合律の一般化

現在の高校では，結合律，可換律などの計算法則を導きながら，これらが計算において果している役割を理解させる努力をしない．大学に進んだら，この空白を疑問の余地なくうめ尽すことを忘れてはいけない．

結合律を一般化するにはカッコ省略の約束が予備知識として必要である．式は原則として，左から右へ順に計算するのが原則である．したがって，

$$((((ab)c)d)e)f \quad \text{（演算記号}\circ\text{を略す）}$$

のようにつけたカッコは省略して

$$abcdef$$

とかいても差支えない．これがカッコ省略の約束である．

この省略法を考慮して式をかくならば，結合律を一般化したものは

$$a_1a_2\cdots a_ra_{r+1}\cdots a_n=a_1a_2\cdots a_r(a_{r+1}\cdots a_n)$$

によって表わされるのである．数学的帰納法によって証明してみよ．この法則の役割を自分で経験するのでなければ，結合律がわかったことにはならない．

× ×

可換律もn個の元の場合へ拡張できる．アーベル群Gのn個の元を$a_1,a_2,\cdots,a_n$とし，その順序を任意にかえたものを$b_1,b_2,\cdots,b_n$とするとき

$$a_1a_2\cdots a_n=b_1b_2\cdots b_n$$

が成り立つというのが可換律の一般化である．

これも数学的帰納法によって証明される．その証明を試みればわかるように，証明過程で，可換律のほかに，結合律が利用される．

結合律の一般化には，結合律があれば十分であるが，可換律の一般化では可換律のほかに結合律も必要なのである．このことからみて，計算法則としては，可換律よりも結合律のほうが基本的であることが知られる．これによって，半群や群の定義として結合律を含めてある理由が了解されよう．

乗法群と加法群

群の入門において，心得ていなければならないものに，演算の表わし方の約束がある．演算はどんな記号で表わそうと勝手であるが，ふつう乗法×と加法＋が用いられる．乗法で表わされたものを**乗法群**といい，加法で表わされたものは**加法群**（加群）という．

乗法群は一般の群の表現に利用され，×は省略する．加法群はアーベル群のときに用いるのが習

慣である．どちらの表わし方にも親しみ，自由に使いこなせるようにしておくこと．それには，両者の表わし方の異同を知ることが必要である．

乗法群では単位元を e または 1 で表わし，a の逆元は a^{-1} で表わす．加群では単位元を 0 で表わし，**零元**といい，a の逆元は $-a$ で表わし，反元（反数）ともいう．

法則の主なものの表わし方を，2つの群で比較してみるのがよい．次の式で，a,b は群 G の元を表わし，m,n は自然数を表わす．

乗法群	加群
n 個の元 a の積 $=a^n$	n 個の元 a の和 $=na$
$a^m a^n=a^{m+n}$	$ma+na=(m+n)a$
$(a^m)^n=a^{mn}$	$n(ma)=(nm)a$
$(a^n)^{-1}=a^{-n}$	$-na=(-n)a$
$a^0=1$	$0a=0$
$(a^{-1})^{-1}=a$	$-(-a)=a$
$(ab)^{-1}=b^{-1}a^{-1}$	$-(a+b)=(-a)+(-b)$
$(a^n)^{-1}=(a^{-1})^n$	$-na=n(-a)$

(いしたに　しげる)

1次独立・1次従属からランクまで

安藤　四郎

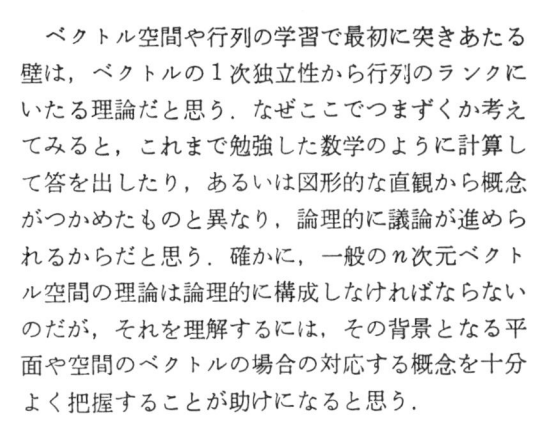

ベクトル空間や行列の学習で最初に突きあたる壁は，ベクトルの1次独立性から行列のランクにいたる理論だと思う．なぜここでつまずくか考えてみると，これまで勉強した数学のように計算して答を出したり，あるいは図形的な直観から概念がつかめたものと異なり，論理的に議論が進められるからだと思う．確かに，一般のn次元ベクトル空間の理論は論理的に構成しなければならないのだが，それを理解するには，その背景となる平面や空間のベクトルの場合の対応する概念を十分よく把握することが助けになると思う．

そこで，まず主として3次元空間についてこれらの概念をとらえ，その直観的イメージを頭に描きながら，一般の場合を考えることにしよう．厳密な議論は普通の教科書に書いてあるので，ここでは直観に訴えるような扱い方をするが，直観というのは人によって違うからかえってわかりにくい場合もあるかと思う．そういうときには，そこでつかえずに先に進んで，なるべく全体としてのイメージをつかんでもらいたい．その上であらためて厳密な証明を読み直す方が効果的だと思う．

1.　幾何ベクトルの1次結合

物理で扱う速度，加速度，力などの大きさと方向をもつ量は，図形的に矢印で表わされる．これが幾何ベクトルで，座標系をきめれば，成分を表わす数の組としても表わされる．長さ0の場合方向はないが，これを零ベクトルといい，$\mathbf{0}$で表わす．

平面または空間において，2つのベクトル$\boldsymbol{a}$, $\boldsymbol{b}$が与えられたとき，これらをそれぞれk倍，l倍して加えたベクトル$\boldsymbol{c}$は，

$$\boldsymbol{c}=k\boldsymbol{a}+l\boldsymbol{b} \qquad (1)$$

と表わされる．このとき，ベクトル$\boldsymbol{c}$はベクトル$\boldsymbol{a}$, $\boldsymbol{b}$の**1次結合**であるといわれる．$\boldsymbol{a}$, $\boldsymbol{b}$, $\boldsymbol{c}$を始点Oを共有するベクトル$\overrightarrow{\mathrm{OA}}$, $\overrightarrow{\mathrm{OB}}$, $\overrightarrow{\mathrm{OC}}$で表わしたとき，$\overrightarrow{\mathrm{OC}}$は$\overrightarrow{\mathrm{OA}}$, $\overrightarrow{\mathrm{OB}}$を含む平面に乗っている．このような3つのベクトル$\boldsymbol{a}$, $\boldsymbol{b}$, $\boldsymbol{c}$を**共面ベクトル**という．

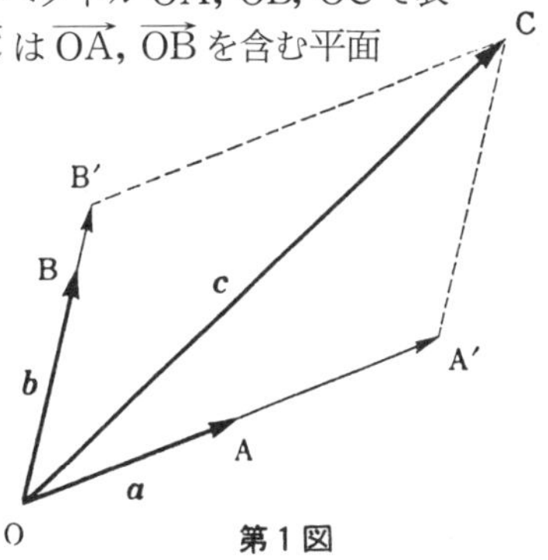

第1図

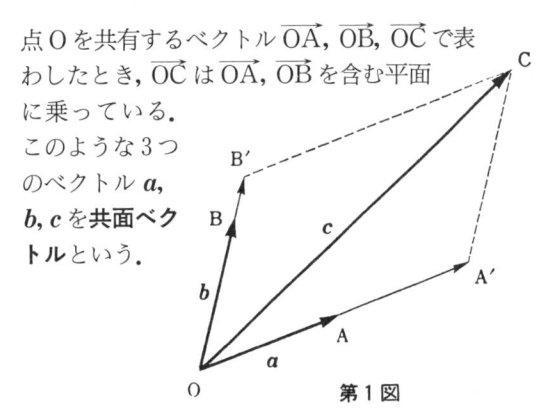

逆に，共面ベクトル$\boldsymbol{a}, \boldsymbol{b}, \boldsymbol{c}$が与えられたとき，これらをOを始点として表わしたベクトルを$\overrightarrow{\mathrm{OA}}, \overrightarrow{\mathrm{OB}}, \overrightarrow{\mathrm{OC}}$とすると，共面ベクトルの定義から，これらは同一平面上にある．いま，$\overrightarrow{\mathrm{OA}}, \overrightarrow{\mathrm{OB}}$は1直線上にないとして，Cを通ってOB, OAに平行線を引き，直線OA, OBとの交点をそれぞれA′, B′とする．ベクトル$\overrightarrow{\mathrm{OA'}}, \overrightarrow{\mathrm{OB'}}$はそれぞれベクトル$\overrightarrow{\mathrm{OA}}, \overrightarrow{\mathrm{OB}}$と同じ向き（または零ベクトル）だから，適当なスカラーk, lを用いると，それぞれ$k\overrightarrow{\mathrm{OA}}$, $l\overrightarrow{\mathrm{OB}}$となり，したがって，

$$\overrightarrow{\mathrm{OC}}=\overrightarrow{\mathrm{OA'}}+\overrightarrow{\mathrm{OB'}}=k\overrightarrow{\mathrm{OA}}+l\overrightarrow{\mathrm{OB}}$$

となり，(1)が成り立つ．

$\overrightarrow{\mathrm{OA}}, \overrightarrow{\mathrm{OB}}$が1直線上にあるときは，$\boldsymbol{b}$が零ベクトルでなければ，適当なスカラー$k$を用いて，

$$\boldsymbol{a}=k\boldsymbol{b}=k\boldsymbol{b}+0\boldsymbol{c}$$

となり，また，$\boldsymbol{b}$が零ベクトルならば

$$\boldsymbol{b}=\mathbf{0}=0\boldsymbol{a}+0\boldsymbol{c}$$

となるから，どの場合にも，$\boldsymbol{a}$または$\boldsymbol{b}$が残りの2つのベクトルの1次結合で表わされる．

3つのベクトルの場合について述べたが，4つ以上のベクトルの場合も，始点を同一にとったとき同一平面上にあれば共面ベクトルという．2つのベクトルの場合には，始点を同一にとればもち

ろん同一平面上にあるが，特に一直線上にあるとき**共線ベクトル**という．これは，どちらか一方が他のスカラー倍になることと同値である．

以上述べたことをまとめておこう．

命題　平面または空間の2つのベクトルが共線ベクトルであるための必要十分条件は，それらのどちらかが他のスカラー倍になることである．また，空間の3つのベクトルが共面ベクトルであるための必要十分条件は，それらのうちのどれか1つが，残りの2つのベクトルの1次結合となることである．

例1　$\boldsymbol{a}=\boldsymbol{i}-\boldsymbol{j}$，$\boldsymbol{b}=\boldsymbol{j}-\boldsymbol{k}$，$\boldsymbol{c}=-\boldsymbol{i}+\boldsymbol{k}$ とすれば，$\boldsymbol{c}=-\boldsymbol{a}-\boldsymbol{b}$ だから，これらは共面ベクトルである．

空間の2つのベクトル $\boldsymbol{a},\boldsymbol{b}$ が与えられたとき，これらの1次結合で表わされるベクトル全体の作る集合を考えてみよう．$\boldsymbol{a},\boldsymbol{b}$ が共に零ベクトルならば，この集合も零ベクトルだけしか含まない．$\boldsymbol{a}\neq\boldsymbol{0}$ のとき，$\boldsymbol{a},\boldsymbol{b}$ が共線ベクトルならば，$\boldsymbol{b}$ は $\boldsymbol{a}$ のスカラー倍となる．これを $\boldsymbol{b}=c\boldsymbol{a}$ と表わすと，$\boldsymbol{a},\boldsymbol{b}$ の1次結合として表わされる任意のベクトル $\boldsymbol{c}$ は，

$$\boldsymbol{c}=k\boldsymbol{a}+l\boldsymbol{b}=k\boldsymbol{a}+lc\boldsymbol{a}=(k+lc)\boldsymbol{a}$$

となり，$\boldsymbol{a}$ のスカラー倍だから，やはり $\boldsymbol{a}$ と共線である．そこで，この場合求める集合は $\boldsymbol{a}$ と共線なベクトル全体からなる．

$\boldsymbol{a}$ と $\boldsymbol{b}$ が共線ベクトルでないような一般の場合には，始点Oを共通にとると，$\boldsymbol{a},\boldsymbol{b}$ は1つの平面を定め，Oを始点としたときこの平面に含まれるベクトル全体が求める集合であった．このように，ベクトル $\boldsymbol{a},\boldsymbol{b}$ の1次結合として表わされるベクトル全体の集合を，$\boldsymbol{a}$，$\boldsymbol{b}$ の**張る部分空間**といい，$[\boldsymbol{a},\ \boldsymbol{b}]$ で表わす．

3つ以上のベクトルについても，それらのスカラー倍の和を**1次結合**といい，1次結合として表わされるベクトル全体の集合を，それらのベクトルの**張る部分空間**，または**生成する部分空間**という．たとえば，3つのベクトル $\boldsymbol{a}$，$\boldsymbol{b}$，$\boldsymbol{c}$ の張る空間は，

$$[\boldsymbol{a},\ \boldsymbol{b},\ \boldsymbol{c}]=\{k\boldsymbol{a}+l\boldsymbol{b}+m\boldsymbol{c}\mid k,\ l,\ m\ \text{はスカラー}\}$$

である．

2.　1次独立と1次従属

3つのベクトル $\boldsymbol{a},\boldsymbol{b},\boldsymbol{c}$ が**1次従属**であるというのは，上に述べた命題の条件が成り立つとき，すなわち，これらのうちどれか1つが残りの2つのベクトルの1次結合として表わされるとき，言いかえれば，これらが共面ベクトルのときである．1次従属でないとき，これらは**1次独立**であるという．

例2　3つのベクトル

$$\boldsymbol{e}_1=(1,0,0),\ \boldsymbol{e}_2=(0,1,0),\ \boldsymbol{e}_3=(0,0,1)$$

は1次独立である．たとえば，$\boldsymbol{e}_1$ が残りの1次結合で

$$\boldsymbol{e}_1=k\boldsymbol{e}_2+l\boldsymbol{e}_3$$

と書けたとすると，成分で表わせば，

$$(1,0,0)=(0,k,l)$$

となり，ベクトルが等しいための条件は対応成分がすべて等しいことだから，第1成分をとれば $1=0$ となってしまう．$\boldsymbol{e}_2$ や $\boldsymbol{e}_3$ が他のものの1次結合になったとしても同様であるから，$\boldsymbol{e}_1,\boldsymbol{e}_2,\boldsymbol{e}_3$ は1次独立である．

ところで，1次従属ということを，このように「どれか1つが他の1次結合になること」と定義し，「そうでないとき1次独立」とすると，1次独立なことを証明するためにはいつも背理法を使い，しかも，上の例のように，「$\boldsymbol{e}_2$ や $\boldsymbol{e}_3$ が他の2つの1次結合になるときも同様であるから」などといちいち考えなければならないのでわずらわしい．そこで，上の定義をもっとすっきりしたものに書きかえてみよう．

3つのベクトル $\boldsymbol{a},\boldsymbol{b},\boldsymbol{c}$ が1次従属であるというのは，

$$\left.\begin{array}{rl} & \boldsymbol{a}=k_1\boldsymbol{b}+l_1\boldsymbol{c} \\ \text{または} & \boldsymbol{b}=k_2\boldsymbol{a}+l_2\boldsymbol{c} \\ \text{または} & \boldsymbol{c}=k_3\boldsymbol{a}+l_3\boldsymbol{b} \end{array}\right\} \qquad (2)$$

ということだから，左辺へ移項すれば，どの式も

$$\alpha\boldsymbol{a}+\beta\boldsymbol{b}+\gamma\boldsymbol{c}=\boldsymbol{0} \qquad (3)$$

の形になる．ここで，(2) の3つの式に対応して，それぞれスカラー α,β,γ が1となるから，(3) は自明な式ではない．($\alpha=\beta=\gamma=0$ ならば，$\boldsymbol{a},\boldsymbol{b},\boldsymbol{c}$ がどんなベクトルでも (3) が成り立つから，このとき，(3) を**自明な式**，$\alpha=\beta=\gamma=0$ を (3) の**自明な解**と呼ぶことにする．)

逆に，(3) が自明でない解 α,β,γ をもったとすると，α,β,γ のうち少なくとも1つは0でないから，たとえば，$\alpha\neq0$ とすると，(3) から

$$\boldsymbol{a}=-\frac{\beta}{\alpha}\boldsymbol{b}-\frac{\gamma}{\alpha}\boldsymbol{c}$$

が得られる．これは，(2) の第1式の形をしている．また，$\alpha=0$ のときは $\beta\neq0$ または $\gamma\neq0$ であるから，それぞれ (2) の第2式または第3式の形となる．よって，(2) が成り立つことは，(3) が自明でない解をもつことと同値であることがわかった．このことを使うと，1次従属の定義を次のように書きかえることができる．

「(3) が自明でない解 α,β,γ をもつとき，ベクトル $\boldsymbol{a},\boldsymbol{b},\boldsymbol{c}$ は1次従属であるという．」

この定義から，1次独立の直接の定義が得られる．1次従属というのが (3) が自明でない解をもつことだから，その否定である1次独立は，(3) の解は自明な解だけということになる．すなわち，

「3つのベクトル $\boldsymbol{a},\boldsymbol{b},\boldsymbol{c}$ が1次独立であるというのは，

$$\alpha\boldsymbol{a}+\beta\boldsymbol{b}+\gamma\boldsymbol{c}=\boldsymbol{0}$$

ならば，

$$\alpha=\beta=\gamma=0$$

となることである．」

前にあげた例2にこの定義を適用してみよう．

$$\alpha\boldsymbol{e}_1+\beta\boldsymbol{e}_2+\gamma\boldsymbol{e}_3=\boldsymbol{0}$$

とすると，成分で書けば，

$$(\alpha,\beta,\gamma)=(0,0,0)$$

よって，$\alpha=\beta=\gamma=0$ となり，$\boldsymbol{e}_1,\boldsymbol{e}_2,\boldsymbol{e}_3$ が1次独立であることがわかる．

この証明と前の例2の証明とを比べてみれば，今度の定義の方が前のものより使いやすいことがわかると思う．

ベクトルの個数が3個でなく任意の個数のときにも，同様にして1次独立，1次従属の概念を導入することができる．すなわち，

「n 個のベクトル $\boldsymbol{a}_1,\boldsymbol{a}_2,\cdots,\boldsymbol{a}_n$ に対して，スカラー $\alpha_1,\alpha_2,\cdots,\alpha_n$ を適当にとると，自明でない関係

$$\alpha_1\boldsymbol{a}_1+\alpha_2\boldsymbol{a}_2+\cdots+\alpha_n\boldsymbol{a}_n=\boldsymbol{0} \qquad (4)$$

が成り立つとき ($\alpha_1,\alpha_2,\cdots,\alpha_n$ のうち少なくとも1つは0でない)，$\boldsymbol{a}_1,\boldsymbol{a}_2,\cdots,\boldsymbol{a}_n$ は**1次従属**であるといい，そうでないとき，つまり，(4) が成り立てば必ず $\alpha_1=\alpha_2=\cdots=\alpha_n=0$ となるとき，$\boldsymbol{a}_1,\boldsymbol{a}_2,\cdots,\boldsymbol{a}_n$ は**1次独立**であるという．」

この場合にも，$\boldsymbol{a}_1,\boldsymbol{a}_2,\cdots,\boldsymbol{a}_n$ が1次従属というのは，それらのうちのどれかが残りのものの1次結合になることと同値であることが，前と同様にしてわかる．実際には，後で示すように，空間の幾何ベクトルで1次独立なものは3つまでしかとれないが，この定義はもっと拡張されたベクトルの場合にもあてはまり，そのときは1次独立なものが沢山とれる場合もある．

例3　$n=2$ のとき，$\boldsymbol{a}$ と $\boldsymbol{b}$ が1次従属というのは，これらが共線ベクトルであること，したがって，どちらかが他のスカラー倍になることである．

3.　1次独立性と次元

空間のベクトルの集合 $M=\{\boldsymbol{a}_1,\boldsymbol{a}_2,\cdots,\boldsymbol{a}_n\}$ を考え，これらが張る空間を $S=[\boldsymbol{a}_1,\boldsymbol{a}_2,\cdots,\boldsymbol{a}_n]$ で表わす．このとき，S のベクトルの任意の1次結合はやはり S に属している．このようなものを**部分ベクトル空間**という．

M のベクトルが零ベクトル $\boldsymbol{0}$ だけならば，S のベクトルも $\boldsymbol{0}$ だけである．次に，M が $\boldsymbol{0}$ でないベクトルを含み，M のどの2つのベクトルも1次従属であるとする．どれが $\boldsymbol{0}$ でない場合も同じだから，簡単のため $\boldsymbol{a}_1\neq\boldsymbol{0}$ とすると，残りのベクトルはそのスカラー倍になる（例3）から，

$$\boldsymbol{a}_i=c_i\boldsymbol{a}_1 \quad (i=2,\cdots,n)$$

となる．S の任意のベクトルはそれらの1次結合だから，

$$\begin{aligned}\boldsymbol{a}&=\alpha_1\boldsymbol{a}_1+\alpha_2\boldsymbol{a}_2+\cdots+\alpha_n\boldsymbol{a}_n\\&=(\alpha_1+\alpha_2c_2+\cdots+\alpha_nc_n)\boldsymbol{a}_1\end{aligned}$$

となり，$\boldsymbol{a}_1$ のスカラー倍で表わされる．よって，S の元はすべて共線となる．このとき，部分ベクトル空間 S は1次元であるという．

M が1次独立な2つのベクトル（これを $\boldsymbol{a}_1,\boldsymbol{a}_2$ とする）を含み，任意の3つのベクトルは1次従属であるとする．M の残りのベクトルの1つを $\boldsymbol{a}_i$ とすると，$\boldsymbol{a}_1,\boldsymbol{a}_2,\boldsymbol{a}_i$ は1次従属だから

$$a\boldsymbol{a}_1+b\boldsymbol{a}_2+c\boldsymbol{a}_i=\boldsymbol{0}$$

という自明でない関係が成り立つ．このとき，$c=0$ ならば自明でない関係 $a\boldsymbol{a}_1+b\boldsymbol{a}_2=\boldsymbol{0}$ となり，$\boldsymbol{a}_1,\boldsymbol{a}_2$ が1次独立なことに反するから，$c\neq0$．よって，$\boldsymbol{a}_i$ について解いて，$\dfrac{a}{c}=k_i$，$\dfrac{b}{c}=l_i$ とすると，

$$\boldsymbol{a}_i=k_i\boldsymbol{a}_1+l_i\boldsymbol{a}_2$$

と表わされる．S の任意のベクトル $\boldsymbol{a}$ は，

$$\begin{aligned}\boldsymbol{a}&=\alpha_1\boldsymbol{a}_1+\alpha_2\boldsymbol{a}_2+\alpha_3\boldsymbol{a}_3+\cdots+\alpha_n\boldsymbol{a}_n\\&=(\alpha_1+\alpha_3k_3+\cdots+\alpha_nk_n)\boldsymbol{a}_1\\&\quad+(\alpha_2+\alpha_3l_3+\cdots+\alpha_nl_n)\boldsymbol{a}_2\end{aligned}$$

となり，$\boldsymbol{a}_1,\boldsymbol{a}_2$ の1次結合で表わされる．したがって，S のベクトルはすべて共面となる．このとき S は2次元であるという．最後に，M が1次独立な3つのベクトルを含むとする．$\boldsymbol{a}_1,\boldsymbol{a}_2,\boldsymbol{a}_3$ が1次独立とすると，これらは共面でないから，空間の任意のベクトルはこれらの1次結合で表わされ（第2図），S は空間ベクトル全体の集合（これを V_3 で表わす）になる．このとき，S は3次元であるという．

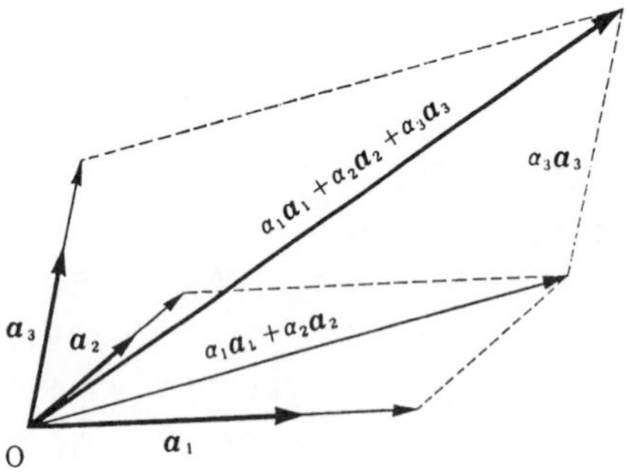

第2図

S の次元を $\dim S$ で表わす．

いくつかのベクトルをとったとき，そのうちの一部分が1次従属になっていれば，全体が1次従属になっている．たとえば，$\boldsymbol{a}_1,\boldsymbol{a}_2,\boldsymbol{a}_3$ のうち $\boldsymbol{a}_1$ と $\boldsymbol{a}_2$ が1次従属ならば，自明でない関係

$$\alpha_1\boldsymbol{a}_1+\alpha_2\boldsymbol{a}_2=\boldsymbol{0}$$

が成り立つから，$\alpha_3=0$ とすれば

$$\alpha_1\boldsymbol{a}_1+\alpha_2\boldsymbol{a}_2+\alpha_3\boldsymbol{a}_3=\boldsymbol{0}$$

となるが，α_1,α_2 のどちらかは0でないから，これは自明でない関係を与える．このことから，M のベクトルから n 個をとり出すとき，どの n 個をとっても1次従属になるならば，n 個以上とったものはすべて1次従属になることがわかる．

Sが3次元のとき，Mの任意の4個のベクトル（簡単のため $\boldsymbol{a}_1,\boldsymbol{a}_2,\boldsymbol{a}_3,\boldsymbol{a}_4$ とする）をとると，これらは1次従属となる．実際，$\boldsymbol{a}_1,\boldsymbol{a}_2,\boldsymbol{a}_3$ が1次従属ならば，いま述べたことから $\boldsymbol{a}_1,\boldsymbol{a}_2,\boldsymbol{a}_3,\boldsymbol{a}_4$ も1次従属となるし，$\boldsymbol{a}_1,\boldsymbol{a}_2,\boldsymbol{a}_3$ が1次独立ならば，これらの張る空間が V_3 に一致し，それに含まれる $\boldsymbol{a}_4$ は $\boldsymbol{a}_1,\boldsymbol{a}_2,\boldsymbol{a}_3$ の1次結合で表わされるから，$\boldsymbol{a}_1,\boldsymbol{a}_2,\boldsymbol{a}_3,\boldsymbol{a}_4$ は1次従属となる．

よって，上に定めた S の**次元**は，M のベクトルのうちで1次独立なものの最大個数に等しい．

ところが，この値はさらに，Mのベクトルの1次結合であるSのベクトルのうち1次独立なものの最大個数にもなっている．たとえば，S が V_3 のとき，これから任意にとった4つのベクトルについては，上と全く同様な議論により，これらが1次従属なことがわかる．（一般の 場合については後で述べる．）以上をまとめると，

$$\begin{aligned}\dim S&=[S\text{ の1次独立なベクトルの最大個数}]\\&=[M\text{ の1次独立なベクトルの最大個数}]\end{aligned}$$

となる．

4. 空間ベクトルの1次独立性の判定

空間における3つのベクトル

$$\boldsymbol{a}=(a_1,a_2,a_3),\quad \boldsymbol{b}=(b_1,b_2,b_3),\quad \boldsymbol{c}=(c_1,c_2,c_3)$$

が与えられたとき，これらが1次独立か1次従属かは，行列式を用いて簡単に判定できる．

これらが1次従属であるとは，自明でない関係

$$\alpha\boldsymbol{a}+\beta\boldsymbol{b}+\gamma\boldsymbol{c}=\boldsymbol{0}$$

が成り立つことだったから，成分で書けば，連立方程式

$$\begin{cases}\alpha a_1+\beta a_2+\gamma a_3=0\\\alpha b_1+\beta b_2+\gamma b_3=0\\\alpha c_1+\beta c_2+\gamma c_3=0\end{cases}$$

が，自明でない解 α,β,γ をもつことと同値である．ところが，行列式の理論から，このための必要十分条件は，係数の行列式

$$\varDelta=\begin{vmatrix}a_1&a_2&a_3\\b_1&b_2&b_3\\c_1&c_2&c_3\end{vmatrix}=\begin{aligned}&a_1b_2c_3+a_2b_3c_1+a_3b_1c_2\\&-a_2b_1c_3-a_1b_3c_2-a_3b_2c_1\end{aligned}\qquad(5)$$

が0となることであったから（証明は行列式の本を参照されたい），次の命題が成り立つ．

命題　3つのベクトル

$$\boldsymbol{a}=(a_1,a_2,a_3),\quad \boldsymbol{b}=(b_1,b_2,b_3),\quad \boldsymbol{c}=(c_1,c_2,c_3)$$

が1次従属になるための必要十分条件は，これらの成分の作る行列式

$$\varDelta=\begin{vmatrix}a_1&a_2&a_3\\b_1&b_2&b_3\\c_1&c_2&c_3\end{vmatrix}=0$$

となることである．

対偶をとれば，次が成り立つ．

3つの ベクトル $\boldsymbol{a},\boldsymbol{b},\boldsymbol{c}$ が1次独立に なるため

の必要十分条件は $\varDelta \neq 0$ となることである．

図形的には，行列式 $\varDelta$ は，ベクトル $\boldsymbol{a},\boldsymbol{b},\boldsymbol{c}$ を同じ点Oを始点にとったとき，これらを3辺とする直方体の，符号をもった体積（$\boldsymbol{a},\boldsymbol{b},\boldsymbol{c}$ が右手系のときは＋，左手系のときは－）を表わす．したがって，$\varDelta=0$ のときは直方体がつぶれて $\boldsymbol{a},\boldsymbol{b},\boldsymbol{c}$ は共面となり，$\varDelta \neq 0$ のときは本当に直方体となるから，$\boldsymbol{a},\boldsymbol{b},\boldsymbol{c}$ は共面でなく，1次独立となる．

5. 4次元以上の数ベクトル

これまでの話は，すべて平面または空間のベクトルについてであったから，幾何学的な直観にたよったところもあった．しかし，ベクトルは平面や空間で矢印の図形で表わされるものだけでなく，もっと広い範囲に応用される．

たとえば，ある3元の連立1次方程式の解が

$$x=2,\ y=5,\ z=-1$$

となったとき，これらを成分にもつベクトル

$$\boldsymbol{x}=(2,5,-1)$$

の形で解を表わすことができる．

こんな使い方をするのには，ベクトルを3次元以下に限っておいたのでは都合が悪い．そこで，4次元以上のベクトルを考えることにする．簡単のため4次元の場合について話を進めるが，もっと次元の高い場合も原理は同じである．2次元，3次元のベクトルのときは，幾何学的に与えられたものを後から成分で表わしたが，ここではそういう直観がきかないから，初めから4個の実数の組

$$\boldsymbol{a}=(a_1,a_2,a_3,a_4)$$

を考え，これをベクトルと呼ぶことにする．a_1, a_2,a_3,a_4 を $\boldsymbol{a}$ の**成分**という．これら全体の集合を**4次元ベクトル空間**といい，V_4 で表わす．これらのベクトルを，いままでの幾何学的なベクトルと区別して，**数ベクトル**ということがある．V_4 のもう1つのベクトルを

$$\boldsymbol{b}=(b_1,b_2,b_3,b_4)$$

とするとき，$\boldsymbol{a}$ と $\boldsymbol{b}$ が等しいというのは，対応する成分がたがいに等しいことであると定義する．すなわち，

$$\boldsymbol{a}=\boldsymbol{b} \Leftrightarrow a_1=b_1,\ a_2=b_2,\ a_3=b_3,\ a_4=b_4$$

（$\Leftrightarrow$ は，この記号の両側の式が同値であることを示す．）

また，V_4 のベクトルのスカラー倍や和を，それぞれ

$$\alpha\boldsymbol{a}=(\alpha a_1,\alpha a_2,\alpha a_3,\alpha a_4)$$
$$\boldsymbol{a}+\boldsymbol{b}=(a_1+b_1,\ a_2+b_2,\ a_3+b_3,\ a_4+b_4)$$

によって定義する．こうすると，V_4 のベクトルについて，いままでの2,3次元のベクトルと全く同様な性質が成り立つ．

V_4 のベクトルについても，1次結合，1次独立，1次従属，ベクトルの張る部分空間等は前と同様に定義される．

$$\boldsymbol{e}_1=(1,0,0,0),\ \boldsymbol{e}_2=(0,1,0,0)$$
$$\boldsymbol{e}_3=(0,0,1,0),\ \boldsymbol{e}_4=(0,0,0,1) \tag{6}$$

とおくと，これらの1次結合

$$\alpha_1\boldsymbol{e}_1+\alpha_2\boldsymbol{e}_2+\alpha_3\boldsymbol{e}_3+\alpha_4\boldsymbol{e}_4=(\alpha_1,\alpha_2,\alpha_3,\alpha_4)$$

が $\boldsymbol{0}$ になるのは，すべての成分が0，すなわち，

$$\alpha_1=\alpha_2=\alpha_3=\alpha_4=0$$

のときに限るから，(6) のベクトルは1次独立である．V_4 の任意のベクトル $\boldsymbol{a}=(a_1,a_2,a_3,a_4)$ は，これらの1次結合として，

$$\boldsymbol{a}=a_1\boldsymbol{e}_1+a_2\boldsymbol{e}_2+a_3\boldsymbol{e}_3+a_4\boldsymbol{e}_4$$

と表わされる．したがって，V_4 は1次独立な4つのベクトル $\boldsymbol{e}_1,\boldsymbol{e}_2,\boldsymbol{e}_3,\boldsymbol{e}_4$ で張られる．

一般に，ベクトル空間の**次元**を，その中で1次独立なベクトルが何個とれるかという最大個数として定義すると，V_4 はこの意味で4次元になっていることを示そう．V_4 で，1次独立な4つのベクトル $\boldsymbol{e}_1,\boldsymbol{e}_2,\boldsymbol{e}_3,\boldsymbol{e}_4$ がとれるから，V_4 からとった任意の5つのベクトル $\boldsymbol{a},\boldsymbol{b},\boldsymbol{c},\boldsymbol{d},\boldsymbol{e}$ が1次従属になることをいえばよい．そのとき，それより多い数のベクトルはもちろん1次従属であることは，前と同様である．$\boldsymbol{a},\boldsymbol{b},\boldsymbol{c},\boldsymbol{d}$ が1次従属ならば全体も1次従属となるから，これらは1次独立であるとし，その成分表示を

$$\boldsymbol{a}=(a_1,a_2,a_3,a_4),\ \boldsymbol{b}=(b_1,b_2,b_3,b_4)$$
$$\boldsymbol{c}=(c_1,c_2,c_3,c_4),\quad \boldsymbol{d}=(d_1,d_2,d_3,d_4)$$

とする．3つの3次元ベクトルの1次独立性の判定条件と同様にして，これらが1次独立なことから，

$$\varDelta=\begin{vmatrix} a_1 & a_2 & a_3 & a_4 \\ b_1 & b_2 & b_3 & b_4 \\ c_1 & c_2 & c_3 & c_4 \\ d_1 & d_2 & d_3 & d_4 \end{vmatrix} \neq 0$$

したがって，ベクトル $\boldsymbol{e}$ の成分表示を $\boldsymbol{e}=(e_1,e_2,e_3,e_4)$ とすると，$\alpha,\beta,\gamma,\delta$ に関する連立方程式

$$\begin{cases}\alpha a_1+\beta b_1+\gamma c_1+\delta d_1=e_1\\ \alpha a_2+\beta b_2+\gamma c_2+\delta d_2=e_2\\ \alpha a_3+\beta b_3+\gamma c_3+\delta d_3=e_3\\ \alpha a_4+\beta b_4+\gamma c_4+\delta d_4=e_4\end{cases}$$

をクラメルの公式で解けば，これをみたす $\alpha,\beta,\gamma,\delta$ が求められる．この関係をベクトルで書けば，

$$\alpha\boldsymbol{a}+\beta\boldsymbol{b}+\gamma\boldsymbol{c}+\delta\boldsymbol{d}=\boldsymbol{e}$$

となり，$\boldsymbol{a},\boldsymbol{b},\boldsymbol{c},\boldsymbol{d},\boldsymbol{e}$ が1次従属であることが証明された．

同様にして，一般のベクトル空間で，1次独立な n 個のベクトル $\boldsymbol{a}_1,\boldsymbol{a}_2,\cdots,\boldsymbol{a}_n$ の張る部分空間 S は，n 次元であることがわかる．この場合，上の証明の成分の代わりに，S の元 $\boldsymbol{a}$ を $\boldsymbol{a}_1,\boldsymbol{a}_2,\cdots,\boldsymbol{a}_n$ の1次結合として表わすときの係数 $\alpha_1,\alpha_2,\cdots,\alpha_n$ を用いればよい（張る空間の定義から $\boldsymbol{a}=\alpha_1\boldsymbol{a}_1+\alpha_2\boldsymbol{a}_2+\cdots+\alpha_n\boldsymbol{a}_n$ とかける）．このような $\boldsymbol{a}_1,\boldsymbol{a}_2,\cdots,\boldsymbol{a}_n$ を S の**基底**という．

6. ベクトル空間の1次変換

空間における xy 平面に関する対称移動で，点 $\mathrm{P}(x,y,z)$ が点 $\mathrm{P}'(x',y',z')$ に移ったとすると，座標の間に，

$$x'=x,\ \ y'=y,\ \ z'=-z$$

の関係がある．これを行列で表わせば，

$$\begin{pmatrix}x'\\y'\\z'\end{pmatrix}=\begin{pmatrix}1&0&0\\0&1&0\\0&0&-1\end{pmatrix}\begin{pmatrix}x\\y\\z\end{pmatrix}$$

となる．これは，点 P,P' に対応する位置ベクトルの間の対応とも考えられる．

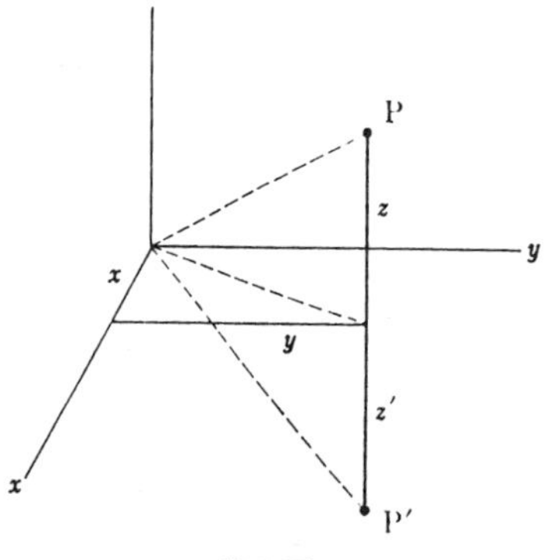

第3図

一般に，V_3 のベクトル (x,y,z) に，ベクトル (x',y',z') を対応させる変換で，成分の間の関係が，1次の同次式

$$\begin{cases}x'=a_{11}x+a_{12}y+a_{13}z\\ y'=a_{21}x+a_{22}y+a_{23}z\\ z'=a_{31}x+a_{32}y+a_{33}z\end{cases}$$

で与えられるものを**1次変換**という．この関係を行列で表わせば，

$$\begin{pmatrix}x'\\y'\\z'\end{pmatrix}=\begin{pmatrix}a_{11}&a_{12}&a_{13}\\a_{21}&a_{22}&a_{23}\\a_{31}&a_{32}&a_{33}\end{pmatrix}\begin{pmatrix}x\\y\\z\end{pmatrix} \tag{7}$$

となる．ここで，簡単のため，

$$\boldsymbol{x}'=\begin{pmatrix}x'\\y'\\z'\end{pmatrix},\ \ \boldsymbol{x}=\begin{pmatrix}x\\y\\z\end{pmatrix},\ \ A=\begin{pmatrix}a_{11}&a_{12}&a_{13}\\a_{21}&a_{22}&a_{23}\\a_{31}&a_{32}&a_{33}\end{pmatrix} \tag{8}$$

とおけば，(7) は

$$\boldsymbol{x}'=A\boldsymbol{x} \tag{9}$$

となる．ベクトルを，この $\boldsymbol{x},\boldsymbol{x}'$ のように3行1列の行列で表わしたものを，3次元の**縦ベクトル**という．

1次変換 (9) で，ベクトル $\boldsymbol{x}_1,\boldsymbol{x}_2$ に対応するベクトルをそれぞれ $\boldsymbol{x}_1',\boldsymbol{x}_2'$ とすると，ベクトル $k\boldsymbol{x}_1$，$\boldsymbol{x}_1+\boldsymbol{x}_2$ に対応するベクトルは，

$$\begin{cases}A(k\boldsymbol{x}_1)=kA\boldsymbol{x}_1=k\boldsymbol{x}_1'\\ A(\boldsymbol{x}_1+\boldsymbol{x}_2)=A\boldsymbol{x}_1+A\boldsymbol{x}_2=\boldsymbol{x}_1'+\boldsymbol{x}_2'\end{cases} \tag{10}$$

になる．この性質を**線形性**という．1次変換は線形性をもつので，**線形変換**とも呼ばれる．

(10) を繰り返し用いると，行列 A に対応する1次変換（以後簡単に1次変換 A という）でベクトル $\boldsymbol{x}_i$ $(i=1,2,\cdots,n)$ に $\boldsymbol{x}_i'$ が対応するとき，これらの1次結合には，

$$\begin{aligned}&A(k_1\boldsymbol{x}_1+k_2\boldsymbol{x}_2+\cdots+k_n\boldsymbol{x}_n)\\ &=k_1A\boldsymbol{x}_1+k_2A\boldsymbol{x}_2+\cdots+k_nA\boldsymbol{x}_n\\ &=k_1\boldsymbol{x}_1'+k_2\boldsymbol{x}_2'+\cdots+k_n\boldsymbol{x}_n'\end{aligned} \tag{11}$$

が対応する．逆に，(10) は (11) の特別な場合だから，線形性は (11) と同値である．

空間の任意のベクトル $\boldsymbol{x}$ は，基底

$$\boldsymbol{e}_1=\begin{pmatrix}1\\0\\0\end{pmatrix},\ \ \boldsymbol{e}_2=\begin{pmatrix}0\\1\\0\end{pmatrix},\ \ \boldsymbol{e}_3=\begin{pmatrix}0\\0\\1\end{pmatrix}$$

を用いて，

$$\boldsymbol{x}=x\boldsymbol{e}_1+y\boldsymbol{e}_2+z\boldsymbol{e}_3$$

と表わされるから，1次変換 A でこれに対応するベクトル $\boldsymbol{x}'$ は，基底 $\boldsymbol{e}_1,\boldsymbol{e}_2,\boldsymbol{e}_3$ の行き先

$$\boldsymbol{a}_1=A\boldsymbol{e}_1,\ \ \boldsymbol{a}_2=A\boldsymbol{e}_2,\ \ \boldsymbol{a}_3=A\boldsymbol{e}_3$$

がきまれば，

$$x' = Ax = x\boldsymbol{a}_1 + y\boldsymbol{a}_2 + z\boldsymbol{a}_3 \qquad (12)$$

で与えられ，完全にきまってしまう．$\boldsymbol{a}_1, \boldsymbol{a}_2, \boldsymbol{a}_3$ は，実際に行列の乗法を行うことにより，

$$\boldsymbol{a}_1 = A\boldsymbol{e}_1 = \begin{pmatrix} a_{11} & a_{12} & a_{13} \\ a_{21} & a_{22} & a_{23} \\ a_{31} & a_{32} & a_{33} \end{pmatrix}\begin{pmatrix} 1 \\ 0 \\ 0 \end{pmatrix} = \begin{pmatrix} a_{11} \\ a_{21} \\ a_{31} \end{pmatrix}$$

$$\boldsymbol{a}_2 = A\boldsymbol{e}_2 = \begin{pmatrix} a_{12} \\ a_{22} \\ a_{32} \end{pmatrix}, \quad \boldsymbol{a}_3 = A\boldsymbol{e}_3 = \begin{pmatrix} a_{13} \\ a_{23} \\ a_{33} \end{pmatrix}$$

となり，それぞれ，行列Aの第1列，第2列，第3列の列ベクトルであることがわかる．

このことを用いると，1次変換を表わす行列を簡単に求めることができる．たとえば，z軸のまわりの角θの回転では，$\boldsymbol{e}_1, \boldsymbol{e}_2$はそれぞれ

$$\begin{pmatrix} \cos\theta \\ \sin\theta \\ 0 \end{pmatrix}, \quad \begin{pmatrix} -\sin\theta \\ \cos\theta \\ 0 \end{pmatrix}$$

に移り，$\boldsymbol{e}_3$は不変だから，対応する行列は

$$\begin{pmatrix} \cos\theta & -\sin\theta & 0 \\ \sin\theta & \cos\theta & 0 \\ 0 & 0 & 1 \end{pmatrix}$$

となる．

$\boldsymbol{e}_1, \boldsymbol{e}_2, \boldsymbol{e}_3$ を3辺とする体積1の立方体は，1次変換Aで，$\boldsymbol{a}_1, \boldsymbol{a}_2, \boldsymbol{a}_3$ を3辺とする平行6面体に移る．この平行6面体の体積は行列式

$$|A| = \begin{vmatrix} a_{11} & a_{12} & a_{13} \\ a_{21} & a_{22} & a_{23} \\ a_{31} & a_{32} & a_{33} \end{vmatrix}$$

で与えられ，1次変換による体積の拡大率（または縮小率）はどの点でも一様であるから，1次変換Aによる体積の拡大率は行列式$|A|$で与えられる．右手系の3つのベクトルは，1次変換Aで，$|A|$が正のときは右手系に移り，$|A|$が負のときは左手系に移る．

7. 行列の列ランクと連立1次方程式

Aを3次元ベクトル空間V_3における1次変換とする．$\boldsymbol{x}$がV_3の全体を動くとき，$A\boldsymbol{x}$全体の集合をAの**像空間**という．(12)により，これは行列Aの3個の列ベクトル$\boldsymbol{a}_1, \boldsymbol{a}_2, \boldsymbol{a}_3$の張る空間 $S=[\boldsymbol{a}_1, \boldsymbol{a}_2, \boldsymbol{a}_3]$となる．$\boldsymbol{a}_1, \boldsymbol{a}_2, \boldsymbol{a}_3$が1次独立のとき，$S$は3次元で，$V_3$全体となる．これらが1次従属のとき，これらのうち1次独立なものの最大数が，Aの像空間Sの次元に等しい．

任意の行列について，その列ベクトルのうち1次独立なものの最大数をその行列の**列ランク**という．この言葉を用いていままで述べたことをまとめると，

Aの列ランク
=列ベクトルのうち1次独立なものの最大数
=列ベクトルの張る空間の次元
=Aの像空間の次元

となる．

例4
$$A_1 = \frac{1}{3}\begin{pmatrix} 2 & -1 & -1 \\ -1 & 2 & -1 \\ -1 & -1 & 2 \end{pmatrix}$$

は平面 $x+y+z=0$ 上への正射影を表わし，列ランクは2である．実際この平面上のベクトル$\boldsymbol{x}$に対して(7)の記号を用いて計算すると，

$$x' = \frac{1}{3}(2x-y-z) = x - \frac{1}{3}(x+y+z) = x$$

となり，y, z 成分も同様に変わらないから，この平面上のベクトルはA_1で変わらない．また，これに垂直なベクトル (1,1,1) を$\boldsymbol{0}$に移すから，この平面への正射影であることがわかる．また，

$$A_2 = \begin{pmatrix} 1 & 1 & 1 \\ 1 & 1 & 1 \\ 1 & 1 & 1 \end{pmatrix}$$

は，任意の$\boldsymbol{x}$をすべての成分が$x+y+z$である(1, 1, 1)方向のベクトルに移す写像で，列ランクは1である．

ところで，3元1次連立方程式

$$\begin{cases} a_{11}x + a_{12}y + a_{13}z = b_1 \\ a_{21}x + a_{22}y + a_{23}z = b_2 \\ a_{31}x + a_{32}y + a_{33}z = b_3 \end{cases} \qquad (13)$$

を行列で表わすと，

$$\begin{pmatrix} a_{11} & a_{12} & a_{13} \\ a_{21} & a_{22} & a_{23} \\ a_{31} & a_{32} & a_{33} \end{pmatrix}\begin{pmatrix} x \\ y \\ z \end{pmatrix} = \begin{pmatrix} b_1 \\ b_2 \\ b_3 \end{pmatrix} \qquad (14)$$

となるから，右辺を$\boldsymbol{b}$で表わし，(8)の記号を用いると，

$$A\boldsymbol{x} = \boldsymbol{b}$$

となる．(14)はまた，

$$x\begin{pmatrix} a_{11} \\ a_{21} \\ a_{31} \end{pmatrix} + y\begin{pmatrix} a_{12} \\ a_{22} \\ a_{32} \end{pmatrix} + z\begin{pmatrix} a_{13} \\ a_{23} \\ a_{33} \end{pmatrix} = \begin{pmatrix} b_1 \\ b_2 \\ b_3 \end{pmatrix}$$

と表わされるから，Aの列ベクトルを$\boldsymbol{a}_1, \boldsymbol{a}_2, \boldsymbol{a}_3$とすると，

$$x\boldsymbol{a}_1+y\boldsymbol{a}_2+z\boldsymbol{a}_3=\boldsymbol{b} \qquad (15)$$

となる．したがって，連立1次方程式(13)を解くことは，与えられたベクトル$\boldsymbol{b}$を，$\boldsymbol{a}_1,\boldsymbol{a}_2,\boldsymbol{a}_3$の1次結合として表わすことにあたる．

$|A|\neq0$ のときには，$\boldsymbol{a}_1,\boldsymbol{a}_2,\boldsymbol{a}_3$ は1次独立となるから，これらの張る空間はV_3となり，V_3の任意のベクトルが(15)の左辺の形に表わされる．よって，この場合，任意のベクトル$\boldsymbol{b}$に対して(15)が解をもつ．もし2組の解(x_1,y_1,z_1)，(x_2,y_2,z_2)があったとすると，

$$x_1\boldsymbol{a}_1+y_1\boldsymbol{a}_2+z_1\boldsymbol{a}_3=\boldsymbol{b}$$
$$x_2\boldsymbol{a}_1+y_2\boldsymbol{a}_2+z_2\boldsymbol{a}_3=\boldsymbol{b}$$

となり，これらの差をとると，

$$(x_1-x_2)\boldsymbol{a}_1+(y_1-y_2)\boldsymbol{a}_2+(z_1-z_2)\boldsymbol{a}_3=\boldsymbol{0}$$

ここで，$\boldsymbol{a}_1,\boldsymbol{a}_2,\boldsymbol{a}_3$が1次独立だから左辺の係数はすべて0でなければならない．よって，

$$x_1=x_2,\ \ y_1=y_2,\ \ z_1=z_2$$

となる．(一般にベクトル空間の基底が与えられたとき，それに属するベクトルはその基底の1次結合としてただ1通りに表わされる．）したがって，$|A|\neq0$ のとき，連立1次方程式(13)は，任意のb_1,b_2,b_3に対してただ1組の解をもつ．(この結果はクラメルの公式から既知のことであるが，ここでは見方を変えたのである．)

$|A|=0$ のときは事情はもっと複雑になる．このとき(15)の左辺はV_3全体にならないから，与えられた$\boldsymbol{b}$に対して解が存在しないこともある．解が存在するときには，Aの像空間，すなわち$\boldsymbol{a}_1,\boldsymbol{a}_2,\boldsymbol{a}_3$の張る空間に$\boldsymbol{b}$が入るから，$\boldsymbol{a}_1,\boldsymbol{a}_2,\boldsymbol{a}_3,\boldsymbol{b}$の張る空間はこれと一致する．よって，

$$[\boldsymbol{a}_1,\boldsymbol{a}_2,\boldsymbol{a}_3]=[\boldsymbol{a}_1,\boldsymbol{a}_2,\boldsymbol{a}_3,\boldsymbol{b}] \qquad (16)$$

行列Aに列ベクトル$\boldsymbol{b}$をつけたしてできる行列を，

$$B=\begin{pmatrix} a_{11} & a_{12} & a_{13} & b_1 \\ a_{21} & a_{22} & a_{23} & b_2 \\ a_{31} & a_{32} & a_{33} & b_3 \end{pmatrix} \qquad (17)$$

とすると，A,Bの列ランクはそれぞれ(16)の左辺および右辺のベクトル空間の次元であるから，(16)により，これらは等しい．

逆に，行列AとBの列ランクが等しいとすると，

$$\dim[\boldsymbol{a}_1,\boldsymbol{a}_2,\boldsymbol{a}_3]=\dim[\boldsymbol{a}_1,\boldsymbol{a}_2,\boldsymbol{a}_3,\boldsymbol{b}]$$

この値が3のときは，$[\boldsymbol{a}_1,\boldsymbol{a}_2,\boldsymbol{a}_3]=V_3$ となり，$\boldsymbol{b}$がこれに入ることは明らかだから，この両辺の次元が2の場合を考えよう．$\boldsymbol{a}_1,\boldsymbol{a}_2,\boldsymbol{a}_3$のうち1次独立なものが2個とれるから，たとえば，$\boldsymbol{a}_1,\boldsymbol{a}_2$が1次独立としよう．右辺から$[\boldsymbol{a}_1,\boldsymbol{a}_2,\boldsymbol{a}_3,\boldsymbol{b}]$が2次元となるから，$\boldsymbol{a}_1,\boldsymbol{a}_2,\boldsymbol{b}$は1次従属，すなわち共面となる．$\boldsymbol{a}_1,\boldsymbol{a}_2$が1次独立だから，この面上の任意のベクトルが，したがって特に$\boldsymbol{b}$も$\boldsymbol{a}_1,\boldsymbol{a}_2$の1次結合として表わされる．その他の場合も同様にして，$\boldsymbol{b}$が$\boldsymbol{a}_1,\boldsymbol{a}_2,\boldsymbol{a}_3$の1次結合として表わされる．よって，このとき連立方程式(13)は解をもつ．

わかったことをまとめると，次の(i)から(v)まではたがいに同値となる．

(i) 連立1次方程式(13)が解をもつ．

(ii) $\boldsymbol{b}$が$[\boldsymbol{a}_1,\boldsymbol{a}_2,\boldsymbol{a}_3]$に入る．

(iii) $[\boldsymbol{a}_1,\boldsymbol{a}_2,\boldsymbol{a}_3]=[\boldsymbol{a}_1,\boldsymbol{a}_2,\boldsymbol{a}_3,\boldsymbol{b}]$

(iv) $\dim[\boldsymbol{a}_1,\boldsymbol{a}_2,\boldsymbol{a}_3]=\dim[\boldsymbol{a}_1,\boldsymbol{a}_2,\boldsymbol{a}_3,\boldsymbol{b}]$

(v) 行列AとBの列ランクが等しい．

8. 掃き出し法による連立1次方程式の解法

掃き出し法というのは，連立1次方程式の数値解を求める場合などに有効な方法であるが，ここでは，(13)で$|A|=0$の場合の解の自由度などを調べるために，この原理を利用しよう．

まず，最も簡単な場合として，2元1次連立方程式の場合から始めよう．ここでは，連立1次方程式

$$\begin{cases} a_{11}x+a_{12}y=b_1 \\ a_{21}x+a_{22}y=b_2 \end{cases} \qquad (18)$$

に，左辺の係数と右辺を並べた行列

$$B=\begin{pmatrix} a_{11} & a_{12} & b_1 \\ a_{21} & a_{22} & b_2 \end{pmatrix}$$

を対応させる．そうすると，(18)は行列Bによってきまってしまう．そこで，(18)を一種の消去法で解く過程で，対応する行列Bがどのように変わるかを実例について調べておこう．これらを，見やすいように左右に対比して書くことにする．

連立1次方程式	行　列
$\begin{cases} 2x-y=1 \\ x+3y=11 \end{cases}$ ①	$\begin{pmatrix} 2 & -1 & 1 \\ 1 & 3 & 11 \end{pmatrix}$ ①′
第1式と第2式を交換	第1行と第2行を交換
$\begin{cases} x+3y=11 \\ 2x-y=1 \end{cases}$	$\begin{pmatrix} 1 & 3 & 11 \\ 2 & -1 & 1 \end{pmatrix}$

第2式－(第1式の2倍)　第2行－(第1行の2倍)

$$\begin{cases} x+3y=11 \\ \quad -7y=-21 \end{cases} \qquad \begin{pmatrix} 1 & 3 & 11 \\ 0 & -7 & -21 \end{pmatrix}$$

第2式を -7 で割る　第2行を -7 で割る

$$\begin{cases} x+3y=11 \\ \quad\ \ y=\ 3 \end{cases} \qquad \begin{pmatrix} 1 & 3 & 11 \\ 0 & 1 & 3 \end{pmatrix}$$

第1式－(第2式の3倍)　第1行－(第2行の3倍)

$$\begin{cases} x \qquad =2 \\ \quad\ \ y=\ 3 \end{cases} \quad ② \qquad \begin{pmatrix} 1 & 0 & 2 \\ 0 & 1 & 3 \end{pmatrix} \quad ②'$$

この表からわかるように，連立1次方程式①から解②を導く過程に，行列①′を行列②′に変形する過程が対応する．前者で用いた操作は，

(i)　2つの式を入れかえること．

(ii)　ある式の両辺に定数 k ($\neq 0$) をかけること．

(iii)　ある式の k 倍を他の式に加えること．

であった．これに対応する行列の変形は，

(i)　行列のある2つの行を交換すること．

(ii)　行列のある行に定数 h ($\neq 0$) をかけること．

(iii)　行列のある行の k 倍を他の行に加えること．

の3種である．これらの変形を，行列の**基本行変形**と呼ぼう．

この過程をみると，最後の②で解が得られたときには，対応する行列では，左の2列が，2次の単位行列

$$\begin{pmatrix} 1 & 0 \\ 0 & 1 \end{pmatrix}$$

になっている．そして，そのときの第3列の要素が求める解である．そこで，連立1次方程式①を解くことが，対応する行列①′についていえば，基本行変形を用いて，連立1次方程式の未知数の係数に対応する部分の正方行列を，単位行列に導くことに帰着される．

このような考え方に立って，次の3元連立1次方程式を解いてみよう．

例5

$$\begin{cases} x+2y+6z=2 \\ 2x-\ y+2z=9 \\ 3x+4y+5z=-1 \end{cases} \tag{19}$$

前のように係数の行列 B を作ると，

$$B=\left(\begin{array}{ccc:c} 1 & 2 & 6 & 2 \\ 2 & -1 & 2 & 9 \\ 3 & 4 & 5 & -1 \end{array}\right)$$

点線の左の部分の正方行列を，3次の単位行列に変形することを考える．第1列のはじめの要素はちょうど1になっているから，第1列の他の要素を0にするため，第1行の2倍，3倍をそれぞれ第2行，第3行から引くと，(基本行変形の(iii))

第2行－第1行×2
第3行－第1行×3

$$\left(\begin{array}{ccc:c} 1 & 2 & 6 & 2 \\ 0 & -5 & -10 & 5 \\ 0 & -2 & -13 & -7 \end{array}\right)$$

次に，(2,2)要素を1にするために，第2行を－5で割ると，(基本行変形の(ii))

第2行÷(－5)

$$\left(\begin{array}{ccc:c} 1 & 2 & 6 & 2 \\ 0 & 1 & 2 & -1 \\ 0 & -2 & -13 & -7 \end{array}\right)$$

さらに，左に書いた変形を順次行うと，

第1行－第2行×2
第3行＋第2行×2

$$\left(\begin{array}{ccc:c} 1 & 0 & 2 & 4 \\ 0 & 1 & 2 & -1 \\ 0 & 0 & -9 & -9 \end{array}\right)$$

第3行÷(－9)

$$\left(\begin{array}{ccc:c} 1 & 0 & 2 & 4 \\ 0 & 1 & 2 & -1 \\ 0 & 0 & 1 & 1 \end{array}\right)$$

第1行－第3行×2
第2行－第3行×2

$$\left(\begin{array}{ccc:c} 1 & 0 & 0 & 2 \\ 0 & 1 & 0 & -3 \\ 0 & 0 & 1 & 1 \end{array}\right)$$

となる．これで行列が求める形に変形されたので，これに対応する連立方程式を書くと，

$$\begin{cases} x=2 \\ y=-3 \\ z=1 \end{cases}$$

となり，求める解が得られる．

例6 (解が1組でない例)

$$\begin{cases} x+2y+\ 6z=2 \\ 2x-\ y+\ 2z=9 \\ 3x+4y+14z=8 \end{cases} \tag{20}$$

これは，前の例の連立方程式の第3式を少し変えたものだが，対応する行列

$$\begin{pmatrix} 1 & 2 & 6 & 2 \\ 2 & -1 & 2 & 9 \\ 3 & 4 & 14 & 8 \end{pmatrix}$$

に例6と同じような基本行変形を施すと，今度は

$$\begin{pmatrix} 1 & 0 & 2 & 4 \\ 0 & 1 & 2 & -1 \\ 0 & 0 & 0 & 0 \end{pmatrix}$$

となる．これに対応する連立方程式は，

$$\begin{cases} x+2z=4 \\ y+2z=-1 \\ \quad 0=0 \end{cases}$$

であるが，第3式は自明な関係だから，はじめの2式をみたす x,y,z が解となる．この場合，解は1組ではなく無限にあって，$z=c$（任意の定数）とおくと，それに対応して x,y が第1式，第2式から定まる．よって，解は一般に，

$$\begin{cases} x=4-2c \\ y=-1-2c \quad (c\text{は任意定数}) \\ z=c \end{cases}$$

と表わされる．こういう場合に昔は「不定」などと言ったが，ただ「不定」と片付けないで，このように一般解を与えるべきだ．

例7（解がない例）

$$\begin{cases} x+2y+\ 6z=2 \\ 2x-\ y+\ 2z=9 \\ 3x+4y+14z=5 \end{cases} \tag{21}$$

これは前の例の第3式の定数項だけ変えたもので，対応する行列に基本行変形を施すと，

$$\begin{pmatrix} 1 & 2 & 6 & 2 \\ 2 & -1 & 2 & 9 \\ 3 & 4 & 14 & 5 \end{pmatrix} \longrightarrow \begin{pmatrix} 1 & 0 & 2 & 4 \\ 0 & 1 & 2 & -1 \\ 0 & 0 & 0 & -3 \end{pmatrix}$$

となり，対応する方程式は

$$\begin{cases} x+2z=4 \\ y+2z=-1 \\ \quad 0=-3 \end{cases}$$

となる．これをみたす x,y,z を求めるというのであるが，どんな x,y,z を与えても最後の式 $0=-3$ は絶対に成り立たないから，この連立1次方程式は解をもたない．これはよく「不能」と言われているものだが，「解はない」と言った方が意味がはっきりすると思う．

9. 行列の行ランク

さて，8. であげた少しずつ違う3つの例で，結果は，(19) では解がただ1つきまり，(20) では解が無限にあり，(21) では解が全然なかった．これらの違いは，基本行変形で変形した結果の式をみれば明らかだが，はじめの式がどう違うかを調べてみよう．

対応する行列に基本行変形を施した最後の形をみると，例5では，左の3列の作る行列が3次の単位行列になっている．この場合，各行を4次元のベクトルとみると，これらの3個の4次元ベクトルは1次独立である．実際，$\alpha_1,\alpha_2,\alpha_3$ を任意のスカラーとして，これらを係数とする行ベクトルの1次結合が $\mathbf{0}$ となったとすると，

$$\begin{aligned} &\alpha_1(1,0,0,2)+\alpha_2(0,1,0,-3)+\alpha_3(0,0,1,1) \\ &\quad=(\alpha_1,\alpha_2,\alpha_3,2\alpha_1-3\alpha_2+\alpha_3) \\ &\quad=(0,0,0,0) \end{aligned}$$

はじめの3つの成分を比べると，

$$\alpha_1=\alpha_2=\alpha_3=0$$

となり，行ベクトルが1次独立なことがわかる．

例6では，第3行の行ベクトルが $\mathbf{0}$ だから，3つの行ベクトルは1次従属である（第1行，第2行に0，第3行に1をかけて加えれば $\mathbf{0}$ になる）．

そこで，変形した後の行列について言えば，例5では1次独立な行ベクトルが3個あり，例6では2個であることがわかった．7. で述べた列ランクにならって，1次独立な行ベクトルの最大個数を，行列の**行ランク**と呼ぶことにしよう．そうすれば，これらのことは，それぞれ行ランクが3，行ランクが2と表わされる．

ところで，この行ランクというのは，行列に基本行変形を施しても変わらない値である．実際，行ベクトルのうちで1次独立なものの最大個数は，行ベクトルの張るベクトル空間の次元に等しいが，この空間自身が基本行変形で変わらないのである．基本行変形のうち，(i) の「行の交換」や (ii) の「ある行の（0でない）スカラー倍」で空間が変わらないのは明らかだろう．(iii) の「ある行の k 倍を他の行に加える」操作を施したとき，行ベクトルの張る空間が変わらないことを次に示そう．

行列 B の3つの行ベクトルを $\overline{\boldsymbol{a}_1},\overline{\boldsymbol{a}_2},\overline{\boldsymbol{a}_3}$ とし（前の列ベクトルと区別するため，上に―をつけた）．どの行の場合も同じだから，$\overline{\boldsymbol{a}_2}$ の k 倍を $\overline{\boldsymbol{a}_1}$ に加えることとする．得られた行列を B'，その第1行を

$$\overline{\boldsymbol{a}_1}'=\overline{\boldsymbol{a}_1}+k\overline{\boldsymbol{a}_2} \tag{22}$$

とおく．証明したいことは，$\overline{\boldsymbol{a}_1}',\overline{\boldsymbol{a}_2},\overline{\boldsymbol{a}_3}$ の張る部分空間 $S'=[\overline{\boldsymbol{a}_1}',\overline{\boldsymbol{a}_2},\overline{\boldsymbol{a}_3}]$ が，$S=[\overline{\boldsymbol{a}_1},\overline{\boldsymbol{a}_2},\overline{\boldsymbol{a}_3}]$ に等しいことである．S' の任意のベクトルは，

$$\overline{\boldsymbol{a}}=\alpha_1\overline{\boldsymbol{a}_1}'+\alpha_2\overline{\boldsymbol{a}_2}+\alpha_3\overline{\boldsymbol{a}_3}$$

と書けるが，(22) により，

$$\begin{aligned} \overline{\boldsymbol{a}}&=\alpha_1(\overline{\boldsymbol{a}_1}+k\overline{\boldsymbol{a}_2})+\alpha_2\overline{\boldsymbol{a}_2}+\alpha_3\overline{\boldsymbol{a}_3} \\ &=\alpha_1\overline{\boldsymbol{a}_1}+(\alpha_1 k+\alpha_2)\overline{\boldsymbol{a}_2}+\alpha_3\overline{\boldsymbol{a}_3} \end{aligned}$$

で，$\alpha_1 k+\alpha_2$ はスカラーだから，$\overline{a}$ は $\overline{a_1}, \overline{a_2}, \overline{a_3}$ の1次結合となり，S に入る．よって，

$$S' \subset S$$

となる．B の第2行の k 倍を第1行に加えて B' が得られたから，B' の第2行の $-k$ 倍を第1行に加えれば，もとの行列 B となる．この操作について前と同様に考えると，逆の包含関係

$$S \subset S'$$

が得られる．よって，前の式とから，

$$S=S'$$

となる．

こうして，行ベクトルの張る空間自身が変わらないことがわかったから，それらの空間の次元である，B の行ランクと B' の行ランクは当然等しい．

連立方程式 (19),(20) について，対応する行列を変形して，その結果得られた行列の行ランクがそれぞれ3，2であることから，解がただ1組定まるか無限にあるかの違いができることをみたが，いま，行ランクは基本行変形で変わらないことがわかったから，この違いは，変形する前の行列の行ランクがそれぞれ3，2(すなわち，未知数の数に等しいか否か)ということから区別できる．実際，(19)の行列では行ランクが3だから，3つの行が1次独立となり，どの行ベクトルも残りの2つの行ベクトルの1次結合では表わせない．したがって，(19)の3つの式は，どの式も残りの2つの式の定数倍の和として表わせない．これに対し，(20)の行列では3つの行ベクトルが1次従属で，第3行の行ベクトルは，第1行と第2行の行ベクトルにそれぞれ $\frac{11}{5}$，$\frac{2}{5}$ をかけたものの和として表わされる．したがって，(20)式で，第1式を11倍，第2式を2倍して加えたものを5で割れば第3式が得られ，(20)は実質的にははじめの2つの式からなる連立1次方程式と同じになってしまうため，解が1組にきまらなかったのである．

幾何学的には，3元1次連立方程式のおのおのの式は空間における平面を表わし，それを解くことは，この3平面の共有点を求めることにあたる．(19)では第1式，第2式の表わす平面の交線が，第3式の表わす平面と1点で交わり，したがって，3平面の共有点はただ1つである．これに対し，(20)では第1式の表わす平面と第2式の表わす平面の交線は，第3式の表わす平面に含まれる．

一般に，2つの曲面

$$f(x,y,z)=0,\ g(x,y,z)=0 \qquad (23)$$

があったとき，任意の定数 k,l に対して，曲面

$$kf(x,y,z)+lg(x,y,z)=0 \qquad (24)$$

を作ると，(23)の2つの曲面の交わりはこの曲面に含まれる．なぜならば，(23)の2つの曲面の交わりに含まれる任意の点の座標を (x,y,z) とすると，これは(23)をみたすから，この値に対して(24)が成り立ち，この点が曲面(24)に含まれることがわかる．

このことを(20)の第1式，第2式の表わす平面に適用すると，この場合，$f(x,\ y,\ z)$，$g(x,\ y,\ z)$ は1次式だから，(24)も1次式となり，(24)は，この2平面の交線を含む平面を表わす．k，l の値をいろいろに変えると，(24)はこの交線を含む平面全体の集合を動く．(20)の第3式は，特に $k=\frac{11}{5}$，$l=\frac{2}{5}$ としたものにあたるから，(20)の表わす平面は1直線を共有し，この直線上の点が(20)の解全体を与える．

最後に，残った例7の場合を調べてみよう．(20),(21)の第3式は，それぞれ

$$3x+4y+14z=8 \qquad (25)$$

$$3x+4y+14z=5 \qquad (26)$$

で，左辺が同じで右辺が異なるから，これらの表わす2平面は平行である．(21)の第1式，第2式の表わす平面は(20)のときと同じで，それらの交線は(25)に含まれているから，これに平行な

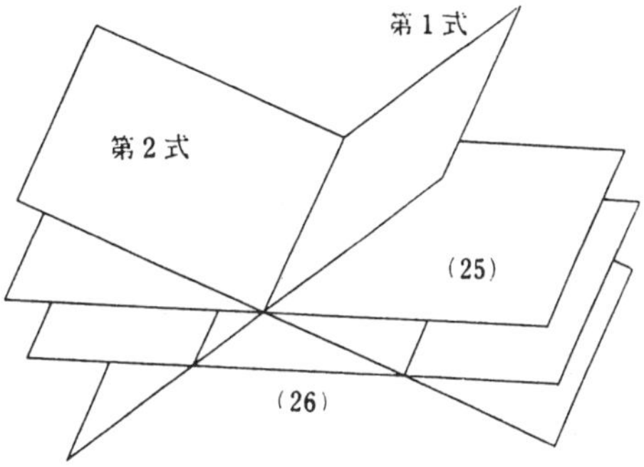

第4図

平面(26)に平行となり，(21)の表わす3平面には共有点がなく(第4図)，したがって，(21)は解をもたない．

この場合，対応する行列の行ランクを調べてみ

よう．(21)の左辺の係数の行列をA，この右に右辺の数をつけ加えた行列をBとする．すなわち，

$$A=\begin{pmatrix}1&2&6\\2&-1&2\\3&4&14\end{pmatrix},\quad B=\begin{pmatrix}1&2&6&2\\2&-1&2&9\\3&4&14&5\end{pmatrix}$$

とおくと，例7の基本行変形で，これらはそれぞれ，

$$A'=\begin{pmatrix}1&0&2\\0&1&2\\0&0&0\end{pmatrix},\quad B'=\begin{pmatrix}1&0&2&4\\0&1&2&-1\\0&0&0&-3\end{pmatrix}$$

となる．A'の1次独立な行ベクトルははじめの2行で，B'の行ベクトル全体は1次独立であることが例5,例6と同様に示されるから，A',B'の行ランクはそれぞれ2,3である．基本行変形によって行ランクは不変だったから，これから，A,Bの行ランクがそれぞれ2,3であることがわかる．

これら3つの例におけるA,Bの行ランクと，それらに対応する連立1次方程式の解の表わす図形を表にすると，次のようになる．

	Aの行ランク	Bの行ランク	解の集合
例5	3	3	1点
例6	2	2	1直線
例7	2	3	空集合

この表をみると，解をもつのはAとBの行ランクが等しいときになっている．これを，7．の最後で述べた「連立1次方程式が解をもつことは，行列AとBの列ランクが等しいことと同値である」と比べてみると，行列の行ランクと列ランクに似た性質のあることがわかる．実は，任意の行列について，その行ランクと列ランクは同じ値になるので，このように別の名前をつける必要はなかった．このことを証明する前に，もう1つ別のランクの概念について述べよう．

10. 小行列式と行列式ランク

行列Aのr次の小行列式というのは，Aの任意のr個の行とr個の列（隣りあったものでなく離れていてもよいが，順序は変えない）に属する要素でできる行列式のことである．

たとえば，例6の行列

$$\begin{pmatrix}1&2&6&2\\2&-1&2&9\\3&4&14&8\end{pmatrix}$$

の3次の小行列式は，

$$\begin{vmatrix}1&2&6\\2&-1&2\\3&4&14\end{vmatrix},\quad \begin{vmatrix}1&2&2\\2&-1&9\\3&4&8\end{vmatrix},\quad \begin{vmatrix}1&6&2\\2&2&9\\3&14&8\end{vmatrix},\quad \begin{vmatrix}2&6&2\\-1&2&9\\4&14&8\end{vmatrix}$$

の4個で，これらの値はすべて0である．また，2次の小行列式は，$\begin{vmatrix}1&2\\2&-1\end{vmatrix}$，$\begin{vmatrix}1&6\\2&2\end{vmatrix}$等で，2つの行の選び方が${}_3C_2=3$通り，2つの列のとり方が${}_4C_2=6$通りだから，総数は$6\times3=18$個である．1次の小行列式とは行列の要素のことと考える．例6で，掃き出し法の変形を施した結果の行列

$$\begin{pmatrix}1&0&2&4\\0&1&2&-1\\0&0&0&0\end{pmatrix}$$

では，3次の小行列は，どれも第3行の要素が皆0だから，値が0となることが一目でわかる．また，2次の小行列式のうちで最初のものは，値が$\begin{vmatrix}1&0\\0&1\end{vmatrix}=1$である．

そこで，行列の基本行変形で小行列式の値がどのように変わるか調べてみよう．

（i）「行の交換」では，小行列式は他の同じ次数の小行列式またはその行の順序を交換したものと入れかわるだけだから，r次の小行列式全体としてはたかだか符号が変わるだけである．

（ii）「ある行に$k\,(\neq 0)$をかける」では，小行列式がその行を含めば値はk倍になり，含まなければもちろん値は変わらない．

（iii）「ある行のk倍を他の行に加える」の場合を調べるため，第2行のk倍を第1行に加えることにする．原理は同じだから，記号を簡単にするため，第1列と第2列の要素からなる2次の小行列式の場合を考える．これらの列に属する第1,2,3行の要素を

$$\begin{matrix}a_{11},a_{12}\\a_{21},a_{22}\\a_{31},a_{32}\end{matrix}$$

とし，この第i行と第j行をとった小行列式をΔ_{ij}で表わす．

$$\Delta_{ij}=\begin{vmatrix}a_{i1}&a_{i2}\\a_{j1}&a_{j2}\end{vmatrix}=a_{i1}a_{j2}-a_{j1}a_{i2}$$

変形を施して得られる行列の，対応する小行列式をΔ'_{ij}とすると，

$$\Delta'_{12}=\begin{vmatrix}a_{11}+ka_{21}&a_{12}+ka_{22}\\a_{21}&a_{22}\end{vmatrix}=\begin{vmatrix}a_{11}&a_{12}\\a_{21}&a_{22}\end{vmatrix}=\Delta_{12}$$

$$\varDelta'_{23}=\varDelta_{23}$$

$$\varDelta'_{13}=\begin{vmatrix} a_{11}+ka_{21} & a_{12}+ka_{22} \\ a_{31} & a_{32} \end{vmatrix}$$

$$=\begin{vmatrix} a_{11} & a_{12} \\ a_{31} & a_{32} \end{vmatrix}+\begin{vmatrix} ka_{21} & ka_{22} \\ a_{31} & a_{32} \end{vmatrix}$$

$$=\varDelta_{13}+k\varDelta_{23}$$

したがって,

$$\varDelta_{12}=\varDelta_{13}=\varDelta_{23}=0 \Leftrightarrow \varDelta'_{12}=\varDelta'_{13}=\varDelta'_{23}=0$$

他の列をとった場合，あるいは行の数がもっと多い場合，さらに，次数のもっと大きい小行列式についても原理は全く同じで，一般に

「行列Aのr次の小行列式がすべて0ならば，これに基本行変形を施して得られる行列A'のr次の小行列式もすべて0であり，逆も成り立つ.」

そこで，行列Aのr次の小行列式の中に0でないものがあり，$r+1$次以上の小行列式が存在しないかまたはすべて0となるようなrを，行列Aの**行列式ランク**，あるいは単に**ランク**（**階数**）ということにすると，この値は行列の基本行変形で変わらない.

ところで，いま述べたランクの定義で，「$r+1$次以上の小行列式がすべて0」と言ったが，実は，「$r+1$次の小行列式がすべて0」と言ってもよい．その場合，それより次数の大きい小行列式は，必然的に0になってしまうからである.

これを示すには，k次の小行列式がすべて0のとき，任意の$k+1$次の小行列式が0になることをいえばよい．いま，$r+1$次の小行列式がすべて0だから，これがいえれば（$k=r+1$として）$r+2$次の小行列式がすべて0. よって（$k=r+2$として），$r+3$次の小行列式がすべて0. ……. こうして，$r+1$次以上の小行列式がすべて0となることがわかる．そこで，k次の小行列式はすべて0と仮定して，$k+1$次の小行列式

$$\varDelta=\begin{vmatrix} a_{11} & a_{12} & \cdots & a_{1\,k+1} \\ a_{21} & a_{22} & \cdots & a_{2\,k+1} \\ \vdots & \vdots & & \vdots \\ a_{k+1\,1} & a_{k+1\,2} & \cdots & a_{k+1\,k+1} \end{vmatrix}$$

を考える．第1行について展開して,

$$\varDelta=a_{11}A_{11}+a_{12}A_{12}+\cdots+a_{1\,k+1}A_{1\,k+1}$$

とすると，余因子$A_{11},\cdots,A_{1\,k+1}$は，Aのk次の小行列式とたかだか符号しか違わないから仮定から0になり，したがって，$\varDelta=0$となる．他の$k+1$次の小行列式の場合も同様だから，これで証明が完成した.

このランクは，定義は行列式の次数しか使わないからわかりやすいが，行や列の個数が多くなると計算は大変である．そこで次に，この値が前に定義した行ランクや列ランクに等しくなることを証明しよう.

11. 3種類のランクは等しい

行列Aが与えられたとき，これに基本行変形を施して，掃き出し法のときのように変形してみよう．この結果得られる標準的な形の行列A'が次の特徴をもつようにできる.

（i） 各行の0でない最初の要素は1である.（以下では，簡単のためこれを行の先頭の1と呼ぶことにする.）

（ii） 行の先頭の1を含む列の他の要素は0である.

（iii） 行の先頭の1のある位置は，下の行になるに従って右の列に移る.

そこで，この形の行列A'について考えることにして，行の先頭の1を含む行の数（0でない要素を含む行の数）をrとする．掃き出し法のところで証明したように，最初のr個の行は1次独立で，他の行はすべて0だけを要素にもつから，A'の行ランクはrである．また，この行列の$r+1$次の小行列式は（もしあれば），要素がすべて0の行を少なくとも1つ含むから，値が0である．行の先頭の1を含む行と列からなる小行列式をとると，主対角線上の要素が1で他の要素はすべて0だから，行列式の値は1となる．よって，A'のランクはrである．たとえば，例7の行列Bでは，ここでいう標準的な形は，例7の最後のものの第3行を-3で割り，その4倍，-1倍をそれぞれ第1行，第2行から引いた,

$$\begin{pmatrix} \mathbf{1} & 0 & 2 & 0 \\ 0 & \mathbf{1} & 2 & 0 \\ 0 & 0 & 0 & \mathbf{1} \end{pmatrix}$$

で，行の先頭の1は太字のものである．この場合$r=3$で，$r+1$次の小行列はないが，**1**を含む，第1,2,3行と第1,2,4列をとった3次の小行列式が1になる.

いまの結果から，(i),(ii),(iii)をみたす変形後の行列では，行ランクと（行列式）ランクは等しい．ところが，行ランクもランクも基本行変形

でともに変わらないから，はじめの行列Aの行ランクとランクもともにrで等しい．

次に，Aの列ランクとランクの関係を調べよう．Aの転置行列（行と列を入れかえた行列）を${}^tA$とする．

$$A=\begin{pmatrix} a_{11} & a_{12} & \cdots & a_{1n} \\ a_{21} & a_{22} & \cdots & a_{2n} \\ \vdots & \vdots & & \vdots \\ a_{m1} & a_{m2} & \cdots & a_{mn} \end{pmatrix}$$

とすれば，

$${}^tA=\begin{pmatrix} a_{11} & a_{21} & \cdots & a_{m1} \\ a_{12} & a_{22} & \cdots & a_{m2} \\ \vdots & \vdots & & \vdots \\ a_{1n} & a_{2n} & \cdots & a_{mn} \end{pmatrix}$$

となり，Aの列ベクトルは${}^tA$の行ベクトルに移るから，Aの列ベクトルのうち1次独立なものの最大数であるAの列ランクは，${}^tA$の行ランクに等しい．

一方，${}^tA$の小行列式は，全体としてAの小行列式を転置したものになるが，行列式の値は転置しても変わらないから，それらのうち0でないものの最大次数も一致する．すなわち，Aと${}^tA$のランクは一致する．前に述べたことを${}^tA$に適用すれば，${}^tA$の行ランクは${}^tA$のランクに等しいから，Aについて言えば，Aの列ランクはAのランクに等しい．もう一度整理して書くと，

$$\begin{aligned} A\text{の列ランク} &= {}^tA\text{の行ランク} = {}^tA\text{のランク} \\ &= A\text{のランク} = A\text{の行ランク} \end{aligned}$$

これで，上に定義した3種類のランクはすべて等しいことがわかり，区別する必要がなくなったから，以後すべてランクということにする．それは，次の (i)～(vi) のどれによって表わしてもよい．

(i)　0でない小行列式の最大次数
(ii)　1次独立な行ベクトルの最大個数
(iii)　行ベクトルの張る空間の次元
(iv)　1次独立な列ベクトルの最大個数
(v)　列ベクトルの張る空間の次元
(vi)　Aの表わす1次変換による像空間の次元

12．ランクの求め方

行列Aが与えられたとき，実際にそのランクを求めるには，上にあげたランクの特徴付けのどれを用いてもよいが，ここで，比較的簡単な方法を例によって示そう．

その計算には，行列に次の操作を施した場合，そのランクが変わらないという性質を利用する．

（1）　行（または列）の順序を変える．

（2）　ある行（または列）に0でないスカラーをかける．

（3）　ある行（または列）に他の行（または列）のスカラー倍を加える．

（4）　すべての要素が0であるような行（または列）を除く．

これらの操作でランクが変わらないことは，行ランクのところで述べたように，これらの操作が行ベクトル（または列ベクトル）の張る空間の次元を変えないことからわかる．

例 8

$$A=\begin{pmatrix} 1 & 3 & -4 & -2 & 4 \\ -2 & -4 & 7 & 5 & 3 \\ 4 & -2 & 6 & 3 & -1 \\ 1 & -1 & 3 & 2 & 2 \end{pmatrix}$$

行列Aのランクを $\mathrm{rank}\,A$ で表わす．大体掃き出し法のときのようにやるのだが，ランクを求めるだけだからもう少し簡単でよい．

第1行の -2倍，4倍，1倍をそれぞれ第2,3,4行から引くと，

$$\mathrm{rank}\,A=\mathrm{rank}\begin{pmatrix} 1 & 3 & -4 & -2 & 4 \\ -2 & -4 & 7 & 5 & 3 \\ 4 & -2 & 6 & 3 & -1 \\ 1 & -1 & 3 & 2 & 2 \end{pmatrix}$$

$$=\mathrm{rank}\begin{pmatrix} 1 & 3 & -4 & -2 & 4 \\ 0 & 2 & -1 & 1 & 11 \\ 0 & -14 & 22 & 11 & -17 \\ 0 & -4 & 7 & 4 & -2 \end{pmatrix}$$

第2行の7倍，2倍をそれぞれ第3,4行に加え，次に，第3行の$\frac{1}{3}$を第4行から引くと，

$$=\mathrm{rank}\begin{pmatrix} 1 & 3 & -4 & -2 & 4 \\ 0 & 2 & -1 & 1 & 11 \\ 0 & 0 & 15 & 18 & 60 \\ 0 & 0 & 5 & 6 & 20 \end{pmatrix}$$

$$=\mathrm{rank}\begin{pmatrix} 1 & 3 & -4 & -2 & 4 \\ 0 & 2 & -1 & 1 & 11 \\ 0 & 0 & 15 & 18 & 60 \\ 0 & 0 & 0 & 0 & 0 \end{pmatrix}$$

第4行の要素が全部0だから，この行を除いて，

$$=\mathrm{rank}\begin{pmatrix} 1 & 3 & -4 & -2 & 4 \\ 0 & 2 & -1 & 1 & 11 \\ 0 & 0 & 15 & 18 & 60 \end{pmatrix}$$

最後の行列では，行ベクトルが3個だから，

$$\mathrm{rank}\,A \leqq 3$$

一方，最後の行列のはじめの3列からなる小行列式を作ると，

$$\begin{vmatrix} 1 & 3 & -4 \\ 0 & 2 & -1 \\ 0 & 0 & 15 \end{vmatrix} = 30 \neq 0$$

よって，

$$\mathrm{rank}\,A = 3$$

13. 一般の連立1次方程式

一般の連立1次方程式の解法については掃き出し法のところで述べたが，ここでは，掃き出し法によらない別の解法について述べよう．まず，準備として，行列の性質をもう少し調べておこう．

3個の3次元ベクトルの1次独立性の判定については **4**. で述べた．それは，成分の作る行列式が0でないという条件で与えられた．いま，m 個の n 次元ベクトルが与えられたとき，これらが1次独立か1次従属かを判定することを考えよう．

与えられた m 個の n 次元ベクトルを，

$$\left.\begin{array}{l} \overline{\boldsymbol{a}}_1 = (a_{11}, a_{12}, \cdots, a_{1n}) \\ \overline{\boldsymbol{a}}_2 = (a_{21}, a_{22}, \cdots, a_{2n}) \\ \quad\cdots \quad \cdots \\ \overline{\boldsymbol{a}}_m = (a_{m1}, a_{m2}, \cdots, a_{mn}) \end{array}\right\} \qquad (27)$$

とし，それらを並べてできる行列を，

$$A = \begin{pmatrix} a_{11} & a_{12} & \cdots & a_{1n} \\ a_{21} & a_{22} & \cdots & a_{2n} \\ \vdots & \vdots & & \vdots \\ a_{m1} & a_{m2} & \cdots & a_{mn} \end{pmatrix} \qquad (28)$$

とする．

行列 A のランクは，A の行ベクトルのうち1次独立なものの最大個数だったから，(27) の m 個のベクトルが1次独立になるための条件は，

$$\mathrm{rank}\,A = m \qquad (29)$$

となることである．これを，さらに次の3つの場合に分けて考えよう．

(1) $m > n$ のとき

A のランクは，1次独立な列ベクトルの最大数とも考えられるが，列の数が m より少ないから (29) は成り立たない．よって，この場合 (27) は1次従属である．このことは既に **5**. で述べた．

(2) $m = n$ のとき

この場合，m 次の小行列式は $|A|$ だけだから，行列式によるランクの定義から，(29) が成り立つ条件，したがって (27) が1次独立になる条件は，

$$|A| \neq 0$$

で与えられる．

(3) $m < n$ のとき

${}_nC_m$ 個の m 次の小行列式がすべて0になることが，1次従属となるための条件になるから，これらの値を調べてもよいし，**12**. の方法でランクを求めてもよい．

次に (28) の行列 A のランク r が m より小さいとき，(27) のベクトルの間の関係を調べてみよう．この場合，r 次の小行列式で0でないものがあるが，簡単のため，はじめの r 行，r 列からなる行列式

$$\Delta = \begin{vmatrix} a_{11} & \cdots & a_{1r} \\ \vdots & & \vdots \\ a_{r1} & \cdots & a_{rr} \end{vmatrix} \qquad (30)$$

が0でないとする（一般の場合でも理論は同じである）．このとき，(27) のはじめの r 個のベクトル

$$\overline{\boldsymbol{a}}_1, \overline{\boldsymbol{a}}_2, \cdots, \overline{\boldsymbol{a}}_r \qquad (31)$$

が1次独立になる．もし1次従属だとすると，自明でない関係

$$\alpha_1\overline{\boldsymbol{a}}_1 + \alpha_2\overline{\boldsymbol{a}}_2 + \cdots + \alpha_r\overline{\boldsymbol{a}}_r = \boldsymbol{0} \qquad (32)$$

が成り立つが，このベクトルの関係式のはじめ r 個の成分に着目すれば，(30) の行列式に対応する行列の r 個の行が1次従属になり，$\Delta = 0$ となるからである．また，この場合 (27) のベクトルはすべて (31) の r 個のベクトルの1次結合として表わされる．

実際，任意の $\overline{\boldsymbol{a}}_s$ $(r+1 \leqq s \leqq m)$ をとると，(31) の r 個にこれを合わせた $r+1$ 個のベクトルは，($\mathrm{rank}\,A = r$ から)，1次従属となり，自明でない関係

$$\alpha_1\overline{\boldsymbol{a}}_1 + \alpha_2\overline{\boldsymbol{a}}_2 + \cdots + \alpha_r\overline{\boldsymbol{a}}_r + \alpha_s\overline{\boldsymbol{a}}_s = \boldsymbol{0}$$

が成り立つ．ここで，$\alpha_s = 0$ とすれば，$\alpha_1, \cdots, \alpha_r$ の中に0でないものがあり，(32) が成り立つから，(31) の r 個が1次従属となって条件に反する．よって，$\alpha_s \neq 0$．したがって，

$$\overline{\boldsymbol{a}}_s = -\frac{\alpha_1}{\alpha_s}\overline{\boldsymbol{a}}_1 - \frac{\alpha_2}{\alpha_s}\overline{\boldsymbol{a}}_2 - \cdots - \frac{\alpha_r}{\alpha_s}\overline{\boldsymbol{a}}_r$$

と表わされる．一般の場合についていえば，次の命題が得られる．

命題 (28) の行列 A のランクが r のとき，A

の0でないr次の小行列式について，その行を含むAのr個の行ベクトルは1次独立で，他の行ベクトルはそれらの1次結合として表わされる．

さて，準備ができたので，一般の連立1次方程式に移ろう．n個の未知数についての，m個の式からなる連立1次方程式を

$$\begin{cases} a_{11}x_1+a_{12}x_2+\cdots+a_{1n}x_n=b_1 \\ a_{21}x_1+a_{22}x_2+\cdots+a_{2n}x_n=b_2 \\ \quad\cdots\ \cdots \\ a_{m1}x_1+a_mx_2+\cdots+a_{mn}x_n=b_m \end{cases} \tag{33}$$

とする．左辺の係数の行列は(28)となるが，これに右辺をつけ加えた行列を，

$$B=\begin{pmatrix} a_{11} & a_{12} & \cdots & a_{1n} & b_1 \\ a_{21} & a_{22} & \cdots & a_{2n} & b_2 \\ \vdots & \vdots & & \vdots & \vdots \\ a_{m1} & a_{m2} & \cdots & a_{mn} & b_m \end{pmatrix}$$

とする．**7.** および **9.** で説明したように(33)が解をもつための必要十分条件は，

$$\mathrm{rank}\,A=\mathrm{rank}\,B$$

である．いま，この条件がみたされているものとし，このランクをrとする．Aのr次の小行列式で0でないものが，前と同様(30)で与えられたとしよう．行列Bにいまの命題を適用し，連立方程式についての言葉になおせば，(33)の各式は，はじめのr個の方程式

$$\begin{cases} a_{11}x_1+\cdots+a_{1r}x_r+a_{1r+1}x_{r+1}+\cdots+a_{1n}x_n=b_1 \\ \quad\cdots\ \cdots \\ a_{r1}x_1+\cdots+a_{rr}x_r+a_{rr+1}x_{r+1}+\cdots+a_{rn}x_n=b_r \end{cases} \tag{34}$$

の1次結合になる．よって，(33)を解く代わりにこの方程式を解けばよい．いま，この方程式の$x_{r+1},\cdots,x_n$にそれぞれ任意定数$c_1,\cdots,c_{n-r}$を代入し，それらの項を右辺に移項すると，$x_1,\cdots,x_r$についての連立1次方程式

$$\begin{cases} a_{11}x_1+\cdots+a_{1r}x_r=b_1-a_{1r+1}c_1-\cdots-a_{1n}c_{n-r} \\ \quad\cdots\ \cdots \\ a_{r1}x_1+\cdots+a_{rr}x_r=b_r-a_{rr+1}c_1-\cdots-a_{rn}c_{n-r} \end{cases}$$

が得られる．左辺の係数の行列式Δは0でないから，クラメールの公式を用いて解けば，解は次の形となる．

$$\begin{cases} x_1=p_{11}c_1+\cdots+p_{1n-r}c_{n-r}+p_1 \\ \quad\cdots\ \cdots \\ x_r=p_{r1}c_1+\cdots+p_{rn-r}c_{n-r}+p_r \end{cases}$$

これに，

$$x_{r+1}=c_1,\ \cdots,\ x_n=c_{n-r}$$

をつけ加えれば，(34)，したがって，(33)の一般解が得られる．ここで，$c_1,\cdots,c_{n-r}$は任意に与えてよい．

$$\boldsymbol{x}=\begin{pmatrix} x_1 \\ \vdots \\ x_r \\ x_{r+1} \\ \vdots \\ \vdots \\ x_n \end{pmatrix},\quad \boldsymbol{p}_1=\begin{pmatrix} p_{11} \\ \vdots \\ p_{r1} \\ 1 \\ 0 \\ \vdots \\ 0 \end{pmatrix},\quad \cdots,$$

$$\boldsymbol{p}_{n-r}=\begin{pmatrix} p_{1n-r} \\ \vdots \\ p_{rn-r} \\ 0 \\ \vdots \\ 0 \\ 1 \end{pmatrix},\quad \boldsymbol{p}=\begin{pmatrix} p_1 \\ \vdots \\ p_r \\ 0 \\ \vdots \\ \vdots \\ 0 \end{pmatrix}$$

とおいて，解を縦ベクトルで表わせば，

$$\boldsymbol{x}=c_1\boldsymbol{p}_1+\cdots+c_{n-r}\boldsymbol{p}_{n-r}+\boldsymbol{p} \tag{35}$$

となる．最後の$n-r$個の成分に着目すれば，$\boldsymbol{p}_1,\cdots,\boldsymbol{p}_{n-r}$が1次独立であることがわかるから(行ランクのところの証明と同様)，解の自由度は$n-r$である．特に(33)が同次方程式，すなわち右辺がすべて0のとき，(35)で$\boldsymbol{p}=\boldsymbol{0}$となり，解のベクトルは$n-r$次元のベクトル空間を作る．

いま述べた方法の例として，例6の方程式を解いてみよう．この場合，$\mathrm{rank}\,A=\mathrm{rank}\,B=2$であるが，はじめの2次の小行列式をとると，

$$\Delta=\begin{vmatrix} 1 & 2 \\ 2 & -1 \end{vmatrix}=-5\neq 0$$

となるから，(20)は，第1，2式をとった

$$\begin{cases} x+2y+6z=2 \\ 2x-y+2z=9 \end{cases}$$

と同値である．$z=c$とおいて移項すると，

$$\begin{cases} x+2y=2-6c \\ 2x-y=9-2c \end{cases}$$

これをx,yについて解くと，

$$x=4-2c,\quad y=-1-2c$$

となる．したがって，一般解は，

$$\begin{cases} x=4-2c \\ y=-1-2c \\ z=c \end{cases} \qquad (c\text{は任意定数})$$

あるいは，ベクトルで書いて，

$$\begin{pmatrix} x \\ y \\ z \end{pmatrix} = \begin{pmatrix} 4 \\ -1 \\ 0 \end{pmatrix} + c\begin{pmatrix} -2 \\ -2 \\ 1 \end{pmatrix}$$

となり，幾何学的には，点$(4,-1,0)$を通り，方向比 $2:2:-1$ の直線となる．

14. 行列の積のランク

最後に，これまで述べたことから簡単に導かれるランクの性質を少しあげておこう．

まず，11.で述べたように，任意の行列Aについて，その転置行列を${}^tA$とすると，

$$\mathrm{rank}\,{}^tA = \mathrm{rank}\,A \qquad (36)$$

が成り立つ．

次に，Aをl,m行列，Bをm,n行列とするとき，

$$\mathrm{rank}\,AB \leqq \mathrm{rank}\,B \qquad (37)$$

が成り立つことを示そう．いま，Bの列ベクトルを，

$$\boldsymbol{b}_1,\ \boldsymbol{b}_2,\ \cdots\ \boldsymbol{b}_n \qquad (38)$$

とすると，行列の積の定義から，ABの列ベクトルは，行列Aにこれらを右からかけた．

$$A\boldsymbol{b}_1,\ A\boldsymbol{b}_2,\ \cdots,\ A\boldsymbol{b}_n \qquad (39)$$

で与えられる．(38)から任意にとったk個のベクトルが1次従属であるとき，これに対応する(39)のベクトルは1次従属となる．これを示すのに，簡単のため$\boldsymbol{b}_1,\boldsymbol{b}_2,\cdots,\boldsymbol{b}_k$が1次従属であるとすると，これらの自明でない1次結合が$\boldsymbol{0}$になる．これを，

$$\alpha_1\boldsymbol{b}+\alpha_2\boldsymbol{b}_2+\cdots+\alpha_k\boldsymbol{b}_k=\boldsymbol{0}$$

とする．この式の両辺に行列Aを左からかけると，

$$A(\alpha_1\boldsymbol{b}_1+\alpha_2\boldsymbol{b}_2+\cdots+\alpha_k\boldsymbol{b}_k)=A\boldsymbol{0}$$

よって，

$$\alpha_1A\boldsymbol{b}_1+\alpha_2A\boldsymbol{b}_2+\cdots+\alpha_kA\boldsymbol{b}_k=\boldsymbol{0}$$

この式は$A\boldsymbol{b}_1,A\boldsymbol{b}_2,\cdots,A\boldsymbol{b}_k$が1次従属であることを示す．

このことから，(39)の中で1次独立なものの最大個数は，(38)の中で1次独立なものの最大個数より多くはならないことがわかる．ところが，これらはそれぞれ行列AB，Bのランクを表わすから，(37)が成り立つ．

このことを，${}^t(AB)={}^tB\,{}^tA$に適用すると，

$$\mathrm{rank}\,{}^t(AB)=\mathrm{rank}\,{}^tB\,{}^tA \leqq \mathrm{rank}\,{}^tA$$

よって，(36)から，

$$\mathrm{rank}\,AB \leqq \mathrm{rank}\,A \qquad (40)$$

が得られる．

特に，Aが正則行列（逆行列A^{-1}が存在するもの，したがって，もちろん正方行列）であるとき，A,Bの代わりにA^{-1},ABとして(37)を用いると，

$$\mathrm{rank}B=\mathrm{rank}A^{-1}AB \leqq \mathrm{rank}AB$$

これと(37)から，

$$\mathrm{rank}AB=\mathrm{rank}B$$

が得られる．同様にして，Bが正則行列のとき，(40)で等号が成り立つ．

これらの関係は行列のランクを応用する際便利である．実は，前に述べた行列の基本行変形は，適当な正則行列を左からかけることで得られるので，いま述べたことは，ランクが基本行変形で変わらないということを含んでいる．

これで，ベクトルの1次独立性や行列のランクについて一通り述べたが，ずい分ゴテゴテ述べた割合に，概念をきちんと書かなかったり，証明を簡単な例による説明でまにあわせたりしたところが目立つ．もし，こんなまわりくどい説明を読むより，テキストのすっきりした証明を読んだ方がずっとよいと考える方があれば，それこそ筆者の希望するところである．

参考書

1) 安藤四郎　これだけは知っておこう　線形代数　現代数学社

2) 安藤，駒木共著　工科系のための線形代数 裳華房

（あんどう　しろう　　法政大名誉教授）

微分を見なおそう

稲葉　三男

このごろの大学の一般教育の数学教科書は，微分積分の入門のところで，関数の極限や連続性についての理論にばかり力をいれている．そのために，初学者にとってはむずかしさが加わるばかりで，微分積分の真のすがたが見失われ易くなっている．そこで，わたくしたちは，微分の素朴なすがたを掘り下げて考察してみよう．微分の素朴さを復活すると同時に，できるだけ広く他の分野に関連させながら考察をすすめることにしよう．そうすることによって，現代数学への一つのアプローチが期待されるであろう．

1.　微分係数

$f(x)$ は点 a の近傍で定義されている関数とする．点 a での微分係数 $f'(a)$ は

$$f'(a)=\lim_{h\to 0}\frac{f(a+h)-f(a)}{h}$$

で定義される．すなわち，$f'(a)$ は $h\to 0$ のときの平均変化率

$$\frac{f(a+h)-f(a)}{h}$$

の極限である．この平均変化率は一般には $f'(a)$ に等しくはないけれど，$|h|$ を十分小さくさえすれば，平均変化率と $f'(a)$ との差

$$\frac{f(a+h)-f(a)}{h}-f'(a)$$

の絶対値はいくらでも小さくなる．そこで

$$\frac{f(a+h)-f(a)}{h}=f'(a)+\varepsilon(h) \tag{1}$$

とおくと，$h\to 0$ のとき $\varepsilon(h)\to 0$．(1)の両辺に h を掛けて，$\eta(h)=h\varepsilon(h)$ とおくと

$$f(a+h)-f(a)=f'(a)h+\eta(h) \tag{2}$$

あるいは

$$f(a+h)=f(a)+f'(a)h+\eta(h) \tag{3}$$

となる．ここで

$$\lim_{h\to 0}\frac{\eta(h)}{h}=\lim_{h\to 0}\frac{h\varepsilon(h)}{h}=\lim_{h\to 0}\varepsilon(h)=0$$

すなわち

$$\lim_{h\to 0}\frac{\eta(h)}{h}=0 \tag{4}$$

上のことがらの具体的な意味は次のとおりである．$|h|$ を十分小さくすると，(2)あるいは(3)から，近似式

$$f(a+h)-f(a)\fallingdotseq f'(a)h \tag{5}$$

あるいは

$$f(a+h)\fallingdotseq f(a)+f'(a)h \tag{6}$$

が成り立つ．$\eta(h)$ はこれらの近似式に対する誤差であって，関係式(4)を満足する．関係式(4)は，$|h|$ を十分小さくすると，誤差 $\eta(h)$ の絶対値が $|h|$ よりはるかに小さくなることを示すものである．

関係式(4)を満足する $\eta(h)$ を

$$o(h)\qquad (h\to 0) \tag{7}$$

で表わす．いいかえると，関係(7)は

$$\lim_{h\to 0}\frac{o(h)}{h}=0 \tag{8}$$

を表わす．この o を**ランダウ** (E. Landau) **のオー**という．$o(h)$ は，$|h|$ を限りなく小さくするとき，これより絶対値がはるかに小さくなる項である．$|h|$ が限りなく小さくなること，すなわち，$h\to 0$ となることを**無限小**になるという．このとき，ランダウの $o(h)$ は**高位の無限小**になるという．記号 $o(h)$ を用いると，(2) および(3)はそれぞれ

$$f(a+h)-f(a)=f'(a)h+o(h)\qquad (h\to 0) \tag{9}$$

および

$$f(a+h)=f(a)+f'(a)h+o(h)\qquad (h\to 0) \tag{10}$$

で表わされる．

たとえば，$f(x)=x^3$ とすると，$f'(x)=3x^2$．したがって

$$(a+h)^3-a^3=3a^2h+(3a+h)h^2$$

より，$o(h)=(3a+h)h^2$.

関係式(9)または(10)によって，微分係数 $f'(a)$ を定義することもできる．なぜならば

$$f(a+h)-f(a)=Ah+o(h) \qquad (h\to 0) \qquad (11)$$

となるような，h に無関係な A が存在するとすると，(11)の両辺を h で割って

$$\frac{f(a+h)-f(a)}{h}=A+\frac{o(h)}{h} \qquad (h\to 0)$$

ここで，$h\to 0$ とすると，関係(8)により

$$\lim_{h\to 0}\frac{f(a+h)-f(a)}{h}=A$$

すなわち，$A=f'(a)$ となる．

2. 近似の意味

上に述べたところでは，近似式について述べている．近似というと，常識的には「おおざっぱ」または間に合わせという印象を受けるであろう．ところが，わたくしたちが数学で学ぼうとするものは，きっかりとした正確なものである．それで，近似という用語はしばしばうとまれるものである．しかし，わたくしたちは，上に述べたことを正当化するためばかりでなく，今後の理論の展開のためにも，近似というアイデアを掘り下げて考察することにしよう．

わたくしたちの目を数学の世界から物理的·感覚的世界に転じてみよう．この世界における現象を観測または測定すると，データが得られる．このデータの数値は，観測または測定されるべき真の数値そのものではなくて，真の数値についての近似値である．得られた近似値を基にして計算された数値もまた近似値である．このような近似値を用いて帰納された関係式——実験式——は対象となる現象を表わす真の関係式の近似式である．観測または測定の手段の改良·進歩によって，近似の精度をよくすることは可能であろう．しかし，そうしても得られるものは近似の関係式であることはまぬかれない．それにもかかわらず，このような近似の関係式は物理的·感覚的世界に関する驚異すべき認識を与えてきたのである．それは，きっかりとしたものでなければ受け容れようとしないような人にはとうてい立ち入ることのできない認識の世界である．

こんどは数学の世界に関係することがらにもどってみよう．円周率 π については，よく知られていることである．π の値として，3.14 または 3.14159 などがよく用いられるが，いずれも π の真の値ではなく近似値である．いずれを用いるかは使用の目的しだいである．π が無理数であることも知られている．そうすると，π の値を10進法で表わすことはもちろんのこと，分数で表わすこともできない．それでは，π の真の値を求めることの意味がないことであろう．それでも，わたくしたちは，π についてのいろいろの知識をもっているし，必要に応じてはいくらでもよい精度の近似値を求めることもできる．いくらでも好きなだけの精度の近似値を求める手段を示すことによって，π の値を理論的に定義することになるのである．

次に，近似についての別の様相を考察しよう．たとえば，x は単位ラジアンの角度を表わすものとする．$|x|$ が十分小さければ，近似式

$$\sin x \fallingdotseq x \qquad (12)$$

が成り立つことが知られている．たとえば，1° は

$$\frac{\pi}{180}\text{ラジアン}=0.0174533\cdots\text{ラジアン}$$

であるから

$$\sin 1^\circ=\sin\frac{\pi}{180}\fallingdotseq 0.0174533\cdots$$

としてよいであろう（実際には

$$\sin 1^\circ=\sin\frac{\pi}{180}=0.0174524\cdots$$

である）．ところで，近似式(12)は，x も $\sin x$ も 0 に十分近いから，お互いに十分近い，という意味に解されるかも知れない．もちろん，この意味でも近似式(12)は考えられる．しかし，この意味だけで近似式(12)が考えられるとするならば，(12)の代わりに関係式

$$\sin x \fallingdotseq 2x \qquad (13)$$

もまた一つの近似式とみなされてよいはずである．ところが，$\sin x$ と x との差，すなわち，誤差 $\sin x-x$ は

$$\sin\frac{\pi}{180}-\frac{\pi}{180}=-0.0000009\cdots$$

であって，$\sin x$ と $2x$ との差，すなわち，誤差 $\sin x-2x$ は

$$\sin\frac{\pi}{180}-2\frac{\pi}{180}=-0.0174542\cdots$$

である．このことからわかることは，$|x|$ が十分小さいとき，近似式(12)の誤差は絶対値が $|x|$ に比してひじょうに小さいのに，(13)の誤差は絶対値が $|x|$ にほとんど等しいことである．そこで，わたくしたちは，$|x|$ がひじょうに小さいときの $\sin x$ の近似式としては(13)よりも(12)を選ぶことになるのであろう．

このような近似式の選択の基準についてもう少し掘

り下げて考えてみよう．誤差 $\sin x-x$ と x との比 $\dfrac{\sin x-x}{x}$ は

$$\frac{\sin\frac{\pi}{180}-\frac{\pi}{180}}{\frac{\pi}{180}}=-0.00005\cdots$$

で，誤差 $\sin x-2x$ と x との比 $\dfrac{\sin x-2x}{x}$ は

$$\frac{\sin\frac{\pi}{180}-2\frac{\pi}{180}}{\frac{\pi}{180}}=-1.00000\cdots$$

である．こうしてみると，$|x|$ がひじょうに小さいとき，$\dfrac{\sin x-x}{x}$ は絶対値が（さらに）ひじょうに小さいのに，$\dfrac{\sin x-2x}{x}$ は絶対値があまり小さくならない．これが，$\sin x$ の近似式としては(13)よりも(12)が選択される根拠である．

$|x|$ がひじょうに小さくなってゆくのにともなって，$\dfrac{\sin x-x}{x}$ の絶対値がひじょうに小さくなることは，極限を用いると

$$\lim_{x\to 0}\frac{\sin x-x}{x}=0 \qquad (14)$$

で表わされる．これは

$$\lim_{x\to 0}\frac{\sin x}{x}=1 \qquad (15)$$

と同値である．これはよく知られた基本公式である．(14)はランダウのオー o を用いると

$$\sin x=x+o(x) \qquad (x\to 0) \qquad (16)$$

のように表わされる．すなわち，(15)は(16)と同値である．(16)はまた，$|x|$ がひじょうに小さいとき，近似式

$$\sin x\fallingdotseq x \qquad (12)$$

が成り立ち，誤差項 $o(x)$ が x に対して高位の無限小になることを示すものである．

わたくしたちは，近似について少しくどくどしくわき道してきたが，ここで本論にもどることにしよう．

3. 微　分

1節で述べたように，微分係数 $f'(a)$ は

$$f(a+h)-f(a)=f'(a)h+o(h) \qquad (h\to 0) \qquad (9)$$

によっても表わされる．x の変化 h の絶対値 $|h|$ を十分小さくすると，関数 $f(x)$ の点 a での変化 $f(a+h)-f(a)$ は，h に対する高位の無限小を無視するとき，近似的に $f'(a)h$ に等しいとみられる．すなわち，近似式

$$f(a+h)-f(a)\fallingdotseq f'(a)h \qquad (5)$$

が成り立つとみられる．このことがらは図形的にはどうなるかを調べてみよう．

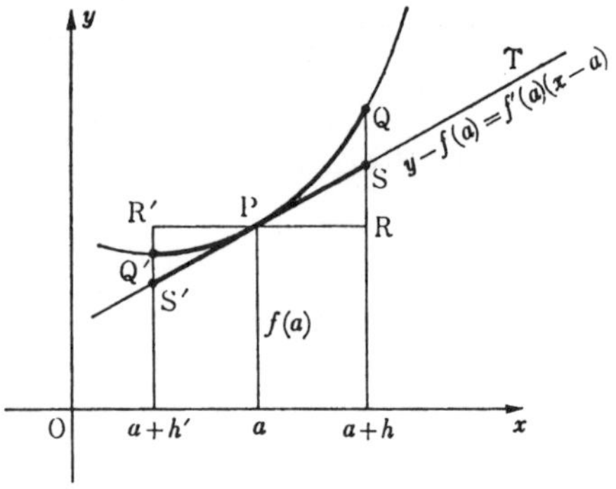

図1

図1で，Q′PQ は関数 $y=f(x)$ のグラフを表わし，PT は関数 $y=f(x)$ のグラフの点 P での接線を表わす．接線 PT の方程式は

$$y-f(a)=f'(a)(x-a) \qquad (17)$$

によって与えられる．変数 x が h だけ変化するときの関数のグラフ上の点の y 座標の変化は

$$\mathrm{RQ}=f(a+h)-f(a)$$

で，接線 PT 上の点の y 座標の変化は

$$\mathrm{RS}=f'(a)h$$

である．近似式(5)は図形的には近似式

$$\mathrm{RQ}\fallingdotseq\mathrm{RS}$$

となる．このことによって，関数のグラフ上の点Pの近傍でのグラフの変化は，点Pでの接線上の変化によって近似される．しかも，この近似は第1次の近似である．

関数のグラフ上の点Pでの接線は方程式(17)によって与えられ，方程式(17)は微分係数 $f'(a)$ によって決定される．したがって，関数のグラフ上の点 a での変化の状態は局所的には微分係数 $f'(a)$ によって決定される．いま，変数 x の変化 h を**変数 x の微分**といい，記号 dx で表わし，$f'(a)h$ を**関数 $y=f(x)$ の微分**といい，dy, df または $df(a)$ で表わす．このとき，関係式

$$dy=df=df(a)=f'(a)\,dx \qquad (18)$$

が成り立つ．上に示したことから明らかであるように，dx, dy は関数 $y=f(x)$ のグラフ上の点の座標の変化そのものを示すものではなく，グラフ上の点 $\mathrm{P}(a, f(a))$ での接線上の点の座標の変化を示すものである．微分の記号を用いると，関係式(9)は

$$f(a+dx)-f(a)=f'(a)dx+o(dx) \quad (dx\to 0)$$
$$=df(a)+o(dx) \quad (dx\to 0) \quad (9')$$

のようにも表わされる．

上に述べたように，関数 $y=f(x)$ の変化の状態は局所的には微分によって表現される．そして，微分は**線形**である．すなわち，2条件

$$f'(a)(ch)=cf'(a)h \quad (c\text{ は定数}) \quad (19)$$
$$f'(a)(h_1+h_2)=f'(a)h_1+f'(a)h_2 \quad (20)$$

を満足する．微分という用語は，進んだ研究では，微分係数 $f'(a)$ そのものを指していうこともあるが，わたくしたちは上に述べたような素朴な意味に用いることにしよう．なぜならば，このような素朴な意味の微分は応用方面ではよく用いられて，重要な役割を演じているからである．大学の一般教育の数学教科書や大学の数学教官は，きっかりしたことばかり専心したがって，近似ということをあまり好まないためであろう，素朴な意味の微分の取り扱いに対して，しぶしぶであったり，無視しようとしたりするように思われる．しかし，わたくしたちは，数学が他の領域に有用であるという観点から，むしろ有用な微分の素朴なすがたを掘り下げていきたいと考える．

ついでのことであるが，微分という言葉がいろいろな意味に用いられることを述べておこう．本節の微分は英語では differential といわれる．微分係数も簡略して微分とよばれることもある．微分係数を求めることを**微分する** differentiate といい，微分する演算を**微分法** differentiation というのであるが，これも略して微分とよばれることがある．微分法およびこれに関連する解析学の一分科を**微分学** differential calculus というのであるが，これもしばしば略して微分とよばれる．第二次大戦のころまでは，これらの用語ははっきりと区別して用いられたものであるが，戦後には，簡略する世の習いに従って，ほとんど無差別に微分とよばれるようになってきている．誤解のおこらない限りそれでよいであろう．

4．平均値定理

1節では，変数 x の無限小の変化 h に対する関数 $f(x)$ の変化は，関係式

$$f(a+h)-f(a)=f'(a)h+o(h) \quad (h\to 0) \quad (9)$$

によって与えられることを述べたのであるが，これは局所的変化に関するものである．これに対して，変数 x の変化が無限小でない場合の関数 $f(x)$ の変化に対する定理は次の平均値定理である．

平均値定理 「関数 $f(x)$ は閉区間 $[a, a+h]$ で連続で，開区間 $(a, a+h)$ で微分可能であるとする．このとき，関係式

$$f(a+h)-f(a)=f'(a+\theta h)h, \quad 0<\theta<1 \quad (21)$$

が成り立つような θ が少なくとも一つ存在する」

平均値定理という用語は英語の Mean value theorem，ドイツ語の Mittelwertssatz の直訳である．これらの外国語よりもフランス語の théorème des accroissements finis のほうが適切のようである．fini (finis は複数) はもともと「有限」の意味であるが，ここでは infinitésimal (無限小の) の反対の意味である．(微分積分学はもともとフランス語では calcul infinitésimal とよばれる．) したがって，上のフランス語は直訳ながらも「無限小でない増分の定理」と訳すべきで，このほうが平均値定理のすがたをよりよく表現しているといえるであろう．

一般教育の数学教科書や数学教官はとかくこの定理の厳密な証明にばかり心を奪われているようである．そのような「厳密」な証明は，教科書の著者や教官の自己満足には奉仕するが，学生の理解には奉仕する見込みは少ないようである．証明は図2のような図解によるもよいであろう．それよりも重要なことは，この定理は学生がはじめて出会う「存在定理」であるということである．あるいは「厳密」な証明をする教科書や講義で「存在定理」に出会うかもしれないが，そのような「存在定理」はなくとも後の展開にはさしつかえないであろう．ところが，平均値定理は後の展開の基礎となるもので，他の「存在定理」とは比較にはならないものである．

平均値定理が単なる「存在定理」であるというわけは，この定理は関係式(21)の中の θ の存在を保証しているだけで，その値を求める手段を示してはくれないからである．ただ，簡単な関数の場合にだけは，θ を求めること

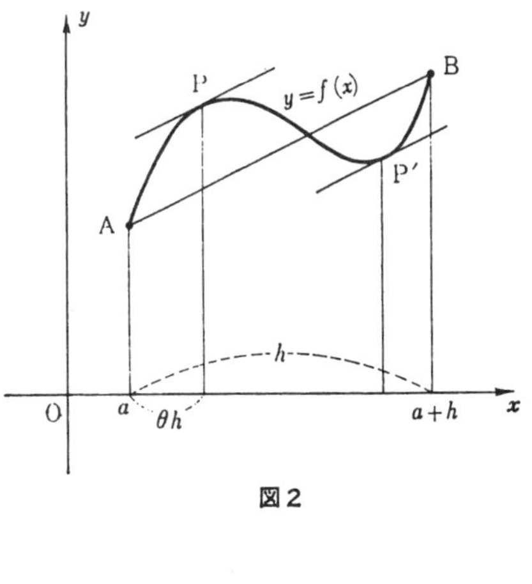

図2

ができるであろう．たとえば，一次関数 $f(x)=px+q$ の場合には，$f'(x)=p$（定数）であるから，θ は任意の値でよい．したがって，θ の値は無数に存在するわけである．また，二次関数 $f(x)=px^2+qx+r$ の場合には，$f'(x)=2px+q$ であるから

$$f(a+h)-f(a)=p(2ah+h^2)+qh,$$
$$f'(a+\theta h)h=\{2p(a+\theta h)+q\}h$$

より，$\theta=\dfrac{1}{2}$ となる．このような簡単な場合およびその他特別ないくつかの場合を除いては，θ を決定することは望みがないであろう．ところが，θ を決定することは後の展開にはさほど重要ではないのである．問題は，関係式(21)を満足する θ の存在に関する初学者の理解の定着にある．これが初学者にとって抵抗のあるところであろう．

平均値定理をフランス語流に「無限小でない増分の定理」と解すると，次の公式によっても表現される．すなわち，$f(x)$ が閉区間 $[a, a+h]$ で微分可能で，$f'(x)$ が $[a, a+h]$ で連続であるとき，関係式

$$f(a+h)-f(a)=\int_a^{a+h}f'(x)dx \qquad (22)$$

が成り立つ．右辺の積分で変数変換 $x=a+th$ をほどこすと，(22)は次のように表わされる．

$$f(a+h)-f(a)=\int_0^1 f'(a+th)h\,dt \qquad (23)$$

関係式(22)はほとんど自明であるので，平均値定理の一形態とするのは，どうかと思われるかもしれないが，わたくしたちの考察の後々の展開にとって重要性が見出されることになるわけで，ここで敢えてこれをかかげておくことにする．関係式(22)に次の定理を適用すると，関係式(21)が導かれる．

積分に関する平均値定理　「関数 $f(x)$ が閉区間 $[a, b]$ で連続ならば，関係式

$$\int_a^b f(x)dx=(b-a)f(a+\theta(b-a)),\ 0<\theta<1 \qquad (24)$$

が成り立つような θ が少なくとも一つ存在する」

このような論理関係はわたくしたちの重要な関心事ではない．関係式(21)の成り立つための前提条件よりも，関係式(22)の成り立つための前提条件のほうが強いからである．

「無限小でない増分の定理」に対して，「無限小増分の定理」にあたるべき関係式

$$f(a+h)-f(a)=f'(a)h+o(h) \quad (h\to 0) \qquad (9)$$

をも平均値定理の公式の一形態とすることにしよう．あるいは，(9)は定理というよりは微分係数 $f'(a)$ の定義そのものとしたのではないか，という異論が提出されるかもしれない．いかにも，この異論はもっともであるが，これもわたくしたちの考察の後々の展開の便宜のためにである．もう一つの言い訳は，数学教科書や数学教官はほとんど関係式(21)の形態の平均値定理にのみ固執しているようで，他の二つの形態のを無視しているので，これがわたくしたちの考察の後々の展開の芽をむしりとる結果になるからである．上に述べたような意味で，関係式(21)，(22)，(9)を平均値定理の三つの形態として考えることにして，それぞれ **θ 形式**，**積分形式**，**o 形式**とよぶことにしよう．

5. 微分公式

次にあげる諸公式は微分法に関する公式で，簡略して微分公式とよばれる．わたくしたちは，これらの諸公式については，ふつうの数学教科書でその証明を学んでいる．しかし，ここでは，関数 $f(x)$ の点 a での微分係数 $f'(a)$ を関係式

$$f(a+h)=f(a)+f'(a)h+o(h) \quad (h\to 0) \qquad (10)$$

によって定義することから，別な証明を試みることにしよう．

（Ｉ）$F(x)=cf(x)$（c は定数）のとき，
$F'(a)=cf'(a)$.

（Ⅱ）$F(x)=f(x)+g(x)$ のとき，
$F'(a)=f'(a)+g'(a)$.

（Ⅲ）$F(x)=f(x)g(x)$ のとき，
$F'(a)=f'(a)g(a)+f(a)g'(a)$.

（Ⅳ）$F(x)=\dfrac{f(x)}{g(x)}$ のとき，
$F'(a)=\dfrac{f'(a)g(a)-f(a)g'(a)}{\{g(a)\}^2}$.

（Ｖ）$F(x)=f(g(x))$ のとき，
$F'(a)=f'(g(a))g'(a)$.

（Ⅵ）$f(x)$ が単調関数で，$f'(a)\neq 0$，$F(y)=f^{-1}(y)$ のとき，$F'(b)=\dfrac{1}{f'(a)}$．ただし，$b=f(a)$.

わたくしたちは，これらの諸公式を証明するときに，同時にランダウのオー o についての諸公式をも導くことになる．

（Ｉ）(10)の両辺に c を掛けると

$$F(a+h)=F(a)+cf'(a)h+c\,o(h)$$

ところが

$$\frac{c\,o(h)}{h}=c\frac{o(h)}{h}\to 0 \qquad (h\to 0)$$

より

$$c\,o(h)=o(h) \qquad (h\to 0) \qquad (25)$$

したがって

$$F(a+h)=F(a)+cf'(a)h+o(h) \qquad (h\to 0)$$

ゆえに，$F'(a)=cf'(a)$.

（II） $g'(a)$ に対しては，関係式

$$g(a+h)=g(a)+g'(a)h+o(h) \qquad (h\to 0) \qquad (26)$$

が成り立つ．(10)と(26)とを辺々加えると

$$F(a+h)=F(a)+\{f'(a)+g'(a)\}h+o(h)+o(h) \qquad (h\to 0)$$

ところが

$$\frac{o(h)+o(h)}{h}=\frac{o(h)}{h}+\frac{o(h)}{h}\to 0 \qquad (h\to 0)$$

より

$$o(h)+o(h)=o(h) \qquad (h\to 0) \qquad (27)$$

したがって

$$F(a+h)=F(a)+\{f'(a)+g'(a)\}h+o(h) \quad (h\to 0)$$

ゆえに，$F'(a)=f'(a)+g'(a)$.

本来ならば，(10)の $o(h)$ と(26)の $o(h)$ とは異なるべきで，たとえば，後者を $o_1(h)$ のように区別するべきであろう．(27)においても同じことがいえるであろう．しかし，誤解のおこるおそれがない限り，上のように区別なしに用いることにする．以下においても同じである．

（III） (10)と(26)とを辺々掛け合わせると

$$\begin{aligned}F(a+h)=F(a)&+\{f'(a)g(a)+f(a)g'(a)\}h\\&+\{f(a)+f'(a)h\}o(h)+\{g(a)+g'(a)h\}o(h)\\&+f'(a)g'(a)h^2+o(h)o(h) \qquad (h\to 0)\end{aligned}$$

ところが，前と同じようにして，関係式

$$o(h)o(h)=o(h) \qquad (h\to 0) \qquad (28)$$

が導かれるから，これと(25)，(27)により

$$F(a+h)=F(a)+\{f'(a)g(a)+f(a)g'(a)\}h+o(h) \qquad (h\to 0)$$

ゆえに，$F'(a)=f'(a)g(a)+f(a)g'(a)$.

（IV） (10)を(26)で辺々割ると

$$\begin{aligned}F(a+h)&=F(a)+\frac{f(a)+f'(a)h+o(h)}{g(a)+g'(a)h+o(h)}-\frac{f(a)}{g(a)}\\&=F(a)+\frac{f'(a)g(a)-f(a)g'(a)}{g(a)\{g(a)+g'(a)h+o(h)\}}h\\&\qquad+\frac{g(a)o(h)-f(a)o(h)}{g(a)\{g(a)+g'(a)h+o(h)\}}\\&=F(a)+\frac{f'(a)g(a)-f(a)g'(a)}{\{g(a)\}^2}h+H \qquad (h\to 0),\end{aligned}$$

ここに

$$\begin{aligned}H=&-\frac{f'(a)g(a)-f(a)g'(a)}{\{g(a)\}^2\{g(a)+g'(a)h+o(h)\}}h\{g'(a)h+o(h)\}\\&+\frac{g(a)o(h)-f(a)o(h)}{g(a)\{g(a)+g'(a)h+o(h)\}}=o(h) \qquad (h\to 0)\end{aligned}$$

ゆえに，$F'(a)=\dfrac{f'(a)g(a)-f(a)g'(a)}{\{g(a)\}^2}$

（V） $k=g(a+h)-g(a)$ とおくと，$g(a+h)=g(a)+k$ となり

$$\begin{aligned}F(a+h)-F(a)&=f(g(a+h))-f(g(a))\\&=f(g(a)+k)-f(g(a))=f'(g(a))k+o(k) \quad (k\to 0)\end{aligned}$$

ところが，$k=g'(a)h+o(h)$．また，$o(k)=k\varepsilon(k)$ とおくと，$k\to 0$ のとき $\varepsilon(k)\to 0$．したがって $o(k)=\{g'(a)h+o(h)\}\varepsilon(k)=h\left\{g'(a)+\dfrac{o(h)}{h}\right\}\varepsilon(k)=o(h)$ $(h\to 0)$.

したがって

$$F(a+h)=F(a)+f'(g(a))g'(a)h+o(h) \quad (h\to 0)$$

ゆえに，$F'(a)=f'(g(a))g'(a)$.

（VI） $b=f(a)$，$b+k=f(a+h)$ とおくと

$$k=f(a+h)-f(a)=f'(a)h+o(h) \qquad (h\to 0)$$

$o(h)=h\varepsilon(h)$ とおくと，$h\to 0$ のとき $\varepsilon(h)\to 0$．また

$$k=f'(a)h+h\varepsilon(h)$$

より

$$h=\frac{k}{f'(a)+\varepsilon(h)}=\frac{k}{f'(a)}+\frac{-k\varepsilon(h)}{f'(a)\{f'(a)+\varepsilon(h)\}}$$

ところが，$h\to 0$ のとき $k\to 0$，かつ $k\to 0$ のとき $h\to 0$．他方，$F(b)=a$，$F(b+k)=a+h$ であるから

$$F(b+k)-F(b)=\frac{1}{f'(a)}k+o(k) \qquad (k\to 0)$$

ゆえに，$F'(b)=1/f'(a)$.

上のような証明のしかたは，それ自身興味あるものであるばかりでなく，わたくしたちの後々の理論の展開に欠くことのできないものであることは，やがて明らかにされるであろう．

6. 写　像

わたくしたちは，これから先の話をすすめるために，関数についてもっとはっきりさせておく必要を感ずるのである．今日の高等学校での数学教育では，関数を写像としてとらえることがあたりまえになっている．関数と写像とはどうちがうか，などとペダンティックなことをうんぬんする学者もいるようであるが，わたくしたちは，このような実りの乏しい議論のわきを素通りして，当面の問題として，簡単に写像すなわち関数としておく

ことにしよう．そこで，写像について復習しよう．

二つの集合 X, Y が与えられているとする．X, Y は異なっていることもあるし，同一であることもある．X の各要素(元)に Y のちょうど一つの要素(元)を対応させる規則(手続き) f を X から Y への**写像**といい，記号

$$f: X \to Y$$

で表わす．このとき，X の要素 x に対応する Y の要素を $f(x)$ で表わし，f の x での値(**関数値**)または f による x の**像**という．このことがらを記号

$$x \mapsto f(x)$$

で表わす．このときの集合 X を写像(関数)の**定義域**という．集合 X および Y の要素一般を表わす記号 x および y を**変数**といい，特に，x を**独立変数**，y を**従属変数**という．このときまた y は x の関数であるといい，記号

$$y=f(x) \qquad (x \in X)$$

で表わす．

わたくしたちがこれまで取り扱ってきた関数は，定義域 X は数直線 R 上の区間 I で，Y は数直線 R に一致する場合の写像，すなわち，写像

$$f: I \to R$$

である．ここで，区間 I は開区間 (a, b)，閉区間 $[a, b]$，半開区間 $(a, b]$，$[a, b)$，または，無限区間 (a, ∞)，$R=(-\infty, \infty)$ などのいずれの種類であってもよい．定義域を共通にする関数

$$f: I \to R \quad および \quad g: I \to R$$

に対して，関数 cf (c は定数)，$f+g$，fg，$\dfrac{f}{g}$ (ただし $g(x) \neq 0$ の場合)は次のように定義される．

$$(cf)(x)=cf(x), \quad (f+g)(x)=f(x)+g(x),$$
$$(fg)(x)=f(x)g(x), \quad \left(\frac{f}{g}\right)(x)=\frac{f(x)}{g(x)}.$$

このように定義すると，前節の微分公式(Ⅰ)～(Ⅳ)は次のように表わされる．

(Ⅰ) c が定数のとき，$(cf)'(a)=cf'(a)$.

(Ⅱ) $(f+g)'(a)=f'(a)+g'(a)$.

(Ⅲ) $(fg)'(a)=f'(a)g(a)+f(a)g'(a)$.

(Ⅳ) $\left(\dfrac{f}{g}\right)'(a)=\dfrac{f'(a)g(a)-f(a)g'(a)}{\{g(a)\}^2}$.

関数 $f: I \to R$ が I の各点 x で微分可能であるとき，I の各点 x に点 x での微分係数 $f'(x)$ を対応させる写像

$$x \mapsto f'(x)$$

が定義される．この写像を関数 f の**導関数**といい，f' で表わす．関数 f の x での微分係数 $f'(x)$ は f の導関数 f' の x での値である．

関数 $f: I \to R$ および $g: I \to R$ が I の各点 x で微分可能であるならば，公式(Ⅰ)～(Ⅳ)から次の公式が導かれる．

(Ⅰ′) c が定数のとき，$(cf)'=cf'$.

(Ⅱ′) $(f+g)'=f'+g'$.

(Ⅲ′) $(fg)'=f'g+fg'$.

(Ⅳ′) $\left(\dfrac{f}{g}\right)'=\dfrac{f'g-fg'}{(g)^2}$

ここで，一般論にもどって，X, Y, Z は一般に集合とする．写像 $f: X \to Y$ および $g: Y \to Z$ が定義されているとき，X の各要素 x には Y の要素 $f(x)$ が対応し，Y の各要素 y には Z の要素 $g(y)$ が対応するから，X の各要素 x には Z の要素 $g(f(x))$ が対応する．したがって，X の各要素 x に Z の要素 $g(f(x))$ を対応させる写像

$$x \mapsto g(f(x))$$

が定義される．この写像を f と g との**合成写像**(**合成関数**)といい，記号 $g \circ f$ で表わす．すなわち

$$g \circ f: X \to Z$$

は $(g \circ f)(x)=g(f(x))$ によって定義される．前節の微分公式(Ⅴ)は次のように表わされる．

(Ⅴ) $(f \circ g)'(a)=f'(g(a))g'(a)$.

次に，写像 $f: X \to Y$ が X の要素と Y の要素との間の1対1の対応であるときは，この対応によって，Y の各要素 y には X のちょうど一つの要素 x が対応する．したがって，Y から X への写像

$$y \mapsto x \qquad (ただし，y=f(x))$$

が定義される．これを f の**逆写像**といい，記号 f^{-1} で表わす．すなわち，$y=f(x)$ と $x=f^{-1}(y)$ とは同値である．前節の微分公式(Ⅵ)は次のように表わされる．

(Ⅵ) $(f^{-1})'(b)=\dfrac{1}{f'(a)}$,
ただし，$b=f(a)$，$f'(a) \neq 0$.

ここで，話題を少しく変えよう．高等学校の教科書はもちろん，大学の一般教育の教科書でも，曲線のことはわかりきったこととしているかのように，曲線の定義は与えられていない．それでも曲線の方程式について論及している．理論的であることをねらっているつもりの大学の一般教育の教科書もこの類であることをまぬかれない．推察するに，座標 x, y の間に関数関係が成り立つような点 $P(x, y)$ の軌跡——現代風にいうならば，集合——として曲線を理解しているようである．ここで，

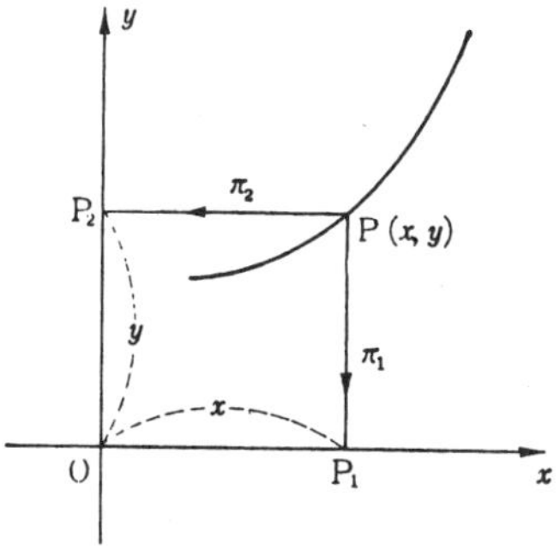

図3

関数関係というと，常識的にはわかりきっているのであるが，数学的にははっきりしていないようである．これはこれまでの話である．

ところが，写像という概念が導入されてくるとなると，話は変わってくる．曲線は，直観的·感覚的には，直線または線分を連続的に変形して得られたものとしてとらえられるであろう．このことから，曲線は数直線R上の区間の(連続)写像として定義されることがわかるであろう．ここで，区間Iは本節のはじめに述べたようにいろいろな区間のいずれかである．ところで，平面は，xy座標をとると，数直線Rと自身との直積としてみなされるから，記号 R^2 で表わされる．平面曲線 C は区間Iから平面 R^2 への写像 φ の像の集合として定義されるから，平面曲線 C 上の各点Pは $t(\in I)$ の φ による像である．

$$\mathrm{P}=\varphi(t) \qquad (t\in I)$$

点Pから x 軸，y 軸に垂線を引くことは，それぞれ曲線 C から x 軸，y 軸への写像である．これをそれぞれ π_1, π_2 とすると

$$x=\pi_1(\mathrm{P}),\quad y=\pi_2(\mathrm{P})$$

$\varphi_1=\pi_1\circ\varphi$, $\varphi_2=\pi_2\circ\varphi$ とすると

$$x=\varphi_1(t),\quad y=\varphi_2(t) \qquad (t\in I) \qquad (29)$$

これを曲線 C の方程式とよぶことにしよう．

中心が原点，半径が a の円を C とすると，C の方程式は，図4より明らかであるように

$$x=a\cos t,\quad y=a\sin t,\quad t\in[0, 2\pi] \qquad (30)$$

によって与えられる．この方程式の両辺を平方して加え合わせると，関係式

$$x^2+y^2=a^2 \qquad (31)$$

が得られる．従来の教科書では，(31)が円の方程式で，(30)は円の媒介方程式とよばれ，このときの変数tは媒介変数とよばれていた．（高等学校の新教育課程では，媒

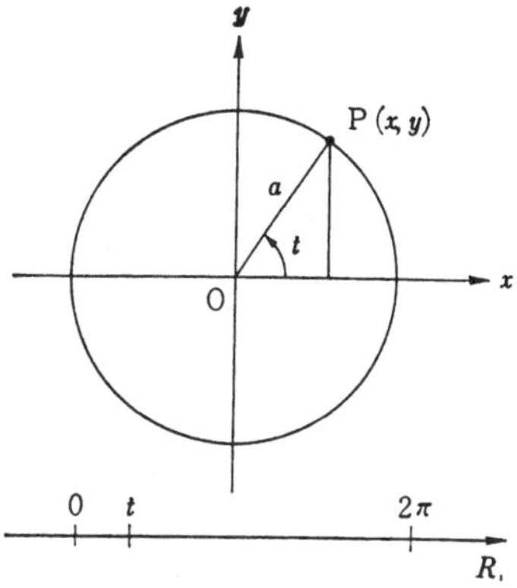

図4

介変数および媒介方程式は削除された.）わたくしたちの立場からすると，むしろ，(30)を円の「本格的」な方程式とし，(31)を「誘導された」方程式とよびたい．

もう一つの例として，楕円の方程式を考えよう．楕円は円を定方向に定比に伸縮して得られる図形である．円の半径を a として，定比を $b:a$ とすると，楕円の「本格的」な方程式は

$$x=a\cos t,\quad y=b\sin t,\quad t\in[0, 2\pi] \qquad (32)$$

によって与えられ，「誘導された」方程式は

$$\frac{x^2}{a^2}+\frac{y^2}{b^2}=1 \qquad (33)$$

によって与えられる．

空間曲線についても同じように取り扱うことができる．空間は xyz 座標をとると，平面 R^2 と数直線の直積としてみなされるから，記号 R^3 で表わされる．空間曲線 C は，区間 I から空間 R^3 への写像 φ の像の集合として定義されるから，平面曲線の場合と同じように

$$x=\varphi_1(t),\quad y=\varphi_2(t),\quad z=\varphi_3(t),\quad t\in I \qquad (34)$$

によって表わされる．

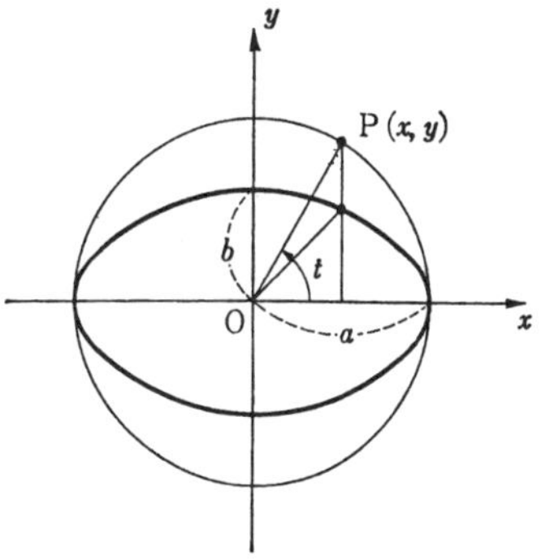

図5

7. ベクトル関数

前節でも述べたように，平面は，xy 座標をとることによって，R^2 のように表わされるのであるが，点の座標 (x, y) はまたベクトルともみなされる．このとき，R^2 はまた **2 次元ベクトル空間** とよばれる．便宜のために，記号 x, y の代わりにそれぞれ記号 x_1, x_2 で表わすことにし，したがって，(x, y) を (x_1, x_2) で表わし，後者を $\boldsymbol{x}$ で表わす．

数直線 R の区間 I からベクトル空間 R^2 への写像 $\boldsymbol{f}: I \to R^2$ は**ベクトル(値)関数**とよばれる．これに対し，従来の実数をとる関数を **スカラー関数** とよぶことがある．$\boldsymbol{f}$ の点 t での像 $\boldsymbol{f}(t)$ の成分を $f_1(t)$, $f_2(t)$ とすると，二つの写像

$$t \mapsto f_1(t) \quad \text{および} \quad t \mapsto f_2(t)$$

が定義される．これらをそれぞれ f_1 および f_2 によって表わし，$\boldsymbol{f}$ の**成分関数**とよび，$\boldsymbol{f}=(f_1, f_2)$ のように表わす．関数 $\boldsymbol{f}$ の像を $\boldsymbol{x}=(x_1, x_2)$ とすると，すなわち，$\boldsymbol{x}=\boldsymbol{f}(t)$ とすると，その成分は

$$x_1=f_1(t), \quad x_2=f_2(t)$$

となり，R^2 における像の集合は平面曲線である．

ベクトル $\boldsymbol{x}=(x_1, x_2)$ の**ノルム**(大きさ) $\|\boldsymbol{x}\|$ は

$$\|\boldsymbol{x}\|=\sqrt{x_1^2+x_2^2} \tag{35}$$

によって定義される．$\boldsymbol{a}=(a_1, a_2)$ とすると，不等式

$$|x_1-a_1|, \ |x_2-a_2| \leqq \|\boldsymbol{x}-\boldsymbol{a}\| \leqq |x_1-a_1|+|x_2-a_2| \tag{36}$$

が成り立つから，$\|\boldsymbol{x}-\boldsymbol{a}\| \to 0$ は $|x_1-a_1| \to 0$ かつ $|x_2-a_2| \to 0$ と同値である．すなわち，$\boldsymbol{x} \to \boldsymbol{a}$ は $x_1 \to a_1$ かつ $x_2 \to a_2$ と同値である．

上のことから，$t \to t_0$ のとき $\boldsymbol{f}(t) \to \boldsymbol{a}$ は，$t \to t_0$ のとき $f_1(t) \to a_1$ かつ $f_2(t) \to a_2$ と同値である．このことがらは，関係式

$$\lim_{t \to t_0} \boldsymbol{f}(t)=(\lim_{t \to t_0} f_1(t), \ \lim_{t \to t_0} f_2(t)) \tag{37}$$

として表わされる．すなわち，ベクトル関数の極限は成分関数ごとの極限と同値である．この基本的事項からベクトル関数の微分に関する基本的事項を導くことができる．ベクトル演算の性質により

$$\frac{\boldsymbol{f}(t_0+\tau)-\boldsymbol{f}(t_0)}{\tau} =\left(\frac{f_1(t_0+\tau)-f_1(t_0)}{\tau}, \ \frac{f_2(t_0+\tau)-f_2(t_0)}{\tau}\right)$$

関係式(37)により

$$\lim_{\tau \to 0} \frac{\boldsymbol{f}(t_0+\tau)-\boldsymbol{f}(t_0)}{\tau} =\left(\lim_{\tau \to 0} \frac{f_1(t_0+\tau)-f_1(t_0)}{\tau}, \ \lim_{\tau \to 0} \frac{f_2(t_0+\tau)-f_2(t_0)}{\tau}\right)$$

したがって，関係式

$$\boldsymbol{f}'(t_0)=(f_1'(t_0), \ f_2'(t_0)) \tag{38}$$

が成り立つ．すなわち，ベクトル関数を微分するには，成分関数ごとに微分すればよい．

微分係数の定義

$$\boldsymbol{f}'(t_0)=\lim_{\tau \to 0} \frac{\boldsymbol{f}(t_0+\tau)-\boldsymbol{f}(t_0)}{\tau}$$

から明らかであるように，1 節の関係式(9)および(10)と類似の関係式

$$\boldsymbol{f}(t_0+\tau)-\boldsymbol{f}(t_0)=\tau \boldsymbol{f}'(t_0)+\boldsymbol{o}(\tau) \quad (\tau \to 0) \tag{39}$$

および

$$\boldsymbol{f}(t_0+\tau)=\boldsymbol{f}(t_0)+\tau \boldsymbol{f}'(t_0)+\boldsymbol{o}(\tau) \quad (\tau \to 0) \tag{40}$$

が成り立つ．ここに，$\boldsymbol{o}$ はランダウのオーで，$\boldsymbol{o}(\tau)$ は τ に対して高位の無限小である．すなわち，関係式

$$\lim_{\tau \to 0} \frac{\boldsymbol{o}(\tau)}{\tau}=\boldsymbol{0} \tag{41}$$

が成り立つ．

3 節の場合と同じようにして，変数 t の変化 τ を変数 t の微分といい，記号 dt で表わし，$\tau \boldsymbol{f}'(t_0)$ を関数 $\boldsymbol{x}=\boldsymbol{f}(t)$ の微分といい，$d\boldsymbol{x}$, $d\boldsymbol{f}$ または $d\boldsymbol{f}(t_0)$ で表わす．このとき，関係式

$$d\boldsymbol{x}=d\boldsymbol{f}=d\boldsymbol{f}(t_0)=dt\boldsymbol{f}(t_0) \tag{42}$$

が成り立つ．このことがらを図形的に調べてみよう．図 6 で，PQ は $\boldsymbol{x}=\boldsymbol{f}(t)$ のグラフを表わし，PT はこのグラフの点Pでの接線である．点 P, Q の位置ベクトルをそれぞれ $\boldsymbol{f}(t_0)$, $\boldsymbol{f}(t_0+dt)$ とし，$\overrightarrow{\mathrm{PS}}=d\boldsymbol{f}(t_0)$ とする

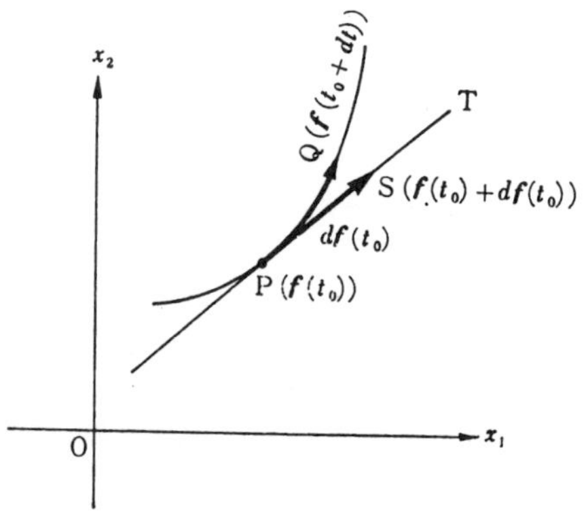

図6

と，Sの位置ベクトルは $\boldsymbol{f}(t_0)+d\boldsymbol{f}(t_0)$ である．グラフの弧 PQ は接線部分 PS によって近似され，その誤差は関係式

$$\boldsymbol{f}(t_0+dt)-\boldsymbol{f}(t_0)=d\boldsymbol{f}(t_0)+\boldsymbol{o}(dt)\quad (dt\to 0)\quad (43)$$

における項 $\boldsymbol{o}(dt)$ によって与えられ，この項は dt に対して高位の無限小である．$d\boldsymbol{f}(t_0)$ の成分表示は

$$d\boldsymbol{f}(t_0)=(df_1(t_0),\ df_2(t_0))=dt(f_1'(t_0),\ f_2'(t_0))\quad (44)$$

によって与えられる．

平均値定理に関しては，事情は4節とは少しく異なってくる．それは，θ 形式の平均値定理，すなわち，関係式

$$\boldsymbol{f}(t_0+\tau)-\boldsymbol{f}(t_0)=\tau\boldsymbol{f}'(t_0+\theta\tau),\quad 0<\theta<1\quad (45)$$

は必ずしも成り立たないことである．たとえば，ベクトル関数として，$\boldsymbol{f}(t)=(\cos t,\ \sin t)$ $(0\leqq t\leqq 2\pi)$ を考えてみればよい $(t_0=0,\ \tau=2\pi)$．読者は意外に感ぜられるかもしれない．無理もないことである．有数の数学者の書いた幾何の専門書もこのようなことについて誤っているそうであるから．$\boldsymbol{o}$ 形式は，関係式(39),(40)がすでに示すように，明らかに成り立つものである．積分形式の場合はどうであろうか．このためにはベクトル関数の積分についてふれなければならない．

ベクトル関数 $\boldsymbol{f}(t)$ は閉区間 $[\alpha,\beta]$ で連続であるとする．区間 $[\alpha,\beta]$ を分点

$$\alpha=t_0<t_1<t_2<\cdots<t_{i-1}<t_i<\cdots<t_{n-1}<t_n=\beta$$

によって小区間

$$[t_0,t_1],\ [t_1,t_2],\ \cdots,\ [t_{i-1},t_i],\ \cdots,\ [t_{n-1},t_n]$$

に分割する．このような分割を記号 $\varDelta$ で表わし，小区間 $[t_{i-1},t_i]$ の長さ t_i-t_{i-1} の最大を $|\varDelta|$ で表わす．ふつうの積分の場合と同じように

$$S(\varDelta)=\sum_{i=1}^{n}(t_i-t_{i-1})\boldsymbol{f}(\tau_i),\quad t_{i-1}\leqq\tau_i\leqq t_i$$

とおいて，$|\varDelta|\to 0$ のときの $S(\varDelta)$ の極限 $\lim_{|\varDelta|\to 0}S(\varDelta)$ をベクトル関数 $\boldsymbol{f}(t)$ の α から β までの定積分または単に積分といい，記号 $\int_\alpha^\beta \boldsymbol{f}(t)dt$ で表わす：

$$\int_\alpha^\beta \boldsymbol{f}(t)\,dt=\lim_{|\varDelta|\to 0}S(\varDelta)$$

極限の関係式により，関係式

$$\int_\alpha^\beta \boldsymbol{f}(t)\,dt=\left(\int_\alpha^\beta f_1(t)\,dt,\ \int_\alpha^\beta f_2(t)\,dt\right)\quad (46)$$

が成り立つ．すなわち，ベクトル関数を積分するには，成分関数ごとに積分すればよい．この性質によって，ベクトル関数に対しても，積分形式の平均値定理が成り立つ．すなわち，関係式

$$\boldsymbol{f}(t_0+\tau)-\boldsymbol{f}(t_0)=\int_{t_0}^{t_0+\tau}\boldsymbol{f}'(t)\,dt\quad (47)$$

および

$$\boldsymbol{f}(t_0+\tau)-\boldsymbol{f}(t_0)=\int_0^1\tau\boldsymbol{f}'(t_0+t\tau)\,dt\quad (48)$$

が成り立つ．

微分公式については，(I),(II)は同じ形式でそのまま成り立ち，(III),(IV),(V)はいっぽうの関数がスカラーの場合に意味をもつ．

(I) c が定スカラーのとき，$(c\boldsymbol{f})'(t_0)=c\boldsymbol{f}'(t_0)$．

(II) $(\boldsymbol{f}+\boldsymbol{g})'(t_0)=\boldsymbol{f}'(t_0)+\boldsymbol{g}'(t_0)$．

$\alpha(t)$ がスカラー関数のとき

(III) $(\alpha\boldsymbol{f})'(t_0)=\alpha'(t_0)\boldsymbol{f}(t_0)+\alpha(t_0)\boldsymbol{f}'(t_0)$．

(IV) $\left(\dfrac{\boldsymbol{f}}{\alpha}\right)'(t_0)=\dfrac{\alpha(t_0)\boldsymbol{f}'(t_0)-\alpha'(t_0)\boldsymbol{f}(t_0)}{\{\alpha(t_0)\}^2}$．

(V) $(\boldsymbol{f}\circ\alpha)'(t_0)=\boldsymbol{f}'(\alpha(t_0))\alpha'(t_0)$．

証明はスカラー関数の場合と同じようにしてなされる．

空間は，xyz 座標をとることによって，R^3 のように表わされるのであるが，点の座標 (x,y,z) はベクトルともみなされる．このとき，R^3 は**3次元ベクトル空間**とよばれる．ここでも，便宜のために，記号 x,y,z の代わりにそれぞれ記号 x_1,x_2,x_3 で表わすことにし，したがって，(x,y,z) を (x_1,x_2,x_3) で表わし，後者を $\boldsymbol{x}$ で表わす．数直線 R の区間 I からベクトル空間 R^3 への写像 $\boldsymbol{f}:I\to R^3$ はベクトル(値)関数とよばれ，その成分表示を $\boldsymbol{f}=(f_1,f_2,f_3)$ とすると，f_1,f_2,f_3 は I から R への写像である．$\boldsymbol{f}$ の R^3 における像の集合は空間曲線である．ベクトル $\boldsymbol{x}=(x_1,x_2,x_3)$ の**ノルム**(大きさ) $\|\boldsymbol{x}\|$ は

$$\|\boldsymbol{x}\|=\sqrt{x_1^2+x_2^2+x_3^2}\quad (49)$$

によって定義される．2次元の場合と同じようにして，ベクトル関数の微分,積分が定義され，まったく同じようなことがらが成り立つ．

8. 多変数関数

D は R^2 の点 $\boldsymbol{x}=(x_1,x_2)$ の集合とし，写像 $f:D\to R$ は D で定義された**2変数関数**とよばれる．f の $\boldsymbol{x}=(x_1,x_2)$ での値は $f(\boldsymbol{x})$ または $f(x_1,x_2)$ である．点 $\boldsymbol{x}=(x_1,x_2)$ が定点 $\boldsymbol{a}=(a_1,a_2)$ に限りなく近づくことは，$\|\boldsymbol{x}-\boldsymbol{a}\|\to 0$ となることである．このことを記号 $\boldsymbol{x}\to\boldsymbol{a}$ で表わす．D の点 $\boldsymbol{x}$ が，$\boldsymbol{x}\neq\boldsymbol{a}$ であって，$\boldsymbol{a}$ に限りなく近づくにともなって関数値 $f(\boldsymbol{x})$ が定値 l に限りなく近づくとき，$\boldsymbol{x}\to\boldsymbol{a}$ のときの $f(\boldsymbol{x})$ の極限が l で

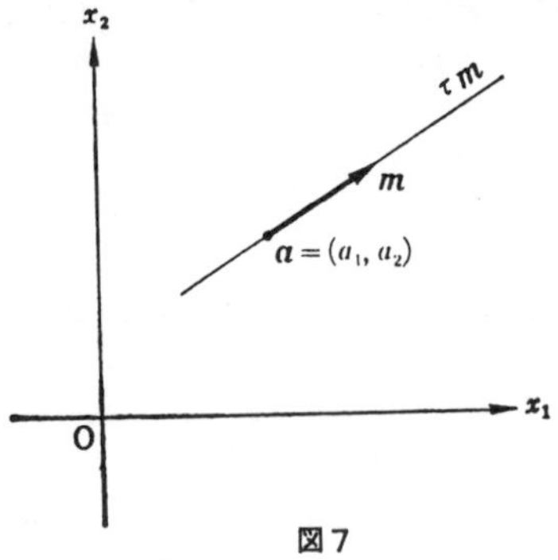

図7

あるといい，記号

$$\lim_{x\to a} f(x)=l$$

または

$$x \to a \text{ のとき } f(x) \to l$$

で表わす．

ここまでは，1変数の関数の場合と同じように取り扱うことができた．しかし，微分係数の定義の場合には

$$\lim_{h\to 0}\frac{f(a+h)-f(a)}{h}$$

は意味をもたないので，1変数の場合そのままは適用されないであろう．その代わりに，定ベクトル m に沿っての変化率

$$\lim_{\tau\to 0}\frac{f(a+\tau m)-f(a)}{\tau}$$

を考えることができる．この極限をベクトル m に沿っての **方向微分係数** または単に **方向微分** といい，記号 $\frac{\partial f}{\partial m}(a)$ で表わす．この値はベクトル m に関係する変化率である．

ベクトル m として，x_1 軸方向の単位ベクトル $e_1=(1, 0)$ をとるとき，方向微分は

$$\frac{\partial f}{\partial e_1}(a)=\lim_{\tau\to 0}\frac{f(a+\tau e_1)-f(a)}{\tau}$$
$$=\lim_{\tau\to 0}\frac{f(a_1+\tau, a_2)-f(a_1, a_2)}{\tau}$$

となり，f の x_1 に関する **偏微分係数** とよばれ，特に記号

$$\frac{\partial f}{\partial x_1}(a) \quad \text{または} \quad f_{x_1}(a)$$

で表わされる．同じように x_2 軸方向の単位ベクトル $e_2=(0, 1)$ をとるとき，方向微分は

$$\frac{\partial f}{\partial e_2}(a)=\lim_{\tau\to 0}\frac{f(a+\tau e_2)-f(a)}{\tau}$$
$$=\lim_{\tau\to 0}\frac{f(a_1, a_2+\tau)-f(a_1, a_2)}{\tau}$$

となり，f の x_2 に関する偏微分係数とよばれ，特に記号

$$\frac{\partial f}{\partial x_2}(a) \quad \text{または} \quad f_{x_2}(a)$$

で表わされる．

方向微分の定義

$$\lim_{\tau\to 0}\frac{f(a+\tau m)-f(a)}{\tau}=\frac{\partial f}{\partial m}$$

を変形すると

$$f(a+\tau m)-f(a)=\tau\frac{\partial f}{\partial m}+o(\tau) \quad (\tau\to 0) \qquad (50)$$

となる．この関係式では定ベクトル m に対して $\tau\to 0$ とすることになる．$h=\tau m$ とおくと，$\tau\to 0$ のとき $h\to 0$．しかし，このままでは，1節の関係式

$$f(a+h)-f(a)=f'(a)h+o(h) \quad (h\to 0) \qquad (9)$$

に類似した関係式が得られない．ところで，3節で述べたところでは，微分は $f'(a)\,h$ の h に関して線形である．そこで，関係式 (9) に類似した関係式として関係式

$$f(a+h)-f(a)=A(h)+o(h) \quad (h\to 0) \qquad (51)$$

を考えてみることにしよう．ここに，$o(h)$ $(h\to 0)$ は

$$\lim_{h\to 0}\frac{o(h)}{|h|}=0 \qquad (8')$$

を表わし，$A(h)$ は h に関して線形である，すなわち，2条件

$$A(ch)=cA(h) \quad (c \text{ は定数}) \qquad (52)$$
$$A(h_1+h_2)=A(h_1)+A(h_2) \qquad (53)$$

を満足するものとする．このような $A(h)$ が存在するものと仮定して，$A(h)$ の具体的な表現を求めることにしよう．

特別な場合として，$h=\tau e_1$ とおくと，関係式(51)は，条件(52)により

$$f(a+\tau e_1)-f(a)=\tau A(e_1)+o(\tau e_1) \quad (\tau\to 0)$$

これより

$$\lim_{\tau\to 0}\frac{f(a+\tau e_1)-f(a)}{\tau}=A(e_1)$$

したがって

$$A(e_1)=\frac{\partial f}{\partial x_1}(a)$$

同じようにして，$h=\tau e_2$ とおくことにより

$$A(\boldsymbol{e}_2)=\frac{\partial f}{\partial x_2}(\boldsymbol{a})$$

が導かれる．一般のベクトル $\boldsymbol{h}=(h_1, h_2)$ は $\boldsymbol{h}=h_1\boldsymbol{e}_1+h_2\boldsymbol{e}_2$ とおくことができるから，2条件(52)，(53)により

$$A(\boldsymbol{h})=A(h_1\boldsymbol{e}_1+h_2\boldsymbol{e}_2)=h_1A(\boldsymbol{e}_1)+h_2A(\boldsymbol{e}_2)$$
$$=h_1\frac{\partial f}{\partial x_1}(\boldsymbol{a})+h_2\frac{\partial f}{\partial x_2}(\boldsymbol{a}) \qquad (54)$$

f の偏微分係数 $\frac{\partial f}{\partial x_1}(\boldsymbol{a})$，$\frac{\partial f}{\partial x_2}(\boldsymbol{a})$ を成分とするベクトル $\left(\frac{\partial f}{\partial x_1}(\boldsymbol{a}),\ \frac{\partial f}{\partial x_2}(\boldsymbol{a})\right)$ は，力学の用語を借用して，スカラー関数 f の**勾配**（こうばい）とよばれ，記号 (grad f) $(\boldsymbol{a})$ で表わされる（grad は gradient「勾配」の略）．そうすると，$A(\boldsymbol{h})$ は(54)により勾配 (grad f) $(\boldsymbol{a})$ とベクトル $\boldsymbol{h}$ との内積に等しい：

$$A(\boldsymbol{h})=(\mathrm{grad}\,f)(\boldsymbol{a})\cdot\boldsymbol{h}=\boldsymbol{h}\cdot(\mathrm{grad}\,f)(\boldsymbol{a}) \qquad (55)$$

したがって，関係式(51)は

$$f(\boldsymbol{a}+\boldsymbol{h})-f(\boldsymbol{a})=(\mathrm{grad}\,f)(\boldsymbol{a})\cdot\boldsymbol{h}+o(\boldsymbol{h}) \quad (\boldsymbol{h}\to\boldsymbol{0}) \qquad (56)$$

のように表わされる．この表現は1変数関数の微分係数 $f'(a)$ の表現(9)によく似ている．ここで，さらに一歩進めて，勾配(grad f) $(\boldsymbol{a})$ を f の点 $\boldsymbol{a}$ での**微分係数**ともよび，記号 $f'(\boldsymbol{a})$ で表わすことにしよう．そうすると，関係式(56)は

$$f(\boldsymbol{a}+\boldsymbol{h})-f(\boldsymbol{a})=f'(\boldsymbol{a})\cdot\boldsymbol{h}+o(\boldsymbol{h}) \quad (\boldsymbol{h}\to\boldsymbol{0}) \qquad (57)$$

のように表わされる．これで，1変数関数の微分係数 $f'(a)$ の表現(9)にそっくりの表現が得られたわけである．

関係式(51)，(52)，(53)を満足するような $A(\boldsymbol{h})$ が存在するとき，関数 f は $\boldsymbol{a}$ 点で**全微分可能**であるという．このとき，上に述べたように，二つの偏導関数 $\frac{\partial f}{\partial x_1}(\boldsymbol{a})$，$\frac{\partial f}{\partial x_2}(\boldsymbol{a})$ が存在する．このことがらをもって，f は点 $\boldsymbol{a}$ で**偏微分可能**であるという．そうすると，関数 f は，点 $\boldsymbol{a}$ で全微分可能であるならば，点 $\boldsymbol{a}$ で偏微分可能であるということができる．しかし，逆は必ずしも成り立たない（[1]，151ページ）．さらに，f は，点 $\boldsymbol{a}$ で全微分可能であるならば，点 $\boldsymbol{a}$ で任意のベクトル $\boldsymbol{m}$ に沿っての方向微分係数をもつ，すなわち，**方向微分可能**である．なぜならば，関係式(51)で，$\boldsymbol{h}=\tau\boldsymbol{m}$ とおくと，条件(52)により

$$f(\boldsymbol{a}+\tau\boldsymbol{m})-f(\boldsymbol{a})=\tau A(\boldsymbol{m})+o(\tau\boldsymbol{m}) \qquad (\tau\to 0)$$

これにより

$$\frac{f(\boldsymbol{a}+\tau\boldsymbol{m})-f(\boldsymbol{a})}{\tau}=A(\boldsymbol{m})+\frac{o(\tau\boldsymbol{m})}{\tau} \qquad (\tau\to 0)$$

ここで，$\tau\to 0$ とすると

$$\lim_{\tau\to 0}\frac{f(\boldsymbol{a}+\tau\boldsymbol{m})-f(\boldsymbol{a})}{\tau}=A(\boldsymbol{m})$$

したがって

$$\frac{\partial f}{\partial \boldsymbol{m}}=A(\boldsymbol{m})$$

となる．関係式(55)により，関係式

$$\frac{\partial f}{\partial \boldsymbol{m}}=f'(\boldsymbol{a})\cdot\boldsymbol{m} \qquad (58)$$

が得られる．

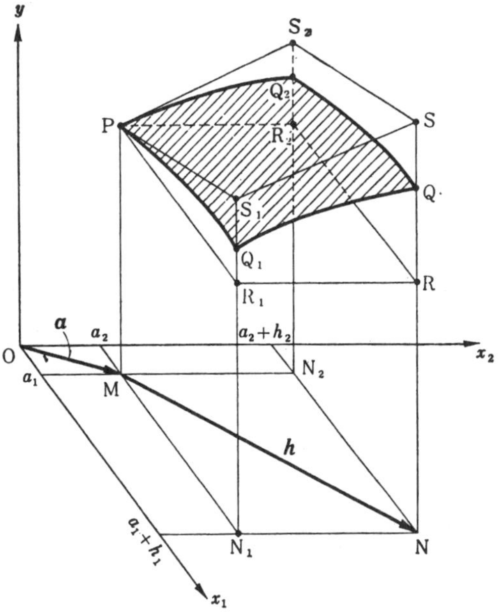

図8

次に，関係式(51)，すなわち，関係式(57)の図形的な意味を調べてみよう．図8で，ベクトル $\boldsymbol{a}$ を表わす x_1x_2 平面上の点をMとし，ベクトル $\boldsymbol{a}+\boldsymbol{h}$ を表わす点をNとする．$\boldsymbol{h}=(h_1, h_2)$ とするとき，ベクトル $\boldsymbol{a}+h_1\boldsymbol{e}_1$，$\boldsymbol{a}+h_2\boldsymbol{e}_2$ を表わす点をそれぞれ N_1，N_2 とする．点M, N, N_1, N_2 に対応する関数 $y=f(\boldsymbol{x})$ のグラフF上の点をそれぞれ P, Q, Q_1, Q_2 とする．点Pを通り，x_1x_2 平面に平行な平面が直線 NQ, N_1Q_1, N_2Q_2 と出会う点をそれぞれ R, R_1, R_2 とする．平面 PMN_1R_1 と関数のグラフ F との交線 PQ_1 の点Pでの接線を PS_1 とし，PS_1 と直線 N_1Q_1 との交わりを S_1 とすると，3節の図説からわかるように，関係式

$$R_1S_1=\frac{\partial f}{\partial x_1}(\boldsymbol{a})h_1 \qquad (59)$$

が成り立つ．同じようにして，平面 PMN_2R_2 と関数のグラフ F との交線 PQ_2 の点Pでの接線 PS_2 と直線

N_2Q_2 との交わりを S_2 とすると，関係式

$$R_2S_2=\frac{\partial f}{\partial x_2}(\boldsymbol{a})h_2 \tag{60}$$

が成り立つ.

接線 PS_1 と PS_2 とによって決定される平面 PS_1SS_2 はグラフ F の点Pでの**接平面**とよばれる．この接平面と直線 NR との交わりをSとすると，関係式

$$RS=R_1S_1+R_2S_2$$

が成り立つ．したがって，(59), (60) により，関係式

$$RS=\frac{\partial f}{\partial x_1}(\boldsymbol{a})h_1+\frac{\partial f}{\partial x_2}(\boldsymbol{a})h_2 \tag{61}$$

あるいは

$$RS=f'(\boldsymbol{a})\cdot\boldsymbol{h} \tag{62}$$

が成り立つ．この関係式と関係式(57)とによって，関数のグラフ上の点Pの近傍でのグラフの変化は，点Pでの接平面上の変化によって第1次に近似されることがわかる．ここで，3節の場合と同じように，h_1, h_2 をそれぞれ dx_1, dx_2 で表わし，$d\boldsymbol{x}=(dx_1, dx_2)=\boldsymbol{h}$ とし，$f'(\boldsymbol{a})\cdot\boldsymbol{h}$ を関数 $y=f(\boldsymbol{x})$ の**微分**といい，dy, df または $df(\boldsymbol{a})$ で表わす．このとき，関係式

$$dy=df=df(\boldsymbol{a})=f'(\boldsymbol{a})\cdot d\boldsymbol{x} \tag{63}$$

が成り立つ．そうすると，関係式(57)は

$$\begin{aligned} f(\boldsymbol{a}+d\boldsymbol{x})-f(\boldsymbol{a}) &= f'(\boldsymbol{a})\cdot d\boldsymbol{x}+o(d\boldsymbol{x}) \quad (d\boldsymbol{x}\to\boldsymbol{0}) \\ &= df(\boldsymbol{a})+o(d\boldsymbol{x}) \quad (d\boldsymbol{x}\to\boldsymbol{0}) \end{aligned} \tag{64}$$

のように表わされる．ここで，$f'(\boldsymbol{a})$ が関数 f の点 $\boldsymbol{a}$ での微分係数または**微分**ともよばれることにならって，全微分可能という代わりに**微分可能**ということにする．

関数 f が定義域 D の各点 $\boldsymbol{x}$ で微分可能であるとき，D の各点 $\boldsymbol{x}$ に点 $\boldsymbol{x}$ での微分係数 $f'(\boldsymbol{x})$ を対応させる写像

$$\boldsymbol{x}\mapsto f'(\boldsymbol{x})$$

が定義される．この写像を関数fの**導関数**または**微分**といい，記号 f' で表わす．平均値定理の o 形式は自明であろう．θ 形式および積分形式は次のように表わされる．

$$f(\boldsymbol{a}+\boldsymbol{h})-f(\boldsymbol{a})=f'(\boldsymbol{a}+\theta\boldsymbol{h})\cdot\boldsymbol{h},\quad 0<\theta<1 \tag{65}$$

$$f(\boldsymbol{a}+\boldsymbol{h})-f(\boldsymbol{a})=\int_0^1 f'(\boldsymbol{a}+t\boldsymbol{h})\cdot\boldsymbol{h}\,dt \tag{66}$$

この2形式の証明は，$g(t)=f(\boldsymbol{a}+t\boldsymbol{h})$ とおくとき，関係式

$$g'(t)=f'(\boldsymbol{a}+t\boldsymbol{h})\cdot\boldsymbol{h} \tag{67}$$

が成り立つことを示せば，容易になされるであろう．この関係式は次のようにして導かれる．

$$\begin{aligned} g'(t) &= \lim_{\tau\to 0}\frac{g(t+\tau)-g(t)}{\tau} \\ &= \lim_{\tau\to 0}\frac{f(\boldsymbol{a}+(t+\tau)\boldsymbol{h})-f(\boldsymbol{a}+t\boldsymbol{h})}{\tau} \\ &= \lim_{\tau\to 0}\frac{f(\boldsymbol{a}+t\boldsymbol{h}+\tau\boldsymbol{h})-f(\boldsymbol{a}+t\boldsymbol{h})}{\tau} \\ &= \frac{\partial f}{\partial \boldsymbol{h}}(\boldsymbol{a}+t\boldsymbol{h})=f'(\boldsymbol{a}+t\boldsymbol{h})\cdot\boldsymbol{h} \end{aligned}$$

微分公式については，(Ⅰ), (Ⅱ), (Ⅲ), (Ⅳ), (Ⅴ) は1変数のスカラー関数の場合と同じように成り立つ．また，これらの証明もまったく同じである．

定義域 D が，2次元ベクトル空間 R^2 の代わりに，3次元ベクトル空間 R^3 の部分集合とする場合にも，まったく同じことがらが成り立つことがわかるであろう．ただ，関係式(54)は，$\boldsymbol{h}=(h_1, h_2, h_3)$ とするとき

$$A(\boldsymbol{h})=h_1\frac{\partial f}{\partial x_1}(\boldsymbol{a})+h_2\frac{\partial f}{\partial x_2}(\boldsymbol{a})+h_3\frac{\partial f}{\partial x_3}(\boldsymbol{a}) \tag{54'}$$

となり，勾配は

$$(\mathrm{grad}\, f)(\boldsymbol{a})=\left(\frac{\partial f}{\partial x_1}(\boldsymbol{a}),\ \frac{\partial f}{\partial x_2}(\boldsymbol{a}),\ \frac{\partial f}{\partial x_3}(\boldsymbol{a})\right)$$

となるだけのことである．

9. 線形写像

わたくしたちは，1変数スカラー関数，1変数ベクトル関数，多変数関数に共通な微分係数の性質について考察してきた．ところが，関数の変化の第1次近似はそれぞれ

$$f'(a)h \quad \text{または} \quad hf'(a) \tag{68}$$

$$h\boldsymbol{f}'(a) \tag{69}$$

$$f'(\boldsymbol{a})\cdot\boldsymbol{h} \quad \text{または} \quad \boldsymbol{h}\cdot f'(\boldsymbol{a}) \tag{70}$$

のようにさまざまな形で表わされて，いまだ統一的な形式には表現されていない．そこで，これらの形式の統一が次の問題となる．

(68)は R の各要素 h に R の要素 $f'(a)h$ を対応させる写像 $T_1: R\to R$ の像である，すなわち

$$T_1(h)=f'(a)h \tag{71}$$

である．(69)は R の各要素 h に R^2 の要素 $h\boldsymbol{f}'(a)$ を対応させる写像 $T_2: R\to R^2$ の像である，すなわち

$$T_2(h)=h\boldsymbol{f}'(a) \tag{72}$$

である．(70) は R^2 の各要素 $\boldsymbol{h}$ に R の要素 $f'(\boldsymbol{a})\cdot\boldsymbol{h}$ を対応させる写像 $T_3: R^2\to R$ の像である．すなわち

$$T_3(\boldsymbol{h})=f'(\boldsymbol{a})\cdot\boldsymbol{h} \tag{73}$$

である．明らかに，T_1, T_2, T_3 は線形である．すなわち，それぞれ関係式

$$T_1(ch)=cT_1(k),\quad T_1(h_1+h_2)=T_1(h_1)+T_1(h_2) \tag{74}$$

$$T_2(ch)=cT_2(h),\quad T_2(h_1+h_2)=T_2(h_1)+T_2(h_2) \tag{75}$$

$$T_3(c\boldsymbol{h})=cT_3(\boldsymbol{h}),\quad T_3(\boldsymbol{h}_1+\boldsymbol{h}_2)=T_3(\boldsymbol{h}_1)+T_3(\boldsymbol{h}_2) \tag{76}$$

を満足する．

$T_1(h)$, $T_2(h)$, $T_3(\boldsymbol{h})$ の括弧(　)をはずして，それぞれ，T_1h, T_2h, $T_3\boldsymbol{h}$ のように表わすことにする．さらに，微分係数の記号 $f'(a)$, $\boldsymbol{f}'(a)$, $f'(\boldsymbol{a})$ はそれぞれ線形写像 T_1, T_2, T_3 を表わすことにすると，(68), (69), (70)はこれらの線形写像のそれぞれの像であるから，それぞれ

$$f'(a)h,\quad \boldsymbol{f}'(a)h,\quad f'(\boldsymbol{a})\boldsymbol{h}$$

のように統一的な形式で表わされる．結局，関数の変化の第1次近似である微分は，変数の変化の線形写像の像であって，このときの線形写像が微分係数であるということができる．

上に述べたことは，くどく繰り返すことになるのであるが，1変数スカラー関数の微分係数は線形写像

$$f'(a): R \longrightarrow R \tag{77}$$

で，1変数ベクトル関数の微分係数は線形写像

$$\boldsymbol{f}'(a): R \longrightarrow R^2 \tag{78}$$

で，多変数関数の微分係数は線形写像

$$f'(\boldsymbol{a}): R^2 \longrightarrow R \tag{79}$$

であるということである．

上に述べた線形写像はごく特殊なものであるが，次にもう少し一般の線形写像について考察しよう．2次元ベクトル空間 R^2 の要素 $\boldsymbol{x}$ に R^2 の要素 $\boldsymbol{y}$ を対応させる線形写像を

$$T: R^2 \longrightarrow R^2 \tag{80}$$

とすると，これは

$$\boldsymbol{y}=T\boldsymbol{x} \tag{81}$$

のように書き表わされる．いま，$\boldsymbol{x}=(x_1, x_2)$, $\boldsymbol{y}=(y_1, y_2)$ とすると，(81)は成分表示すると

$$\begin{aligned} y_1&=a_{11}x_1+a_{12}x_2,\\ y_2&=a_{21}x_1+a_{22}x_2 \end{aligned} \tag{82}$$

のように表わされる．ベクトル (x_1, x_2), (y_1, y_2) を(2,1)型行列として，列ベクトル表示

$$\begin{bmatrix} x_1 \\ x_2 \end{bmatrix},\quad \begin{bmatrix} y_1 \\ y_2 \end{bmatrix}$$

で表わすことにすると，(82)はベクトル·行列の形式

$$\begin{bmatrix} y_1 \\ y_2 \end{bmatrix}=\begin{bmatrix} a_{11} & a_{12} \\ a_{21} & a_{22} \end{bmatrix}\begin{bmatrix} x_1 \\ x_2 \end{bmatrix} \tag{83}$$

で表わされる．いま

$$\boldsymbol{A}=\begin{bmatrix} a_{11} & a_{12} \\ a_{21} & a_{22} \end{bmatrix}$$

とおくと，(83)は

$$\boldsymbol{y}=\boldsymbol{A}\boldsymbol{x} \tag{84}$$

のようにも表わされる．(81)と(84)とは同一内容をもつもので，線形写像は係数の行列 $\boldsymbol{A}$ によって表示される関係式(84)で表わされると考えることができる．

2次元ベクトル空間 R^2 の要素 $\boldsymbol{x}=(x_1, x_2)$ に3次元ベクトル空間 R^3 の要素 $\boldsymbol{y}=(y_1, y_2, y_3)$ を対応させる線形写像が

$$\begin{aligned} y_1&=a_{11}x_1+a_{12}x_2,\\ y_2&=a_{21}x_1+a_{22}x_2,\\ y_3&=a_{31}x_1+a_{32}x_2 \end{aligned} \tag{85}$$

によって表わされるとき，この写像はまた

$$\boldsymbol{A}=\begin{bmatrix} a_{11} & a_{12} \\ a_{21} & a_{22} \\ a_{31} & a_{32} \end{bmatrix},\quad \boldsymbol{x}=\begin{bmatrix} x_1 \\ x_2 \end{bmatrix},\quad \boldsymbol{y}=\begin{bmatrix} y_1 \\ y_2 \\ y_3 \end{bmatrix}$$

とおくとき，やはり

$$\boldsymbol{y}=\boldsymbol{A}\boldsymbol{x} \tag{86}$$

のように表わされる．同じようにして，R^3 から R^2 への線形写像および R^3 から R^3 への線形写像も(86)の形で表わされる．このときの係数の行列はそれぞれ

$$\boldsymbol{A}=\begin{bmatrix} a_{11} & a_{12} & a_{13} \\ a_{21} & a_{22} & a_{23} \end{bmatrix} \quad および \quad \boldsymbol{A}=\begin{bmatrix} a_{11} & a_{12} & a_{13} \\ a_{21} & a_{22} & a_{23} \\ a_{31} & a_{32} & a_{33} \end{bmatrix}$$

の形で与えられる．微分係数によって定義された線形写像(77), (78), (79)の係数の行列はそれぞれ

$$\boldsymbol{A}=[f'(a)],\quad \boldsymbol{A}=\begin{bmatrix} f_1'(a) \\ f_2'(a) \end{bmatrix},$$

$$\boldsymbol{A}=\begin{bmatrix} \dfrac{\partial f}{\partial x_1}(\boldsymbol{a}) & \dfrac{\partial f}{\partial x_2}(\boldsymbol{a}) \end{bmatrix}$$

である．このとき，スカラー h は(1,1)型行列 $[h]$ として取り扱われる．

10.　ベクトル変数ベクトル関数

D が R^2 の部分集合であるとき，写像 $\boldsymbol{f}: D\to R^2$ は Dで定義された**2変数ベクトル関数**または一般的に**ベクトル変数ベクトル関数**とよばれる．D の点 $\boldsymbol{x}=(x_1, x_2)$ が，$\boldsymbol{x}\neq\boldsymbol{a}$ であって，$\boldsymbol{a}$ に限りなく近づくにともなって

関数値 $\boldsymbol{f}(\boldsymbol{x})$ が定ベクトル $\boldsymbol{l}$ に限りなく近づくとき，$\boldsymbol{x}\to\boldsymbol{a}$ のときの $\boldsymbol{f}(\boldsymbol{x})$ の極限が $\boldsymbol{l}$ であるといい，記号

$$\lim_{\boldsymbol{x}\to\boldsymbol{a}}\boldsymbol{f}(\boldsymbol{x})=\boldsymbol{l}$$

または

$$\boldsymbol{x}\to\boldsymbol{a}\quad \text{のとき}\quad \boldsymbol{f}(\boldsymbol{x})\to\boldsymbol{l}$$

で表わす．

関数 $\boldsymbol{f}$ の $\boldsymbol{a}$ での微分係数を定義するために，8節の場合と同じように，関係式

$$\boldsymbol{f}(\boldsymbol{a}+\boldsymbol{h})-\boldsymbol{f}(\boldsymbol{a})=\boldsymbol{A}(\boldsymbol{h})+\boldsymbol{o}(\boldsymbol{h})\quad(\boldsymbol{h}\to\boldsymbol{0})\tag{87}$$

を考えてみることにしよう．ここに，$\boldsymbol{o}(\boldsymbol{h})\ (\boldsymbol{h}\to\boldsymbol{0})$ は

$$\lim_{\boldsymbol{h}\to\boldsymbol{0}}\frac{\boldsymbol{o}(\boldsymbol{h})}{|\boldsymbol{h}|}=\boldsymbol{0}\tag{8''}$$

を表わし，$\boldsymbol{A}(\boldsymbol{h})$ は $\boldsymbol{h}$ に関して線形である，すなわち，2条件

$$\boldsymbol{A}(c\boldsymbol{h})=c\boldsymbol{A}(\boldsymbol{h})\qquad(c\ \text{は定数})\tag{88}$$

$$\boldsymbol{A}(\boldsymbol{h}_1+\boldsymbol{h}_2)=\boldsymbol{A}(\boldsymbol{h}_1)+\boldsymbol{A}(\boldsymbol{h}_2)\tag{89}$$

を満足するものとする．

$\boldsymbol{f}$ の成分関数を f_1, f_2 とし，線形項 $\boldsymbol{A}(\boldsymbol{h})$ の成分項を $A_1(\boldsymbol{h})$, $A_2(\boldsymbol{h})$ とすると，関係式(87)は

$$f_1(\boldsymbol{a}+\boldsymbol{h})-f_1(\boldsymbol{a})=A_1(\boldsymbol{h})+o(\boldsymbol{h})\quad(\boldsymbol{h}\to\boldsymbol{0})\tag{87'}$$

$$f_2(\boldsymbol{a}+\boldsymbol{h})-f_2(\boldsymbol{a})=A_2(\boldsymbol{h})+o(\boldsymbol{h})\quad(\boldsymbol{h}\to\boldsymbol{0})\tag{87''}$$

のように成分関係式によって表わされる．ここで，$A_1(\boldsymbol{h})$ および $A_2(\boldsymbol{h})$ は $\boldsymbol{h}$ に関して線形である．（証明は容易であるから，読者に任せよう．）8節の結果により

$$A_1(\boldsymbol{h})=f_1'(\boldsymbol{a})\cdot\boldsymbol{h},\qquad A_2(\boldsymbol{h})=f_2'(\boldsymbol{a})\cdot\boldsymbol{h}$$

したがって

$$\boldsymbol{A}(\boldsymbol{h})=\begin{bmatrix}A_1(\boldsymbol{h})\\A_2(\boldsymbol{h})\end{bmatrix}=\begin{bmatrix}f_1'(\boldsymbol{a})\cdot\boldsymbol{h}\\f_2'(\boldsymbol{a})\cdot\boldsymbol{h}\end{bmatrix}=\begin{bmatrix}f_1'(\boldsymbol{a})\\f_2'(\boldsymbol{a})\end{bmatrix}\boldsymbol{h}$$

これより

$$\boldsymbol{A}(\boldsymbol{h})=\begin{bmatrix}\dfrac{\partial f_1}{\partial x_1}(\boldsymbol{a}) & \dfrac{\partial f_1}{\partial x_2}(\boldsymbol{a})\\[2ex]\dfrac{\partial f_2}{\partial x_1}(\boldsymbol{a}) & \dfrac{\partial f_2}{\partial x_2}(\boldsymbol{a})\end{bmatrix}\boldsymbol{h}\tag{90}$$

ここで

$$\boldsymbol{f}'(\boldsymbol{a})=\begin{bmatrix}\dfrac{\partial f_1}{\partial x_1}(\boldsymbol{a}) & \dfrac{\partial f_1}{\partial x_2}(\boldsymbol{a})\\[2ex]\dfrac{\partial f_2}{\partial x_1}(\boldsymbol{a}) & \dfrac{\partial f_1}{\partial x_2}(\boldsymbol{a})\end{bmatrix}\tag{91}$$

とおくと，関係式(87)は

$$\boldsymbol{f}(\boldsymbol{a}+\boldsymbol{h})-\boldsymbol{f}(\boldsymbol{a})=\boldsymbol{f}'(\boldsymbol{a})\boldsymbol{h}+\boldsymbol{o}(\boldsymbol{h})\quad(\boldsymbol{h}\to\boldsymbol{0})\tag{92}$$

のように表わされる．$\boldsymbol{f}'(\boldsymbol{a})$ は $\boldsymbol{f}$ の $\boldsymbol{a}$ での**微分係数**とよばれ，$\boldsymbol{f}'(\boldsymbol{a})\boldsymbol{h}$ は $\boldsymbol{f}$ の $\boldsymbol{a}$ での**微分**とよばれる．(91)の右辺の行列は $\boldsymbol{f}$ のヤコビ（C. G. J. Jacobi）**行列**とよばれる．関係式(92)が成り立つときは，$\boldsymbol{f}$ は $\boldsymbol{a}$ で**微分可能**であるという．

D が R^2 の部分集合であるとき，写像 $\boldsymbol{f}: D\to R^3$ の D の点 $\boldsymbol{a}$ での微分可能は同じようにして関係式(92)によって与えられる．このときの微分係数は

$$\boldsymbol{f}'(\boldsymbol{a})=\begin{bmatrix}\dfrac{\partial f_1}{\partial x_1}(\boldsymbol{a}) & \dfrac{\partial f_1}{\partial x_2}(\boldsymbol{a})\\[2ex]\dfrac{\partial f_2}{\partial x_1}(\boldsymbol{a}) & \dfrac{\partial f_2}{\partial x_2}(\boldsymbol{a})\\[2ex]\dfrac{\partial f_3}{\partial x_1}(\boldsymbol{a}) & \dfrac{\partial f_3}{\partial x_2}(\boldsymbol{a})\end{bmatrix}\tag{93}$$

によって与えられる．また，D が R^3 の部分集合であるとき，写像 $\boldsymbol{f}: D\to R^2$ の D の点 $\boldsymbol{a}$ での微分可能も関係式(92)によって与えられる．このときの微分係数は

$$\boldsymbol{f}'(\boldsymbol{a})=\begin{bmatrix}\dfrac{\partial f_1}{\partial x_1}(\boldsymbol{a}) & \dfrac{\partial f_1}{\partial x_2}(\boldsymbol{a}) & \dfrac{\partial f_1}{\partial x_3}(\boldsymbol{a})\\[2ex]\dfrac{\partial f_2}{\partial x_1}(\boldsymbol{a}) & \dfrac{\partial f_2}{\partial x_2}(\boldsymbol{a}) & \dfrac{\partial f_2}{\partial x_3}(\boldsymbol{a})\end{bmatrix}\tag{94}$$

によって与えられる．D が R^3 の部分集合であるとき，写像 $f: D\to R^3$ に対しても同じようである．この場合，微分係数 $\boldsymbol{f}'(\boldsymbol{a})$ を表わすヤコビ行列は(3, 3)型である．

平均値定理に関しては，7節のベクトル関数の場合と同じである．すなわち，θ 形式は必ずしも成り立たない．o 形式は微分係数 $\boldsymbol{f}'(\boldsymbol{a})$ の定義そのものである．積分形式は8節の多変数関数の場合から導かれるであろう．このとき，行列関数の積分について定義を明らかにする必要がおこるであろう（[2]，292ページ参照）．

微分公式については，7節のベクトル関数の場合の公式（Ⅰ），（Ⅱ），（Ⅲ），（Ⅳ）がそのまま成り立つ．

（Ⅰ）　c が定スカラーのとき，$(c\boldsymbol{f})'(\boldsymbol{a})=c\boldsymbol{f}'(\boldsymbol{a})$.

（Ⅱ）　$(\boldsymbol{f}+\boldsymbol{g})'(\boldsymbol{a})=\boldsymbol{f}'(\boldsymbol{a})+\boldsymbol{g}'(\boldsymbol{a})$.

$\alpha(\boldsymbol{x})$ がスカラー関数のとき

（Ⅲ）　$(\boldsymbol{f}\alpha)'(\boldsymbol{a})=\boldsymbol{f}'(\boldsymbol{a})\alpha(\boldsymbol{a})+\boldsymbol{f}(\boldsymbol{a})\alpha'(\boldsymbol{a})$.

（Ⅳ）　$\left(\dfrac{\boldsymbol{f}}{\alpha}\right)'(\boldsymbol{a})=\dfrac{\boldsymbol{f}'(\boldsymbol{a})\alpha(\boldsymbol{a})-\boldsymbol{f}(\boldsymbol{a})\alpha'(\boldsymbol{a})}{\{\alpha(\boldsymbol{a})\}^2}$.

ここで，少しく解説を加えておこう．公式（Ⅲ）は他の場合と異なった形式で述べられている．ふつうは $\alpha\boldsymbol{f}$ の形式で述べられているが，これはベクトル $\boldsymbol{f}$ のスカラー倍，すなわち，α 倍の意味である．これに対して，$\boldsymbol{f}\alpha$ は列ベクトル $\boldsymbol{f}$，すなわち，(2, 1)型行列と(1, 1)型行列 $[\alpha]$ との行列積を意味するもので，$\alpha\boldsymbol{f}$ の別な表現ともみることができる．同じような考え方で，（Ⅲ）および（Ⅳ）の $\boldsymbol{f}(\boldsymbol{a})\alpha'(\boldsymbol{a})$ は列ベクトル $\boldsymbol{f}(\boldsymbol{a})$ と行ベクトル $\alpha'(\boldsymbol{a})$ との行列積を意味している．このようにすることによって，公式が共通に適用されることになる．

上では，関数の定義域および像の空間が共通である場合について考察したのであった．しかし，公式(V)の場合は事態はちがっている．たとえば，D は R^2 の部分集合で，E は R^3 の部分集合であるとする．関数 $\boldsymbol{f}: D \to R^3$ および $\boldsymbol{g}: E \to R^3$ によって，D の各要素 $\boldsymbol{x}$ に対して E の要素 $\boldsymbol{f}(\boldsymbol{x})$ が対応し，これに対して R^3 の要素 $\boldsymbol{g}(\boldsymbol{f}(\boldsymbol{x}))$ が対応する．このようにして得られる D から R^3 への写像を $\boldsymbol{f}$ と $\boldsymbol{g}$ との**合成関数**または**合成写像**といい，記号 $\boldsymbol{g} \circ \boldsymbol{f}$ で表わす：$(\boldsymbol{g} \circ \boldsymbol{f})(\boldsymbol{x}) = \boldsymbol{g}(\boldsymbol{f}(\boldsymbol{x}))$．合成関数に対しては公式(V)が成り立つ．

(V)　$(\boldsymbol{g} \circ \boldsymbol{f})'(\boldsymbol{a}) = \boldsymbol{g}'(\boldsymbol{f}(\boldsymbol{a}))\boldsymbol{f}'(\boldsymbol{a})$

この公式は最近には**連鎖法則** chain rule とよばれて，新たに脚光を浴びてきたのである．公式(I)～(V)の証明は5節におけるこれらの公式の証明とまったく同じである（[2] 247～249ページ，[3]，307～310ページ）．

11．結 び

わたくしたちは，微分の素朴なすがたを掘り下げて考察することから，一般の写像の微分のアイデアに到達したのである．非線形写像の変化が局所的には線形写像によって近似されるということがらによって，微分積分の問題が線形代数の方法に密着しているという，意外な展開が見出されたのである．このような展開はさらに**関数解析**(**位相解析**)という新しい分野にまで発展させられるのである．

このような展開を妨げるものは，一つには，大学の微分積分の教科書が出発点の基礎的事項の証明の厳密性にのみ心を奪われて，実関数論的粉飾に終始していることである．「粉飾」といったのは，専門的視野からみるとその証明の厳密性に問題があり，教育的視野からすると，学生の理解をはばむものであるからである．もう一つには，線形代数の学習には，行列式の学習が先行しなければならない，という伝習的迷信に支配されているからである．わたくしたちの考察はかなり直観的な色彩も強かったが，ε, δ 論法によって厳密に証明し直すことは，それほどめんどうなことではないであろう．

わたくしたちが残したものには，逆関数，陰関数，重積分の変数変換の問題のほかに，高階微分，テーラー(Taylor)の定理，級数の問題などがある．これらは少しく進んだ学習となるであろう．

文　献

[1]　福原満洲雄・稲葉三男，新数学通論 I，共立出版，昭和42年．

[2]　福原満洲雄・稲葉三男，新数学通論 II，共立出版，昭和43年．

[3]　S. Lang, Analysis I, Addison Wesley, 1968.

（いなば　みつお）

微積分での存在定理

栗田　稔

微積分の習いはじめに出てくるいろいろな定理の中で，理論的な要(かなめ)となるものに，中間値の定理，平均値の定理というのがあって，それらは，次のようである．まず，中間値の定理というのは，

定理 A　$f(x)$ が区間 $[a,b]$ で連続，かつ $f(a)<f(b)$ のとき，$f(a)<C<f(b)$ である任意の値 C に対して，

$$f(c)=C \quad (a<c<b) \qquad (1)$$

となる c が存在する．(1つとは限らない)

$f(a)>f(b)$ の場合も同様で，$f(a)>C>f(b)$ である C に対して，(1) の成り立つ c が存在する．

ここで，$[a,b]$ は閉区間 $\{x \mid a \leqq x \leqq b\}$ を表わす．

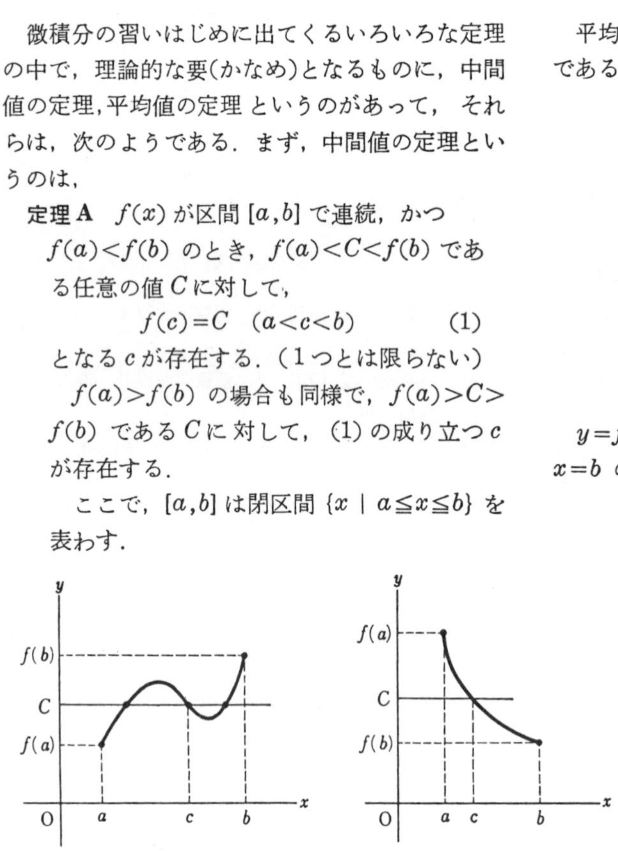

図 1

次に，平均値の定理というのは，

定理 B　関数 $f(x)$ について，

(1)　区間 $[a,b]$ で連続

(2)　区間 (a,b) で微分可能

のときは，

$$\frac{f(b)-f(a)}{b-a}=f'(c) \qquad (a<c<b)$$

となる c が存在する．

ここで，(a,b) は開区間 $\{x \mid a<x<b\}$ を表わす．

平均値の定理は，グラフで理解すると次のようである．

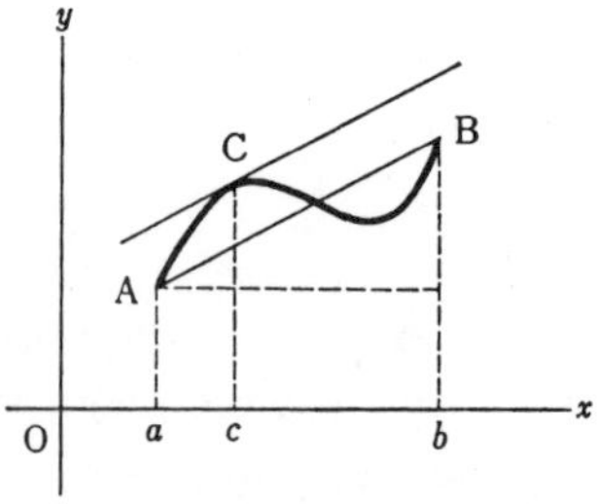

図 2

$y=f(x)$ のグラフの上で，$x=a$ の点を A，$x=b$ の点を B とすると，

$$\frac{f(b)-f(a)}{b-a}$$

は直線 AB の傾きであり，$f'(c)$ は $x=c$ である点Cでのグラフの接線の傾きである．したがって，定理は，

グラフの点Cであって，そこでの接線が直線 AB に平行であるようなものが存在する

ことを示している．

定理 A,B では，どちらも，

…となる c が存在する

ことを言っている．こうした種類の定理は，存在定理といわれるもので，初等数学にはないが，少し進んだ段階になると，重要な定理の中にこうした形のものがよく出てくる．それは，次のような事情による．

初歩の段階では，

条件に合うものを直接に出して見せる

ことが目標となる．たとえば，x の2次方程式

$$ax^2+bx+c=0 \qquad (a \neq 0)$$

で，これをみたす x の値はといえば，

$$x=\frac{-b\pm\sqrt{b^2-4ac}}{2a}$$

と明確に示される．3次や4次になると，大変面倒な式にはなるが，こうしたことが可能であることがわかっている．ところが，5次以上の方程式になると，

　根を具体的に表わすことは，一般にはできない

ことが証明できる．それは，詳しくいうと，$n\geqq5$ のとき，

$$a_0x^n+a_1x^{n-1}+\cdots+a_n=0 \qquad (a_0\neq0)$$

となる x を，$a_0,a_1,\cdots,a_n$ から，加減乗除と，k 乗根をとるという算法で導くことはできないということである．

しかしながら，この場合，

　$a_0,a_1,\cdots,a_n$ が複素数ならば，この方程式を満たす複素数 x が存在する

という基本定理（ガウスの定理）がある．これは存在定理である．また，

$$\int(x^2-3x+1)dx,\quad \int\frac{dx}{x^2}$$

といった積分は容易に求められるし，

$$\int\frac{dx}{x},\ \int\frac{dx}{1+x^2},\ \int\frac{dx}{\sqrt{1-x^2}}$$

なども，それぞれ $\log|x|$，$\tan^{-1}x$，$\sin^{-1}x$ などと求められるが，$\int\sqrt{1+x^4}\,dx$，$\int\frac{dx}{\sqrt{1+x^3}}$

というようなものになると，そうした不定積分の存在することはわかっているが，これをよく知っている関数記号を使って書き表わすことはできない．

このように，少し進んだ数学では，ある条件に合うものの存在を主張する存在定理というものが必要となり，その上で，

　そうしたものの性質を研究する

ことへ進むわけである．

定理A,Bにも見るように，存在定理というのは，その存在する場所を明確に示すものでなく，ある範囲での存在を示すだけである．その意味で，定量的でなく定性的であるともいえる．

1．中間値の定理

1．意義と証明

中間値の定理（定理A）は非常に明快である．そして，証明もそう難しくはない．まず，定理Aの特別な場合として，次の定理が考えられる．

定理 A′　関数 $f(x)$ が $[a,b]$ で連続，

　かつ，$f(a)<0$，$f(b)>0$　　(1)

　のとき，$f(c)=0$　$(a<c<b)$　　(2)

　となる c が存在する．

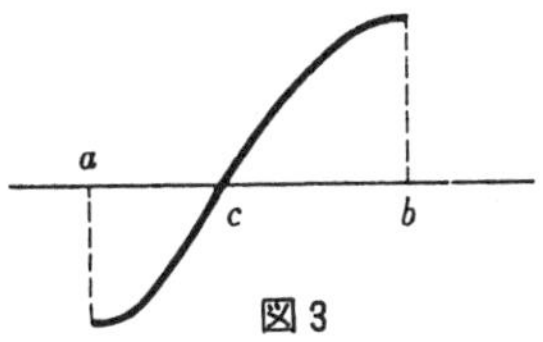

図3

これは，定理Aで $C=0$ となった特別の場合であるが，実は定理A′からAは次のように容易に導かれる．

定理A′→定理Aの証明

定理Aで，$\varphi(x)=f(x)-C$ とおくと，$\varphi(x)$ は連続で，

$$\varphi(a)=f(a)-C<0,\qquad \varphi(b)=f(b)-C>0$$

したがって，定理A′が成り立てば，

$$\varphi(c)=f(c)-C=0 \qquad (a<c<b)$$

となる c が存在する．これが定理Aである．

定理A′で，条件(1)の代わりに，

$$f(a)>0,\quad f(b)<0 \qquad (3)$$

があっても，結論には変わりはない．

$g(x)=-f(x)$ とおくと，$g(x)$ は連続で，(3)は，

$$g(a)<0,\quad g(b)>0$$

に帰着し，

$$g(c)=0 \qquad (a<c<b)$$

となる c があるが，これは(2)になる．

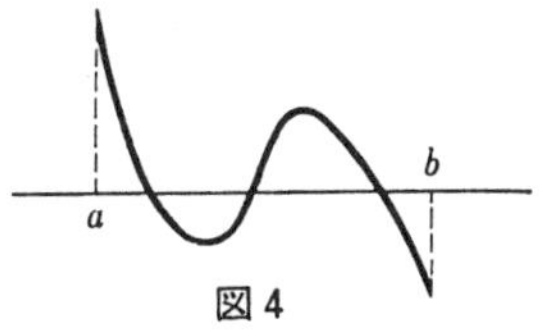

図4

そこで，定理A′の証明を考えよう．

これは，グラフの上から見れば明らかなことであるが，それは，

　関数の連続ということを，グラフの曲線の連続ということで，直観的にとらえている

からであって，証明ということになるともっと精密にやる必要がある．

証明となっても，考えの筋道は自然である．それは，

$f(x)$ が連続で，$f(a)<0$ だから，a の近くでは $f(x)<0$ であろう．そこで，x の値が増えていくと，終りには $f(b)>0$ となるから，x が a から進んでいくとき，

$f(x)\leqq 0$ である x の限界 c

を考えれば，$f(c)=0$ となろう

という着想による．以下，それを精密に示そう．

まず，最初に準備することは，

定理 1　$f(x)$ が $x=x_1$ で連続で，$f(x_1)\neq 0$ のとき，x_1 の十分近くでは $f(x)$ は $f(x_1)$ と同符号である．

これを，もう少しくわしくいうと，

$f(x_1)>0$ のときは，ある正数 δ があって，$x_1-\delta<x<x_1+\delta$ である任意の x に対して $f(x)>0$．$f(x_1)<0$ の場合は，$f(x)<0$

ということになる．

定理 1 の証明．$f(x)$ が $x=x_1$ で連続だから，

$$\lim_{x\to x_1} f(x)=f(x_1)$$

つまり，任意の正数 ε に対して，正数 δ が存在して，

$|x-x_1|<\delta$ である任意の x に対して，

$$|f(x)-f(x_1)|<\varepsilon$$

$f(x_1)>0$ のときは，$\varepsilon=\dfrac{1}{2}f(x_1)$ にとれば，

$$-\frac{1}{2}f(x_1)<f(x)-f(x_1)<\frac{1}{2}f(x_1)$$

によって，　　$f(x)>\dfrac{1}{2}f(x_1)>0.$

また，$f(x_1)<0$ のときは，$\varepsilon=-\dfrac{1}{2}f(x_1)$ にとると，

$$\frac{1}{2}f(x_1)<f(x)-f(x_1)<-\frac{1}{2}f(x_1)$$

から，　　$f(x)<\dfrac{1}{2}f(x_1)<0$

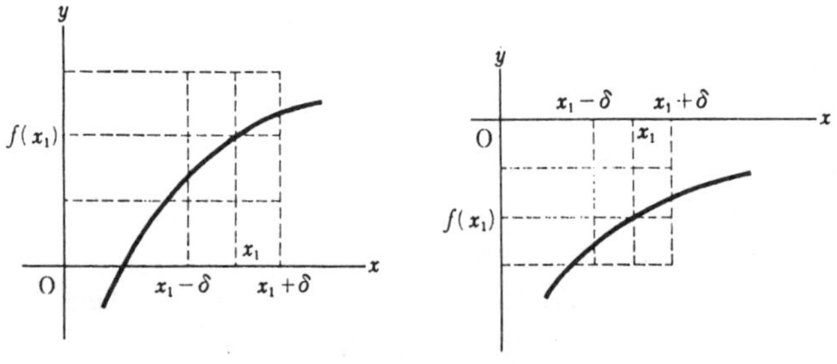

図 5

定理 A′ の証明には，もう一つ準備が要る．それは次の定理である．

定理 2．実数を要素とする集合 M があって，M の任意の数 x に対して，

$x<k$　(k は一定数)

とする．このとき，次のような数 c が存在する．

(i)　M のすべての数 x に対して，$x\leqq c$

(ii)　任意の正数 ε に対して，

$c-\varepsilon<x$

となる M の数 x が存在する．

これは，数直線の上で考えれば，明白なことである．k は M のどの数よりも大きい一定数で，これがあるとき，M は上に有界であるという．また，c は，

M に属する数の上のぎりぎりの限界

というわけで，これを M の上限 (upper limit) といい，$\sup M$ とかく．

定理 2 は，

上に有界な集合には，上限がある

ということである．

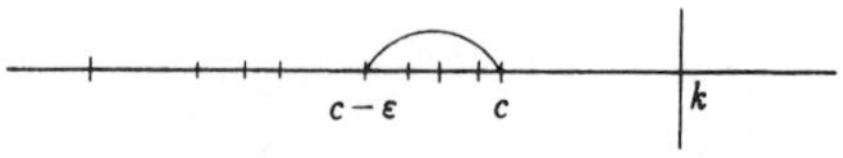

図 6

M の中に最大の数があるときは，これを c とすると，これが上限である．それは，定理 2 での条件 (i) はもちろん成り立つし，c 自身が M の数だから (ii) での x は c にとればよい．したがって，

M の最大数は，M の上限

である．しかし，

$$M=\left\{1-\frac{1}{n}\;\middle|\; n=1,2,3,\cdots\right\}$$

のような集合には，最大数はない．1 を最大数といいたいところであるが，これは M に属さない．この場合，1 を上限というわけである．

定理 2 の証明．いま，実数の全体 R の中で，

M のある数 x に対して，$a\leqq x$ となっている a の全体でできる集合 (M の数はこれに入る)　(1)

を A とし，そうでない数の全体のつくる集合，つまり，

M のすべての数 x に対して，$x<b$ となる b の全体でできる集合　(2)

を B とすると，A は空集合ではないし，M が上

に有界であることからBも空集合でない．

また，AとBはRの中でたがいに補集合になっている．

さらに，Aの任意の数をa，Bの任意の数をbとすると，(1)(2)から，$a<b$

こうして，実数全体が大，小の2組A,Bに分割され，

(Ⅰ) Aに最大数があって，Bに最小数がない

(Ⅱ) Aに最大数がなくて，Bに最小数がある

のどちらか一方が成り立っている．（これを実数の連続性という．詳しいことは右の欄参照）(Ⅰ)の場合はAの最大数，(Ⅱ)の場合はBの最小数をcとすると，これについて定理2の(i)(ii)の成り立つことが，次のようにして示される．

まず，(i)が成り立たないとすると，Mのある数x_1に対して，$x_1>c$となり，(1)によってcはAの数になる．x_1もAの数だから，これはcのきめ方に反する．

次に，(ii)が成り立たないとすると，ある正数εに対し，

$c-\varepsilon<x$ となるMの数xは存在しない．

つまり，Mの任意の数xに対して，$c-\varepsilon\geqq x$

したがって，$c-\frac{1}{2}\varepsilon>c-\varepsilon\geqq x$，$c-\frac{1}{2}\varepsilon>x$

だから，$c-\frac{1}{2}\varepsilon$がBに属することになって，やはりcのきめ方に反する．

こうして，(i)(ii)の成り立つことがわかる．

定理1と定理2によって，定理A′が証明できる．

定理A′をもう一度述べると，それは，$f(x)$が連続で，$f(a)<0$, $f(b)>0$であると，$f(c)=0$ $(a<c<b)$となるcが存在するということである．

定理A′の証明．いま，

区間$[a,x_1]$では，つねに$f(x_1)\leqq 0$ (1)

という数x_1の全体のつくる集合をMとすると，Mの任意の元x_1について$x_1<b$だからMは上に有界である．したがって，定理2によるとMには上限がある．これをcとすると，

$$f(c)=0 \quad (2)$$

であることが次のように証明される．

cがMの上限であるというのは，

(i) (1)の成り立つx_1については，つねに$x_1\leqq c$

(ii) εを任意の正数とすると，(1)の成り立つx_1で，$c-\varepsilon<x_1$となるものがあるということである．

いま，$f(c)\neq 0$とすると，$f(c)>0$または$f(c)<0$である．$f(c)>0$とすれば，定理1によってcの十分近くでは$f(x)>0$となって(ii)に反する．

また，$f(c)<0$とすれば，cの十分近くでは$f(x)<0$となり，適当に$\varepsilon_1>0$をとると，

$c-\varepsilon_1<x<c+\varepsilon_1$ で $f(x)<0$

また，(ii)によると，$c-\varepsilon_1<x_1\leqq c$である$x_1$を適当にとると，

$x\leqq x_1$ では，　$f(x)\leqq 0$

したがって，　$x<c+\varepsilon_1$ で $f(x)\leqq 0$

だから，　$x\leqq c+\frac{1}{2}\varepsilon_1$ で $f(x)\leqq 0$

こうして$c+\frac{1}{2}\varepsilon_1$は$M$に属し，しかも$c+\frac{1}{2}\varepsilon_1>c$だから(i)に反する．

こうして，(2)が証明されたことになる．

実数の連続性について

定理2の証明で使った実数の連続性というのは，実数全体の集合Rを2つの部分集合A,Bに分けて，Aの任意の数a,Bの任意の数bに対し$a<b$であるようにすると，

(i) Aの中に最大数があり，Bの中に最小数がない

(ii) Aの中に最大数がなく，Bの中に最小数がある

のどちらか一方が成り立つということであった．

このことは，実数の基本的性質であって，これを証明するのには，実数の定義から明らかにしていかなくてはならない．

実数の定義には，デデキント (Dedekind) による有理数の切断 (Schnitt) として考えるものや，カントル (G. Cantor) の基本列によるものなどあるが，ここでは，

実数は，無限小数で表わされるもの

として説明しておこう．ここで，無限小数というとき，有限小数は0が無限に続くもの，また，9が無限に続くもの，たとえば，2.4999…は2.5000…と同じものと考える．

そこで，左の欄の(Ⅰ)または(Ⅱ)の成り立つことは，次のように証明される．まず，整数をとって考え，たとえば，

12はAに属し，13はBに属する

とする．次に，小数第1位まで考えて，

12.7 は A に属し，12.8 は B に属する

となっていたとする．さらに，小数第2位まで考えて，

12.74 は A に属し，12.75 は B に属する

となっていたとする．このようにして進み，

12.74……

という無限小数が得られたとすると，これは A のどの数よりも小さくはないし，B のどの数よりも大きくはない．しかも実数であるから，A,B のどちらかに属している．このことから（Ⅰ）（Ⅱ）のどちらかであることがわかる．

2. 逆関数・陰関数への応用

中間値の定理の重要な応用としては，1つの関数の逆関数の存在，およびさらに広く陰関数の存在に関するものがある．これを示そう．

まず，次の定理が成り立つ．

定理1．関数 $y=f(x)$ が $[a,b]$ で連続，かつ増加関数であるとき，区間 $[f(a),f(b)]$ 内の任意の値 C に対して，

$$f(c)=C \quad (a \leqq c \leqq b)$$

となる c は1つ只1つ存在する．

増加の代わりに，減少であっても同様である．

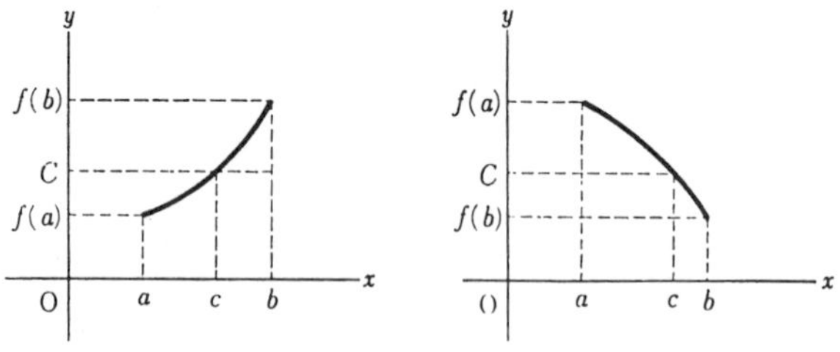

図7

ここで，$f(x)$ が増加関数であるというのは，

任意の x_1, x_2 $(x_1<x_2)$ に対して

$f(x_1)<f(x_2)$

となっていることである．この $f(x_1)<f(x_2)$ に対して，$f(x_1) \leqq f(x_2)$ を考えることもあるが，このときは弱い意味の増加関数という．減少の場合も同様である．

定理1の証明．中間値の定理によって c の存在がわかる．また，増加関数という条件によって c の一意性（1つしかないこと）がわかる．（終）

定理1によって，関数 $y=f(x)$ に対して，

$$x=g(y) \qquad (1)$$

という関数が考えられる．これを $f(x)$ の逆関数という．

この式で，x と y を入れかえた

$$y=g(x) \qquad (2)$$

を $f(x)$ の逆関数と呼ぶこともある．

もともと，関数で基本となるのは，$x \xrightarrow{g} y$ という対応関係であるから，これを文字を変えて $y \xrightarrow{g} x$ とかいても本質的なちがいはない．ただ，グラフでは，(1) と (2) はちがっていて，直線 $y=x$ について対称になっている．

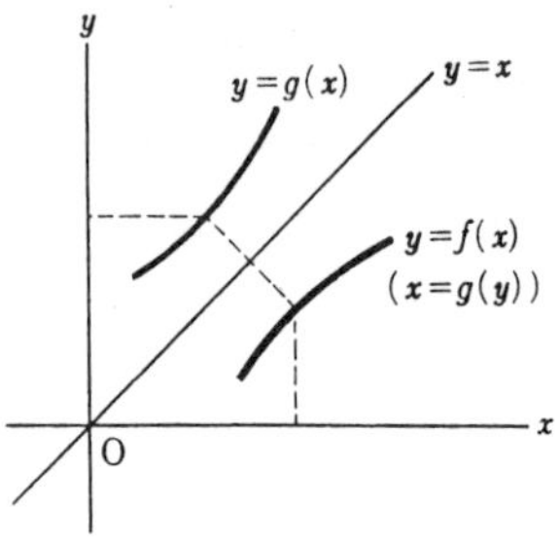

図8

定理1の条件の下で考えた逆関数 $x=g(y)$ について，

$g(y)$ は y の連続関数である

ことが，次のようにして証明される．

これは，y の変域 $[f(a),\ f(b)]$ 内の任意の値 y_1 に対し

$$\lim_{y \to y_1} g(y)=g(y_1)$$

となっていること，つまり，

任意の正数 ε に対し，正数 δ が存在して

$y_1-\delta<y<y_1+\delta$ のとき，

$$g(y_1)-\varepsilon<g(y)<g(y_1)+\varepsilon \qquad (1)$$

となることである．$x_1=g(y_1)$ とおくと，(1) は，

$$x_1-\varepsilon<g(y)<x_1+\varepsilon \qquad (2)$$

$f(x)$ は増加関数であるから，これが成り立つことは，

$$f(x_1-\varepsilon)<y<f(x_1+\varepsilon) \qquad (3)$$

と同じである．ここで，$y=f(g(y))$ を使っている．

そこで，δ を2つの正数 $f(x_1)-f(x_1-\varepsilon)$，$f(x_1+\varepsilon)-f(x_1)$ の大きくない方，つまり，

$$\delta=\min(f(x_1)-f(x_1-\varepsilon),\ f(x_1+\varepsilon)-f(x_1))$$

にとると，$\quad y_1-\delta<y<y_1+\delta \qquad (4)$

のとき (2) が成り立つ．それは，

$$\begin{aligned} y_1-\delta &= f(x_1)-\delta \\ &\geqq f(x_1)-(f(x_1)-f(x_1-\varepsilon))=f(x_1-\varepsilon) \\ y_1+\delta &= f(x_1)+\delta \\ &\leqq f(x_1)+(f(x_1+\varepsilon)-f(x_1))=f(x_1+\varepsilon) \end{aligned}$$

したがって(4)から(3)，$g(y)$ は増加関数だから(2)が導かれて，(1)が証明されたことになる．

例1． $y=x^n$ （n は自然数）は，連続な増加関数である．したがって，$[0,a^n]$ を変域としてその逆関数が考えられる．これを，

$$x=y^{\frac{1}{n}} \qquad (1)$$

とかくわけである．

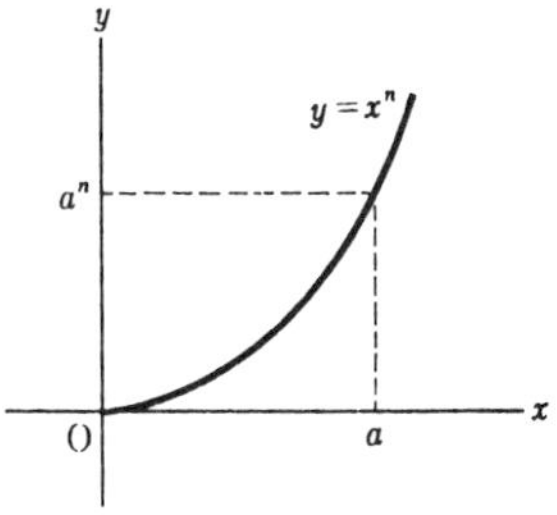

図9

$a\to\infty$ とすれば，$a^n\to\infty$ だから，結局，変域を $[0,\infty)$ に考えることができる．

また，(1)で x と y を入れかえて考えると，

x^n $(x\geqq 0)$ の逆関数は，$x^{\frac{1}{n}}$ $(x\geqq 0)$

ということになる．これによって，$x^{\frac{1}{n}}$ の存在とその連続関数であることが保証されるわけである．

関数をはなれても，正数 a の n 乗根，たとえば $\sqrt{2}$ というようなものの存在が，この定理から確認される．

例2． $y=a^x$ $(a>1)$ については，任意の区間 $[x_1,x_2]$ で連続，かつ増加であることから，$[a^{x_1},a^{x_2}]$ を定義域とする逆関数が考えられる．これが

$$x=\log_a y \qquad (1)$$

である．この場合，

$$\lim_{x_1\to-\infty} a^{x_1}=0, \quad \lim_{x_2\to\infty} a^{x_2}=\infty$$

であるから，(1)の変域は $y>0$ にまで拡げられる．

例3． $y=\sin x$ $\left(-\dfrac{\pi}{2}\leqq x\leqq\dfrac{\pi}{2}\right)$

$y=\cos x$ $(0\leqq x\leqq\pi)$

$y=\tan x$ $\left(-\dfrac{\pi}{2}<x<\dfrac{\pi}{2}\right)$

もすべて連続な増加(減少)関数でそれぞれ逆関数

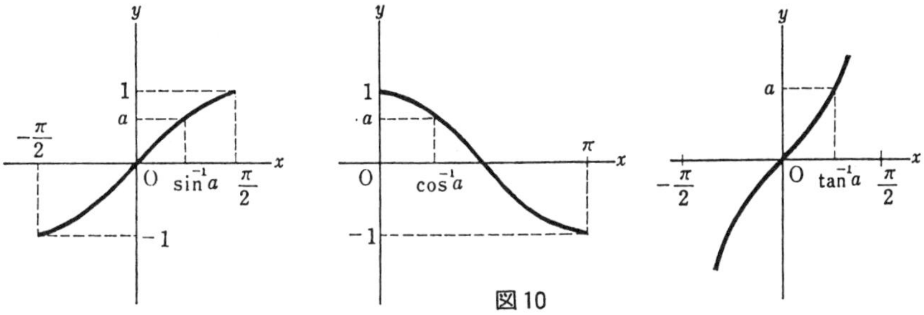

図10

$$x=\sin^{-1}y,\ x=\cos^{-1}y,\ x=\tan^{-1}y$$

が考えられる．

次に陰関数の存在定理を述べよう．

まず，a,b,c が定数として，

$$ax+by+c=0$$

を考えるとき，y が x の関数とみられるのは $b\neq 0$ の場合である．

一般に，$$F(x,y)=0$$

という関係が与えられているとき，どういう条件があれば y は x の関数とみられるであろうか．これについて，次の定理が成り立つ．

定理2． $F=F(x,y)$ が (x_0,y_0) をふくむ領域 D で連続，かつ，

$$F(x_0,y_0)=0$$

とする．さらに，$\dfrac{\partial F}{\partial y}$ も (x_0,y_0) で連続で，

$$\frac{\partial F}{\partial y}\neq 0 \qquad (1)$$

とする．このとき，(x_0,y_0) の十分近くで，

$$F(x,\varphi(x))=0,\ y_0=\varphi(x_0)$$

となる関数 $y=\varphi(x)$ が1つ只1つ存在する．

証明．(1)のうち，$\dfrac{\partial F}{\partial y}>0$ の場合について証明する．

負の場合も全く同様である．

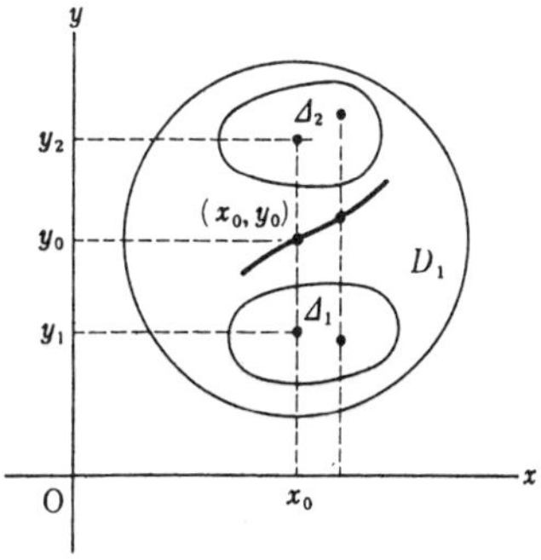

図11

$\dfrac{\partial F}{\partial y}$ が (x_0,y_0) で連続，かつ正であることから (x_0,y_0) をふくむ十分小さい凸領域 D_1 で，$\dfrac{\partial F}{\partial y}>0$．そこで，$x=x_0$ として，y の関数 $F(x_0,y)$ を考えるとこれは y についての増加関数である．しかも，

$F(x_0, y_0)=0$ だから，y_0 に十分近い y_1, y_2 で

$$y_1<y_0<y_2$$

であるものに対して，

$$F(x_0, y_1)<0,\ F(x_0, y_2)>0$$

$F(x, y)$ が連続だから，(x_0, y_1) をふくむ十分小さい領域 $\varDelta_1$ において $F(x, y)<0$.

また，(x_0, y_2) をふくむ十分小さい領域 $\varDelta_2$ において，$F(x, y)>0$.

$\varDelta_1, \varDelta_2$ に共通な x の変域を $[x_0-h, x_0+h]$ とすると，この変域内の任意 x_1 について，$F(x_1, y)$ は y の連続な増加関数である．しかも，

$\varDelta_1$ 内では $F(x_1, y)<0$,

$\varDelta_2$ 内では $F(x_1, y)>0$

したがって，(x_0, y_0) をふくむある領域

$$D_2=\{(x, y) \mid |x-x_0|<h, |y-y_0|<k\}$$

において，与えられた x_1 に対して $F(x_1, y)=0$ となる y の値は1つ只1つ存在する．

x_1 は $[x_0-h, x_0+h]$ 内で任意だから，上のようにして

$$F(x, \varphi(x))=0,\ y_0=\varphi(x_0)$$

となる関数 $y=\varphi(x)$ が1つ只1つ定まる．

注　この場合，$\varphi(x)$ が x の連続関数になっている．これを直接に証明することもできるが，F_x が連続な場合については，$y=\varphi(x)$ も微分可能で，

$$F_x+F_y\frac{dy}{dx}=0$$

となっていることが証明できる．ここでは詳細は省略する．

3. いろいろな応用

中間値の定理の応用例は，これまでに述べてきた理論的な基本の定理の場合の他にも，いろいろなものが考えられる．まず，はじめに方程式の根(解)の存在への応用を示そう．

例1.　方程式 $x^3-3x+1=0$ の根

$f(x)=x^3-3x+1$ とおくと，$f(x)$ は連続で，

$$f(-2)=-1,\ f(-1)=3,\ f(0)=1,$$
$$f(1)=-1,\ f(2)=3$$

だから，区間 $[-2, -1]$，$[0, 1]$，$[1, 2]$ に1つずつ根がある．

注1.　根の近似値を求めるのには，1つの近似値 x_1 からもっとよい近似値 x_2 が

$$x_2=x_1-\frac{f(x_1)}{f'(x_1)}$$

として求められることがわかっている．(ただし，考えている範囲で，$f(x)$ と $f''(x)$ とが同符号とする)

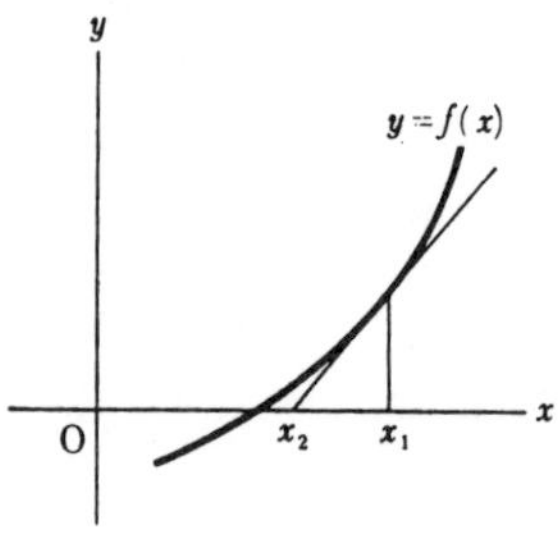

図12

この方法で，例1の $[0, 1]$ にある根について考えると，$x_1=0$ とすると，

$$x_2=0-\frac{f(0)}{f'(0)}=\frac{1}{3}$$

この方法をもう一度繰返すと，$f'(x)=3x^2-3$ を使って，

$$x_3=x_2-\frac{f(x_2)}{f'(x_2)}=\frac{1}{3}+\frac{1}{72}=0.347\cdots$$

となる．

この根は，次のような意味をもっている．半径1の半球体を底面に平行な平面で切って体積を2等分することを考える．このとき，この平面の底面からの高さを x とすると，

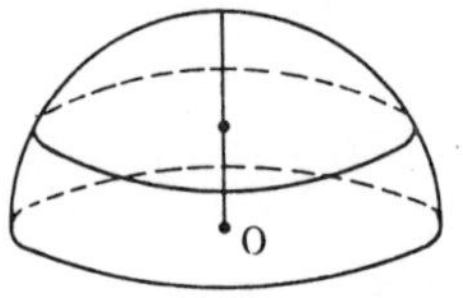

図13

$$\int_0^x \pi(1-h^2)dh=\frac{1}{2}\cdot\frac{2}{3}\pi$$

から，　$x^3-3x+1=0$

したがって，上の結果から　$x \fallingdotseq 0.347$

さらに詳しい計算によると，0.347295 となる．

例2.　半径1の半円を直径に平行な直線で切って面積を2等分することを考える．このときにできる弦の中心角を θ とすると，

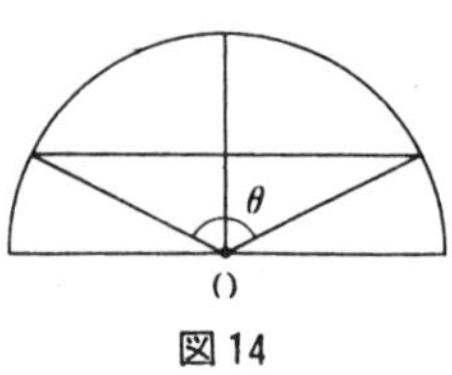

図14

$$\frac{1}{2}\theta-\frac{1}{2}\sin\theta=\frac{1}{2}\cdot\frac{\pi}{2},\quad \theta-\sin\theta-\frac{\pi}{2}=0$$

そこで，$f(\varphi)=\varphi-\sin\varphi-\dfrac{\pi}{2}$ とおくと，$f(\varphi)$ は連続で，

$$f\left(\frac{2\pi}{3}\right)=\frac{2\pi}{3}-\frac{\sqrt{3}}{2}-\frac{\pi}{2}=\frac{\pi}{6}-\frac{\sqrt{3}}{2}$$
$$=-0.342\cdots<0$$
$$f\left(\frac{3\pi}{4}\right)=\frac{3\pi}{4}-\frac{1}{\sqrt{2}}-\frac{\pi}{2}=\frac{\pi}{4}-\frac{1}{\sqrt{2}}$$
$$=0.079\cdots>0$$

したがって，問題に合う θ があって，

$$\frac{2\pi}{3}<\theta<\frac{3\pi}{4}$$

注　例1で述べた方法で，θ の大体の値を求めてみよう．

$$f'(\varphi)=1-\cos\varphi,\ f''(\varphi)=\sin\varphi$$

$0<\varphi<\pi$ では $f''(\varphi)>0$ となるから，θ の第1近似として $\frac{3}{4}\pi$ をとると，第2近似として，

$$\theta\fallingdotseq\frac{3\pi}{4}-\frac{f\left(\frac{3}{4}\pi\right)}{f'\left(\frac{3}{4}\pi\right)}=\frac{3\pi}{4}-\frac{0.079\cdots}{1.707\cdots}=\frac{3\pi}{4}-0.047$$

度に直して，　$135°-\frac{180°}{\pi}\times0.047$

から，　$\theta\fallingdotseq132°$

面積を2等分する弦と直径との距離は，大体

$$\cos\frac{\theta}{2}=\cos66°=0.406$$

注　さらに詳しく計算すると，$\theta=132°20'48''$

弦と直径との距離は，0.40397

例3．一般に，凸の図形 D と一定方向の直線 l とがあるとき，l に平行な直線によって D の面積を2等分することを考える．

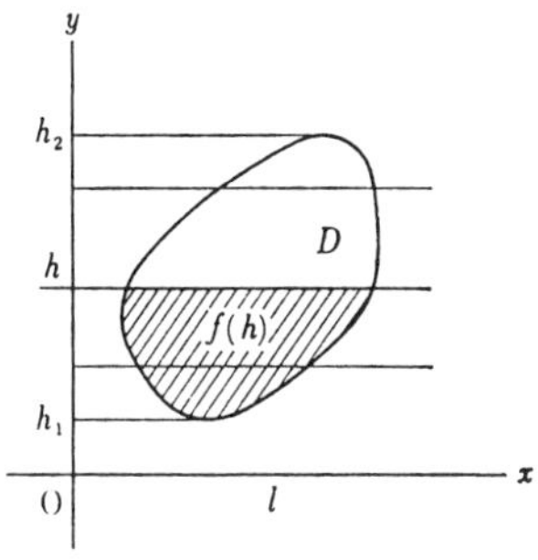

図15

l を x 軸にとって，$y\leqq h$ の部分の面積を $f(h)$，

また D の面積を S とすれば，

h の最小値 h_1 に対しては，　$f(h_1)=0$

h の最大値 h_2 に対しては，　$f(h_2)=S$

したがって，

$f(h)$ が h の連続関数である　　(1)

ことがわかれば，中間値の定理によって，

$$f(h)=\frac{1}{2}S$$

となる h があって，l に平行で面積を2等分する直線の存在がわかる．

ここで，条件(1)はふつうのことで，D の周が，

$x=\varphi_1(y)$，$x=\varphi_2(y)$

($\varphi_1(y)$，$\varphi_2(y)$ は連続関数)

でできているような場合には，成り立っている．

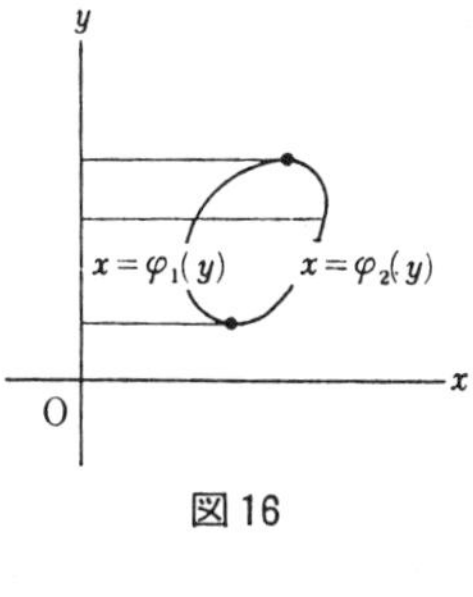

図16

例4．凸閉曲線 C の中に点Oがある．Oを中点とする弦を引くことができるかを考えてみよう．

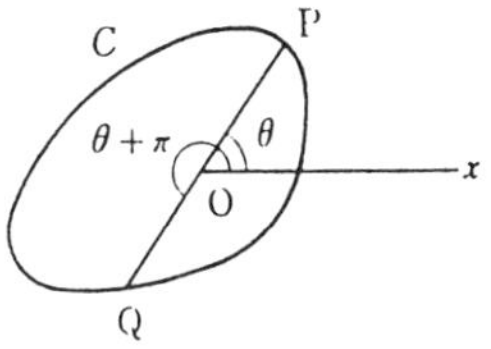

図17

Oを原点にもつ極座標を考えて，C 上の点を極座標 (r,θ) で表わすと，$r=f(\theta)$ である．このとき，

$f(\theta)$ が θ の連続関数

であれば，Oを中点とする弦の引けることは，次のようにしてわかる．

Oを通る弦をPQとすると，それらの点の極座標はそれぞれ，$(f(\theta),\theta)$，$(f(\theta+\pi),\theta+\pi)$ と考えられる．そこで，

$$\varphi(\theta)=\mathrm{OQ}-\mathrm{OP}=f(\theta+\pi)-f(\theta)$$

とおく．任意の値 α を定めると，

$$\varphi(\alpha+\pi)=f(\alpha+2\pi)-f(\alpha+\pi)$$
$$=f(\alpha)-f(\alpha+\pi)$$

だから，　$\varphi(\alpha+\pi)=-\varphi(\alpha)$

$\varphi(\alpha)=0$ ならば，この α に対して $\mathrm{OP}=\mathrm{OQ}$．

$\varphi(\alpha)\neq0$ ならば，$\varphi(\alpha+\pi)$ と $\varphi(\alpha)$ は異符号で，しかも $\varphi(\theta)$ は連続関数だから，

$$\varphi(\theta)=0,\quad \alpha<\theta<\alpha+\pi$$

となる θ がある．この θ の値に対しては，

$$\mathrm{OP}=\mathrm{OQ}$$

例5．凸図形に外接する長方形は必ず作れる．正方形が作れるであろうか．

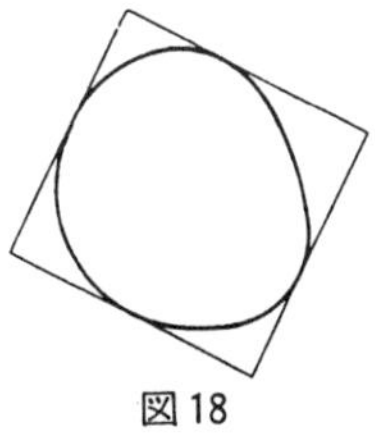

図18

それには次のように考えるとよい．まず，

凸図形の周 C は，どこでも接線がひける

とし，1点Oから接線へ垂線OHをひく．Oを通る定直線とOHのつくる角を θ，$\mathrm{OH}=f(\theta)$ とし，

$f(\theta)$ は連続である　　(1)

とする．そこで，

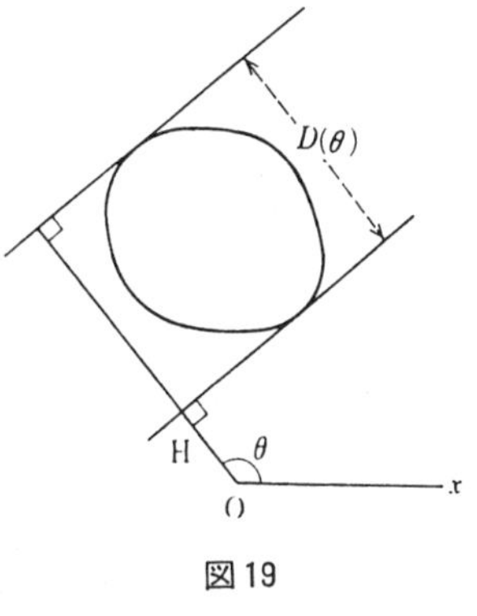

図19

$$D(\theta)=|f(\theta+\pi)-f(\theta)|$$

とおく．これは，θ の連続関数である．さらに，

$$\varphi(\theta)=D\left(\theta+\frac{\pi}{2}\right)-D(\theta)$$

とおくと，$\varphi(\theta)$ は連続で，任意の値 α をきめると，

$$\varphi\left(\alpha+\frac{\pi}{2}\right)=D(\alpha+\pi)-D\left(\alpha+\frac{\pi}{2}\right)$$
$$=D(\alpha)-D\left(\alpha+\frac{\pi}{2}\right)$$

となって，　$\varphi\left(\alpha+\frac{\pi}{2}\right)=-\varphi(\alpha)$

したがって例 4 と同じようにして，

$$\varphi(\alpha)=D\left(\alpha+\frac{\pi}{2}\right)-D(\alpha)=0$$

つまり，　$D\left(\theta+\frac{\pi}{2}\right)=D(\theta)$

となる θ が存在する．これは与えられた図形に外接する正方形の存在することである．

条件 (1) は，C の接線の傾きが θ の連続関数となっていることであるといってもよい．

また，C が角(かど)のある曲線であっても，

接線が連続的に変わるいくつかの弧でできた曲線

の場合には，上の証明があてはまる．それは，かどのところでも $f(\theta)$ が連続になるからである．

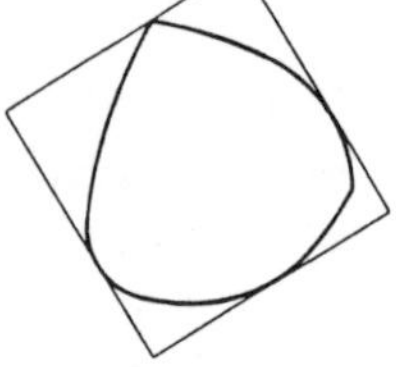

図 20

例 6．$x\to f(x)$ が区間 $[a,b]$ をそれ自身の中へ写す連続写像のとき，

$$f(c)=c$$

となる c が $[a,b]$ 内にある．(c を写像の不動点という)

それは，$\varphi(x)=f(x)-x$ とおくと，

$$\varphi(a)=f(a)-a\geqq 0$$
$$\varphi(b)=f(b)-b\leqq 0$$

だから，　$\varphi(c)=0$

つまり，　$f(c)=c$

となる c が $[a,b]$ 内にある．

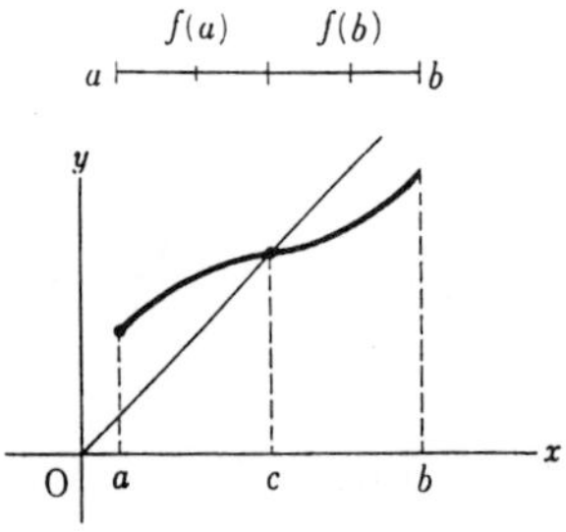

図 21

2. 平均値の定理

1. 意義

平均値の定理というのは，前に述べたように，

定理 B　$f(x)$ が $[a,b]$ で連続，(a,b) で微分可能のとき，

$$\frac{f(b)-f(a)}{b-a}=f'(c)\quad(a<c<b)\qquad(1)$$

となる c が存在する．

ということであった．

この場合，左辺の $\dfrac{f(b)-f(a)}{b-a}$ は，

x の値が a から b まで変わる間の $f(x)$ の値の平均変化率

であり，右辺の $f'(c)$ は，

ある値 c における $f(x)$ の瞬間変化率

で，この 2 つの等しいような c が存在するというのである．この定理のグラフでの意味はすでに，53 ページで述べてある．

ここで，$f(x)$ についての条件が，

$[a,b]$ で連続，(a,b) で微分可能　　(2)

と，きめ細かく分けてある．関数は，一般に，

微分可能ならば，連続

であるから，単に

$[a,b]$ で微分可能　　(3)

といってしまえば，むろん (2) は成り立つのであるが，(2) の方が条件として弱く，適用範囲が広い．

たとえば，

$f(x)=\sqrt{x}$ を $[0,1]$ で考えるとき，

$x>0$ で

$$f'(x)=\frac{1}{2\sqrt{x}}$$

で $f(x)$ は $[0,1]$ で連続，$(0,1)$ では微分可能であって，平均値の定理が適用できるが，$f'(0)$ は存在しないから (3) にあたる条件

$[0,1]$ で微分可能

は成り立っていない．したがって，条件が (3) の形で述べられていると，$f(x)=\sqrt{x}$ については $[0,1]$ では平均値の定理が適用できないことになってしまう．

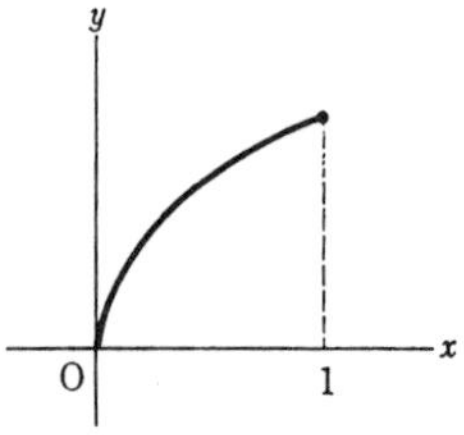

図 22

平均値の定理は，次のような形にして扱うことも多い．c は a と b の間の値であるから，

$$\frac{c-a}{b-a}=\theta$$

とおくと,

$$c=a+\theta(b-a)$$

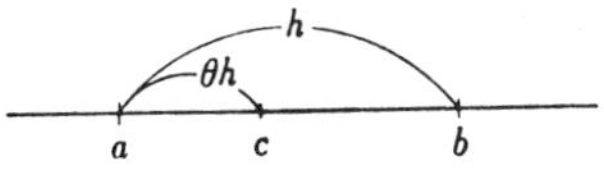

図 23

で, $\quad 0<\theta<1.$

さらに, $\quad b-a=h$ とおくと,

$$b=a+h,\quad c=a+\theta h$$

となり, 平均値の定理は,

$$\frac{f(a+h)-f(a)}{h}=f'(a+\theta h),\quad (0<\theta<1)$$

と表わすことができる. この式はまた,

$$f(a+h)=f(a)+hf'(a+\theta h)$$

ともかける.

θ の値について

θ については, $0<\theta<1$ である θ が存在するというのが平均値の定理であって, その値について調べることは, 元来は必要のないことである. しかし,

2次関数 $f(x)=px^2+qx+r$ については,

つねに, $\quad \theta=\frac{1}{2}$

であることは容易に確かめられる.

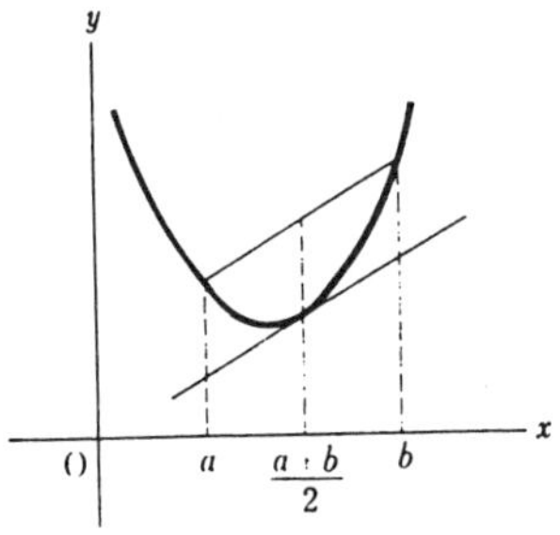

図 24

また, $f(x)=x^3$ では,

$f'(x)=3x^2$ であることから,

$$\frac{(a+h)^3-a^3}{h}=3(a+\theta h)^2$$

$$a^2+ah+\frac{1}{3}h^2=(a+\theta h)^2$$

$a>0$ のときは, 十分小さい h に対し $a+\theta h>0$ だから,

$$\theta=\frac{1}{h}\left(\sqrt{a^2+ah+\frac{1}{3}h^2}-a\right)$$

このとき, $\quad \lim_{h\to 0}\theta=\frac{1}{2}$

であることはすぐにわかる.

また, $a=0$ のときは, $\quad \theta=\frac{1}{\sqrt{3}}$

一般に, $f''(x)$ が連続, $f''(a)\neq 0$ のときは,

$$f(a+h)=f(a)+hf'(a+\theta h)\quad (0<\theta<1)$$

である θ について, $\lim_{h\to 0}\theta=\frac{1}{2}$ であることが証明できる.

それには, テーラー展開

$$f(a+h)=f(a)+f'(a)h+\frac{1}{2}f''(a+\theta_1 h)h^2\quad (0<\theta_1<1)$$

と, $f'(x)$ に平均値の定理を適用した

$$f'(a+\theta h)=f'(a)+f''(a+\theta_2\theta h)\theta h\quad (0<\theta_2<1)$$

とを使えばよい.

2. 証明

平均値の定理は, 次のロル (Rolle) の定理から導かれる.

定理 1. $f(x)$ が $[a,b]$ で連続, (a,b) で微分可能,
かつ, $f(a)=0$, $f(b)=0$ のとき,
$$f'(c)=0\quad (a<c<b)$$
となる c が存在する.

定理1は, グラフの上からは明らかであるが, 証明はあとから述べるように, そうやさしくはない.

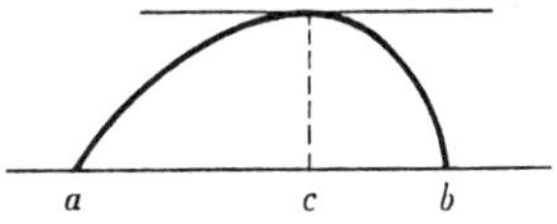

図 25

まず, 定理1→定理B (平均値の定理) を示そう.

$x=a$ で $f(a)$, $x=b$ で $f(b)$ という値をとる1次関数としては,

$$g(x)=f(a)+\frac{f(b)-f(a)}{b-a}(x-a)$$

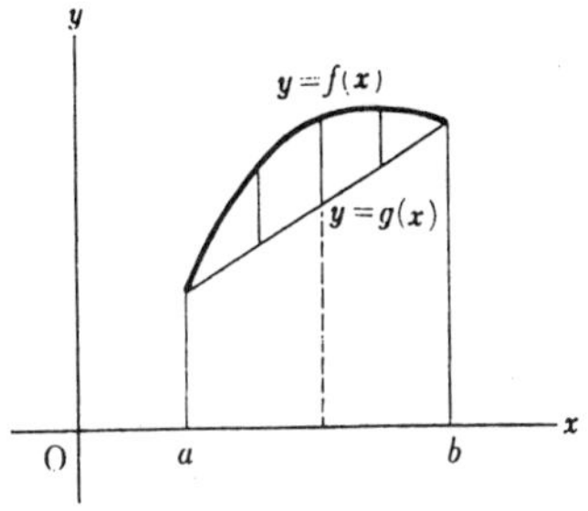

図 26

そこで, $\quad \varphi(x)=f(x)-g(x)$

を考えると, $\varphi(x)$ は,

$[a,b]$ で連続, (a,b) で微分可能

$$\varphi(a)=0,\quad \varphi(b)=0$$

で, これに定理1を適用することができる. つまり,

$$\varphi'(c)=0 \qquad (a<c<b)$$

となる c が存在する．

$$\varphi'(x)=f'(x)-g'(x)=f'(x)-\frac{f(b)-f(a)}{b-a}$$

だから，これで定理Bが導かれたことになる．

定理1は，次の定理2と定理Cから導かれる．

定理2． $f(x)$ が $x=c$ で微分可能で $f'(c)\neq 0$ とする．

$f'(c)>0$ のときは，十分小さい正数 h,k に対して，

$$f(c-k)<f(c)<f(c+h)$$

$f'(c)<0$ のときは，十分小さい正数 h,k に対して

$$f(c-k)>f(c)>f(c+h)$$

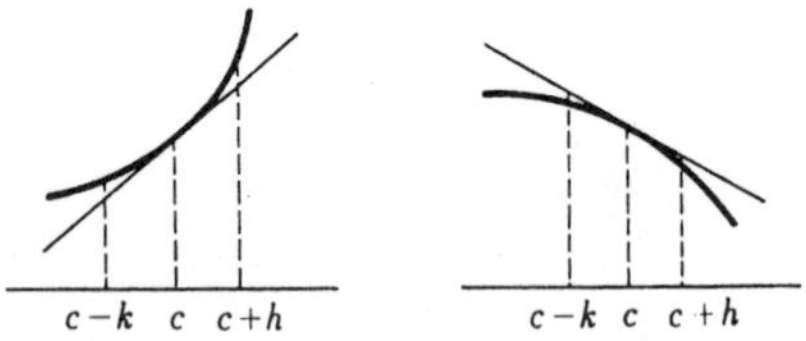

図 27

証明．これは，$f'(c)$ の定義

$$f'(c)=\lim_{h\to 0}\frac{f(c+h)-f(c)}{h} \qquad (1)$$

からすぐに導かれる．

まず，$f'(c)>0$ のときは，(1) により，55 ページ定理1と同じようにして十分小さい正数 δ をとると，$|h|<\delta$ のとき，

$$\frac{f(c+h)-f(c)}{h}>0$$

$h>0$ として，　$f(c+h)>f(c)$

また，$h<0$ のとき，$h=-k$ とおくと $k>0$ で，

$$f(c-k)<f(c)$$

$f'(c)<0$ のときも同様である．

定理C $f(x)$ が $[a,b]$ で連続のとき，この区間内にある定数 c_1 で，

区間内の任意の数 x に対して $f(c_1)\geqq f(x)$ となるものがある．

また，ある定数 c_2 で，

区間内の任意の値 x に対して $f(c_2)\leqq f(x)$ となるものがある．

$f(c_1)$ は $[a,b]$ での $f(x)$ の最大値，$f(c_2)$ は最小値である．

定理Cは閉区間での $f(x)$ の値の最大値，最小値の存在を主張するものであって，ワイエルシュトラス（K. Weierstrass）の最大値（最小値）定理という．c_1, c_2 は a,b と一致する場合もある．

例1． $f(x)=x+1$ を $[1,2]$ で考えると，最大値は 3，最小値は 2．

例2． $f(x)=x^2$ を $[-1,2]$ で考えると，最大値は 4，最小値は 0．

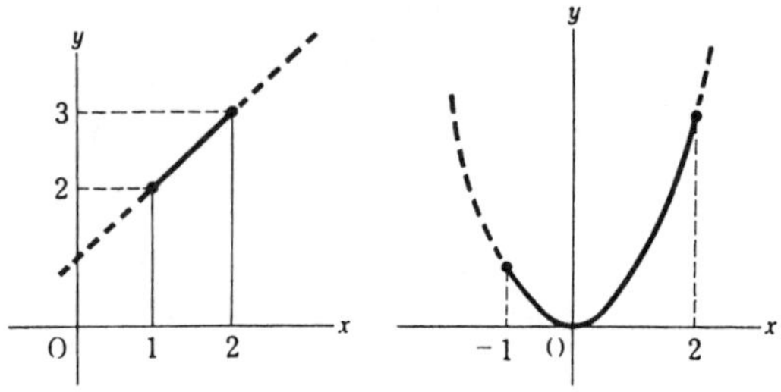

図 28

ここで，$[a,b]$ が閉区間であるという条件がたいせつである．たとえば，

$$f(x)=x+1, \qquad f(x)=\frac{1}{x}+\frac{1}{x-1}$$

というような関数を開区間 $(0,1)$ で考えると，連続ではあるが，最大値も最小値もない．

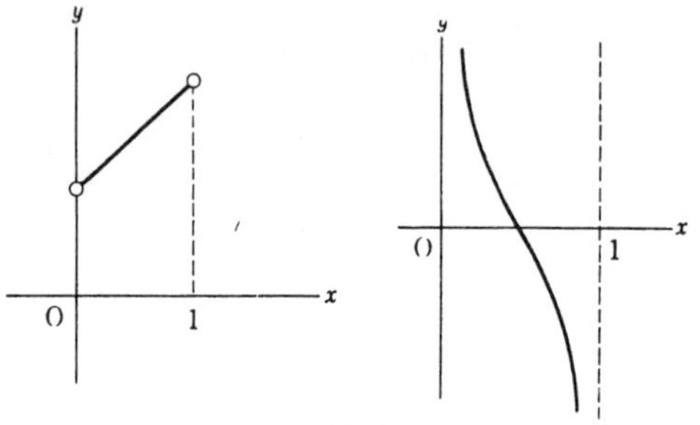

図 29

定理Cの証明は実数の基本性質を使うもので，やさしくはない．また，これは，数学の歴史の上からも極めて重要なものである．証明とそうしたことは，あとで詳しく述べるとして，定理2，定理Cから定理1を証明しよう．

定理1の証明．定理Cによると，$f(x)$ には $[a,b]$ で値が最大となるところがある．これを c とする．

c が a,b と一致しないときは，

$$f'(c)=0 \qquad (1)$$

である．それはもし，$f'(c)\neq 0$ とすると定理2によって $f(c)$ が c で最大となることに矛盾するからである．

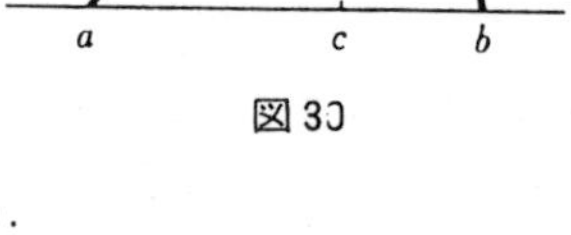

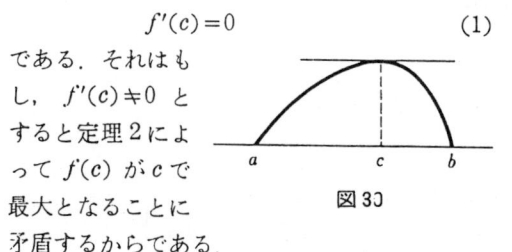

図 30

次に，$c=a$ または $c=b$ のときは $f(x)$ の値が

最大となるところの代わりに最小となるところをとって，c とする．ここで c が a,b と一致しなければやはり (1) が導かれる．

$f(x)$ の最大，最小となるところがどちらも a,b と一致するというのは，$f(a)=0$，$f(b)=0$ によって，つねに

$$f(x)=0$$

の場合で，このときは任意の値 c に対して $f'(c)=0$ となっている．（証明終）

3. 基本定理への応用

微積分学のはじめに出てくる基本的な定理として，次の2つは理論上も応用上も極めてたいせつである．

（Ⅰ） ある区間でつねに $f'(x)=0$ のとき，$f(x)$ は定数である．

（Ⅱ） ある区間でつねに $f'(x)>0$ のとき，$f(x)$ は増加関数である．またつねに，$f'(x)<0$ のとき，$f(x)$ は減少関数である．

証明．区間内の任意の2つの値を x_1, x_2 とすると，平均値の定理によって，

$$f(x_2)-f(x_1)=(x_2-x_1)f'(z) \quad (z \text{ は } x_1, x_2 \text{ の間の値})$$

（Ⅰ）の場合は，$f'(z)=0$ だから，

$$f(x_2)=f(x_1)$$

そこで，x_1 を固定し，x_2 を任意の値 x にとると，

$$f(x)=f(x_1) \ (\text{定数})$$

（Ⅱ）の場合，$x_1<x_2$，$f'(x)>0$ とすると，

$$f(x_2)>f(x_1)$$

$f'(x)<0$ の場合も同様である．

（Ⅰ）の意義と適用

$f(x)$ が定数関数のとき $f'(x)=0$ というのは，$f'(x)$ の定義

$$f'(x)=\lim_{h\to 0}\frac{f(x+h)-f(x)}{h}$$

からすぐにわかることであるが，（Ⅰ）はその逆で，そう簡単なことではない．

直線上での点の運動で，時刻 t での点の座標を $x=f(t)$ とするとき，点が動かなければ，速度 v について，

$$v=\frac{dx}{dt}=0$$

である．ところが，逆に，

つねに $v=0$ であると，点は動かない (1)

というのが（Ⅰ）である．

もともと，点のある時刻での速度が0であるというのは，そこで点が動いていないというのでなく，

$$v=\lim_{\Delta t\to 0}\frac{f(t+\Delta t)-f(t)}{\Delta t}=0$$

であるくらい動きが鈍いということであって，(1) は，

各瞬間の動きが，その程度に鈍いときは，
実は動かない

ということである．

（Ⅰ）は，次の形に拡張される．

ある区間で，つねに $f'(x)=g'(x)$ ならば，

$$f(x)=g(x)+c \quad (c \text{ は定数})$$

それは，$\varphi(x)=f(x)-g(x)$ とおくと，

$$\varphi'(x)=f'(x)-g'(x)=0$$

したがって（Ⅰ）によって，$\varphi(x)=c$ となるからである．

この結果は，原始関数を求めるときの基本となる．

たとえば，　$f'(x)=x^2$

のとき，$x^2=\left(\dfrac{1}{3}x^3\right)'$ であることから，

$$f'(x)=\left(\frac{1}{3}x^3\right)', \text{ ゆえに } f(x)=\frac{1}{3}x^3+c$$

一般に，関数 $F(x)$ の原始関数の1つを $g(x)$ とすると，一般の原始関数は $g(x)+c$（c は任意定数）となる．これが $F(x)$ の不定積分である．

次に（Ⅱ）について考えてみよう．これは関数の増減に関する基本定理である．

まず，$f'(a)>0$ からわかるのは，定理2によると，十分小さい正数 h,k について，

$$f(a-k)<f(a)<f(a+h) \qquad (2)$$

ということである．これは，

$f(x)$ は $x=a$ で増加の状態にある

といってよいだろうが，

$f(x)$ の値は，$x=a$ の近くで増えつつある

といえば，誤りである．

たとえば，

$$f(x)=\begin{cases} x+2x^2\sin\dfrac{1}{x} & (x\neq 0 \text{ のとき}) \\ 0 & (x=0 \text{ のとき}) \end{cases}$$

で与えられる関数については，

$$f'(0)=\lim_{h\to 0}\frac{f(h)-f(0)}{h}=\lim_{h\to 0}\left(1+h\sin\frac{1}{h}\right)$$

$\left|h\sin\dfrac{1}{h}\right|\leqq|h|$ だから，　$f'(0)=1>0$

だから，十分小さい正数 h,k に対して，

$$f(-k)<f(0)<f(h)$$

となっている．しかし，$x\neq0$ では，

$$f'(x)=1+2x^2\left(-\frac{1}{x^2}\right)\cos\frac{1}{x}+4x\sin\frac{1}{x}$$

$$=1-2\cos\frac{1}{x}+4x\sin\frac{1}{x}$$

$x\to0$ のとき $\dfrac{1}{x}\to\pm\infty$ で，その間 $\cos\dfrac{1}{x}$ は -1 から 1 までのどんな値をもとる．したがって $1-2\cos\dfrac{1}{x}$ は 3 から -1 までのどんな値をもとる．他方 $4x\sin\dfrac{1}{x}\to0$ だから，結局

　　$f'(x)$ は $x=0$ のどんな近くでも，正にも負にもなる

ことになり，(Ⅱ)によると，

　　$f(x)$ は $x=0$ の近くで，無限回増減を繰返す

ことになって，決して「増えつつある」などとはいわれない．

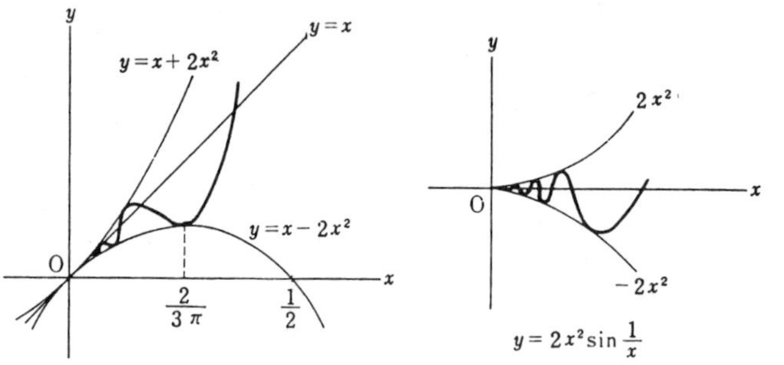

図31

このように，定理2と(Ⅱ)とでは，内容的に大きなへだたりがある．そして，定理2，つまり(2)をもとにして(Ⅱ)を証明しようとしても，そうたやすくはいえない．

たとえば，

　　$[a,b]$ で $f'(x)>0$ のとき，$f(a)<f(b)$

ということは，ちょっと考えると(2)から導けそうである．それは，$f'(a)>0$ だから，

　　a に十分近い $a_1(>a)$ について，

　　$f(a)<f(a_1)$

$f'(a_1)>0$ だから，

　　a_1 に十分近い $a_2(>a_1)$ について，

　　$f(a_1)<f(a_2)$

というようなことを繰返せば，遂に b へ到達することができるように思われるかもしれないが，そうはいかないのである．そのわけは，「十分近い」ということが，$a,a_1,a_2,\cdots$ に依存しているので，$a_1,a_2,\cdots$ の極限が a,b の間で止まることがあり得るからである．このことは，昔からのアキレスと亀の話に関連している．(それは，亀をあとから追いかける有能な走者アキレスが，どうしても亀に追いつけないというパラドックスである．そのわけは，亀のいた位置へアキレスが行きつくときは，亀はもっと先へいっていて，このことが無限に繰返されるからだというのである)

(Ⅱ)は，もっと精密に，

　　$f(x)$ は $[a,b]$ で連続，(a,b) で微分可能で $f'(x)>0$ であると，$f(a)<f(b)$

と述べておいた方が，応用上有効である．

これによって不等式を証明することも多い．

例．$a>0$ のとき，$a>\log(1+a)>a-\dfrac{a^2}{2}$

証明．$f(x)=x-\log(1+x)$ とおくと，これは区間 $[0,a]$ で連続，また，$x>0$ では，

$$f'(x)=1-\frac{1}{1+x}=\frac{x}{1+x}>0$$

したがって，　$f(a)>f(0)=0$，

つまり　$a>\log(1+a)$

$$g(x)=\log(1+x)-\left(x-\frac{x^2}{2}\right)$$

とおくと，$x>0$ で

$$g'(x)=\frac{1}{1+x}-(1-x)=\frac{x^2}{1+x}>0$$

であることから，上と同じようにして，$\log(1+a)>a-\dfrac{a^2}{2}$

注　この場合，$f'(0)=0$ であるが，これは証明には関係がない．

もともと，微分法というのは，

　　関数の値についての性質を，瞬間的にとらえるものであるといえる．つまり，ある範囲にわたっての関数の値から，局所的なものへと移ることで，

　　大局的 ⟶ 小局的
　　(global)　　(local)

といえる．これに対して，(Ⅰ)(Ⅱ)は，

　　区間の各値に対する $f'(x)$ の値のようすから，
　　離れたところの $f(x)$ の値のようすを知る

ということに役立つ定理で，

　　小局⟶大局

という立場に立っている．平均値の定理は，こうしたことの証明に役立っているわけである．

4　いろいろな応用

平均値の定理の応用は，これまで述べてきた(Ⅰ),(Ⅱ)に止らず，その適用範囲は極めて広い．そうした例を述べよう．

例1．$f(x)$ が $[a,b]$ で連続，(a,b) で微分可能で，

$$\lim_{x\to a+0} f'(x)=l$$

のとき，$f(x)$ の $x=a$ での右側の微分係数 $f'(a+0)$ も存在して，l に等しい．

l は ∞ や $-\infty$ でもよい．

証明．平均値の定理により，$a<x<b$ である x に対して，

$$\frac{f(x)-f(a)}{x-a}=f'(x_1)\quad (a<x_1<x)$$

$x\to a+0$ のとき，$f'(x_1)\to l$ だから，

$$f'(a+0)=\lim_{x\to a+0}\frac{f(x)-f(a)}{x-a}=l.$$

注　この結果は，たとえば次のように利用される．

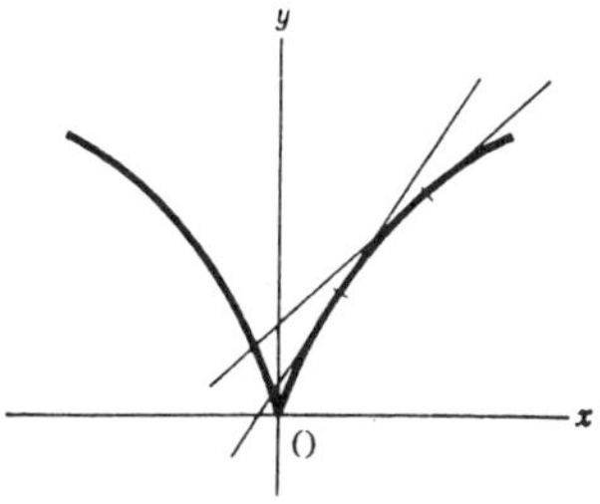

図32

$f(x)=x^{\frac{2}{3}}$ のとき，$x\neq 0$ では，

$$f'(x)=\frac{2}{3}x^{-\frac{1}{3}}\qquad (1)$$

$x\to +0$ のとき $f'(x)\to\infty$ だから，

$$f'(+0)=\infty$$

これは，もともと，

$$f'(+0)=\lim_{h\to +0}\frac{f(h)-f(0)}{h}=\lim_{h\to +0}\frac{h^{\frac{2}{3}}}{h}$$
$$=\lim_{h\to +0}\frac{1}{h^{\frac{1}{3}}}=\infty$$

として計算するものを，(1)から直接求めてもよいことを示している．

l が有限の値の場合としては，

$$f(x)=\begin{cases} e^{-\frac{1}{x}} & (x\neq 0 \text{ のとき}) \\ 0 & (x=0 \text{ のとき}) \end{cases}$$

についての $f'(0)$ が考えられる．

例2．$F=F(x,y)$ が x,y のそれぞれについて微分できて，その偏導関数 $\dfrac{\partial F}{\partial x}$，$\dfrac{\partial F}{\partial y}$ が x,y の連続関数とする．

このとき，微分可能な関数 $x=f(t)$，$y=g(t)$ を F へ代入してできる関数

$$F=F(x,y)=F(f(t),g(t))$$

について，

$$\frac{dF}{dt}=\frac{\partial F}{\partial x}\frac{dx}{dt}+\frac{\partial F}{\partial y}\frac{dy}{dt}\qquad (1)$$

証明．t の変化 $\varDelta t$ に対し，x,y の変化をそれぞれ $\varDelta x=h$，$\varDelta y=k$ とすると，F の変化 $\varDelta F$ は次のようになる．

$$\varDelta F=F(x+h,\ y+k)-F(x,y)$$

これを，次のように変形する．

$$\varDelta F=(F(x+h,\ y+k)-F(x,y+k))$$
$$+(F(x,y+k)-F(x,y))$$

ここで，F を右辺の前の項では x，あとの項では y の関数と考えて，平均値の定理を適用すると，

$$F(x+h,\ y+k)-F(x,y+k)$$
$$=\frac{\partial F}{\partial x}(x+\theta_1 h,\ y+k)h$$

$$F(x,y+k)-F(x,y)=\frac{\partial F}{\partial y}(x,y+\theta_2 k)k$$
$$(0<\theta_1<1,\ 0<\theta_2<1)$$

したがって，$h=\varDelta x$，$k=\varDelta y$ であることから，

$$\frac{\varDelta F}{\varDelta t}=\frac{\partial F}{\partial x}(x+\theta_1 h,\ y+k)\frac{\varDelta x}{\varDelta t}$$
$$+\frac{\partial F}{\partial y}(x,y+\theta_2 k)\frac{\varDelta y}{\varDelta t}$$

$\varDelta t\to 0$ とすると，右辺の極限値があって，

$$\frac{dF}{dt}=\lim_{\varDelta t\to 0}\frac{\varDelta F}{\varDelta t}$$
$$=\frac{\partial F}{\partial x}(x,y)\frac{dx}{dt}+\frac{\partial F}{\partial y}(x,y)\frac{dy}{dt}$$

注　1変数の関数を微分する計算では，いろいろな公式があるが，2変数の場合に新たにつけ加える公式は，この例2の公式だけであるといってもよい．また，この公式は，1変数の場合の積の微分法，合成関数の微分法を特別の場合としてふくむ広い公式である．実際，

$F=xy$ とすると，$\dfrac{\partial F}{\partial x}=y$，$\dfrac{\partial F}{\partial y}=x$ で，(1)は，

$$\frac{d(xy)}{dt}=y\frac{dx}{dt}+x\frac{dy}{dt}$$

また，$F=f(x)$ のときは，$\dfrac{dF}{dt}=\dfrac{dF}{dx}\dfrac{dx}{dt}$ に帰着する．

5.　積分における平均値の定理

これは，次の定理である．

定理1．$f(x)$ が $[a,b]$ で連続な関数のとき，

$$\int_a^b f(x)dx=(b-a)f(c)\quad (a<c<b)\quad (1)$$

となる c が存在する．

この定理は図で示すと，その意味がよくわかる．

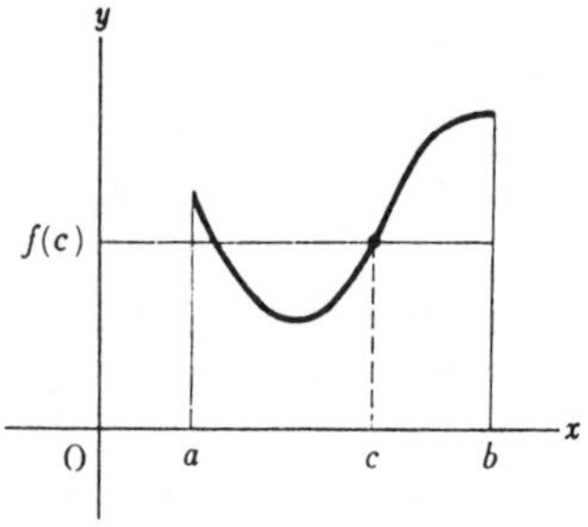

図 33

$f(x) \geqq 0$ とすると，$\int_a^b f(x)dx$ は，

$$y=f(x),\quad y=0$$
$$x=a,\quad x=b$$

で囲まれた面積であるが，これを面積を変えないで $f(x)$ のグラフのでこぼこを地ならしして水平にすると，高さ $f(c)$ の長方形が得られるということである．

証明は，次に示すように，中間値の定理から得られる．

証明．$f(x)$ は $[a,b]$ で連続だから，定理Cによって最大値 M，最小値 m がある．つまり，

$$m \leqq f(x) \leqq M$$

したがって，定積分の性質によって，

$$\int_a^b m\,dx \leqq \int_a^b f(x)dx \leqq \int_a^b M\,dx \qquad (2)$$

ところで，$\int_a^b m\,dx=m(b-a)$

であることは，定積分の定義からすぐにわかる．

同じように，$\int_a^b M\,dx=M(b-a)$

だから (2) は，$m \leqq \frac{1}{b-a}\int_a^b f(x)dx \leqq M$

と変形される．

したがって，連続関数 $f(x)$ についての中間値の定理によって，

$$f(c)=\frac{1}{b-a}\int_a^b f(x)dx \quad (a<c<b)$$

となる c が存在する．これは (1) になる．

注 $f(x)$ が連続だから，

$$F(x)=\int_a^x f(t)dt$$

とおくと，$\frac{dF}{dx}=f(x)$ (3)

そして，$\int_a^b f(x)dx=F(b)-F(a)$ $(F(a)=0)$

となるから，定理1は，

$$F(b)-F(a)=(b-a)F'(c)$$

となる．この意味では，積分の平均値の定理は，微分法での平均値の定理に帰着する．

しかし，実は (3) がふつうは，定積分の平均値の定理をもとにして導かれるのである．

定理1は，さらに次のように拡張される．

定理 2．$f(x)$，$g(x)$ が $[a,b]$ で連続，$g(x) \geqq 0$ のとき，

$$\int_a^b f(x)g(x)dx=f(c)\int_a^b g(x)dx \qquad (a<c<b) \qquad (1)$$

となる c が存在する．

この定理で $g(x)=1$ とすると定理1へ帰着する．

定理2の証明．$[a,b]$ での $f(x)$ の最大値を M，最小値を m とすると，$g(x) \geqq 0$ だから，

$$mg(x) \leqq f(x)g(x) \leqq Mg(x)$$

したがって，$\int_a^b mg(x)dx \leqq \int_a^b f(x)g(x)dx$

$$\leqq \int_a^b Mg(x)dx \qquad (2)$$

$g(x) \geqq 0$，$g(x)$ は連続だから，$\int_a^b g(x)dx \geqq 0$．

等号の成り立つのは，$g(x)$ がつねに0の場合である．このとき (1) の成り立つことは明らかである．

$K=\int_a^b g(x)dx>0$ のときは，(2) から，

$$m \leqq \frac{1}{K}\int_a^b f(x)g(x)dx \leqq M$$

したがって，中間値の定理によって，

$$\frac{1}{K}\int_a^b f(x)g(x)dx=f(c) \quad (a<c<b)$$

となる c が存在する．(終)

積分に関する平均値の定理としては，さらに進んだ次の定理がある．

定理 3．$[a,b]$ で $f(x)$ は積分可能，$g(x)$ は有限で単調とするとき，

$$\int_a^b f(x)g(x)dx=g(a)\int_a^c f(x)dx$$
$$+g(b)\int_c^b f(x)dx \quad (a<c<b)$$

となる c が存在する．

ここで，$g(x)$ は積分可能になっている．

この定理は，証明も応用も程度が高いので，ここでは詳しくは述べない．

6．平均値の定理の周辺

まず，2変数以上の関数については，平均値の

定理にあたるものは，次のように考えられる．ここでは，２変数の場合で示すが，変数の数がもっと多くても同じである．

$f(x,y)$ について，(x,y) が (a,b) から $(a+h,\ b+k)$ まで変わる場合を考える．ここで，途中の変化を直線的に考えて，t の関数

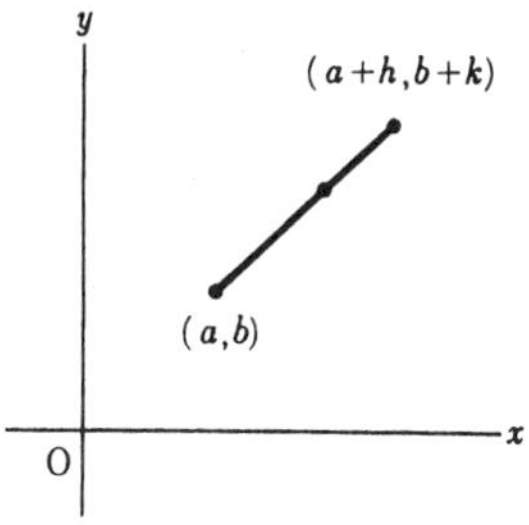

図34

$$\varphi(t)=f(a+ht,\ b+kt)$$

に平均値の定理を適用する．そこで，

$$\frac{\partial f}{\partial x},\ \frac{\partial f}{\partial y} \text{ は } x,y \text{ の連続関数}$$

とすると，

$$\varphi'(t)=\frac{\partial f}{\partial x}\frac{d}{dt}(a+ht)+\frac{\partial f}{\partial y}\frac{d}{dt}(b+kt)$$
$$=h\frac{\partial f}{\partial x}+k\frac{\partial f}{\partial y}$$

平均値の定理によると，

$$\varphi(1)-\varphi(0)=(1-0)\varphi'(\theta)=\varphi'(\theta) \quad (0<\theta<1)$$

したがって，

$$f(a+h,\ b+k)-f(a,b)$$
$$=h\frac{\partial f}{\partial x}(a+\theta h,\ b+\theta k)$$
$$+k\frac{\partial f}{\partial y}(a+\theta h,\ b+\theta k) \quad (0<\theta<1)$$

実際には，この形に止らず，もっと広く２変数のテーラーの定理の形で扱われている．

平均値の定理の拡張としては，次のテーラーの定理が極めて重要である．

定理１．関数 $f(x)$ について，$f^{(n-1)}(x)$ が $[a,b]$ で連続，$f^{(n)}(x)$ が (a,b) で存在するとき，次の式の成り立つような c が存在する．

$$f(b)=f(a)+f'(a)(b-a)$$
$$+\frac{1}{2}f''(a)(b-a)^2+\cdots$$
$$+\frac{1}{(n-1)!}f^{(n-1)}(a)(b-a)^{n-1}$$
$$+\frac{1}{n!}f^{(n)}(c)(b-a)^n \quad (a<c<b)$$

また，この式は $a>b$ でも成り立つ．

証明は，次のようである．

$$\varphi(x)=f(b)-f(x)-f'(x)(b-x)$$
$$-\frac{1}{2}f''(x)(b-x)^2-\cdots$$
$$-\frac{1}{(n-1)!}f^{(n-1)}(x)(b-x)^{n-1}$$
$$-k(b-x)^n$$

とおくと，$\varphi(b)=0$．そこで $\varphi(a)=0$ となるように k の値をきめると，ロルの定理（62ページ定理１）によって，

$$\varphi'(c)=0 \quad (a<c<b)$$

となる c が存在する．そこで $\varphi'(x)$ を計算すると，

$$\varphi'(x)=(b-x)^{n-1}n\left(-\frac{1}{n!}f^{(n)}(x)+k\right)$$

となって，　$k=\dfrac{1}{n!}f^{(n)}(c)$　（終）

この定理の応用は極めて広い．この定理で $n=1$ の場合が平均値の定理である．

平均値の定理は次の方向へも拡張される．

定理２．２つの関数 $f(x), g(x)$ について，

（ｉ）$[a,b]$ で連続

（ii）(a,b) で微分可能

（iii）$f'(x)$，$g'(x)$ が同時に０になることはない

とする．このとき，

$$\frac{f(b)-f(a)}{g(b)-g(a)}=\frac{f'(c)}{g'(c)} \quad (a<c<b)$$

となる c が存在する．　（コーシーの定理）

この定理で，$g(x)=1$ とすると，平均値の定理に帰着する．つまり，このコーシー（Cauchy）の定理は平均値の定理の拡張である．

定理２の証明

$$k=\frac{f(b)-f(a)}{g(b)-g(a)} \text{ として，}$$

$$\varphi(x)=f(x)-f(a)-k(g(x)-g(a))$$

とおくと，　$\varphi(a)=0$，　$\varphi(b)=0$

したがってロルの定理によって，

$\varphi'(c)=0$ $(a<c<b)$ となる c が存在する．

$$\varphi'(x)=f'(x)-kg'(x)$$

だから，　$f'(c)-kg'(c)=0$

ここで $g'(c)=0$ とすると $f'(c)=0$ となるが，仮定によってそうなることはないから，

$g'(c)\neq 0$ で，

$$k=\frac{f'(c)}{g'(c)}$$

注　平均値の定理によれば，

$$f(b)-f(a)=(b-a)f'(c_1) \quad (a<c_1<b)$$
$$g(b)-g(a)=(b-a)g'(c_2) \quad (a<c_2<b)$$

となるが，c_1 と c_2 は同じ数とは限らないので，これから定理2を導くことはできない．

定理2の式は，$a>b$ でも成り立つ．

この定理によると，

$f(x),g(x)$ が $(a-h,a+h)$ で連続，
$(a-h,a)$，$(a,a+h)$ で微分可能，
かつ，$f(a)=0$，$g(a)=0$ で，

$$\lim_{x\to a}\frac{f'(x)}{g'(x)}=l$$

のとき，

$$\lim_{x\to a}\frac{f(x)}{g(x)}=l \quad （ロピタルの定理）$$

ということが成り立つ．これも極限値の計算には，しばしば使われる．

例　$\lim_{x\to a}f(x)=1$，$\lim_{x\to a}g(x)=0$ のとき，

$$k=\lim_{x\to a}(f(x))^{\frac{1}{g(x)}}$$

は $1^{\pm\infty}$ の形の不定形である．$f'(x)$，$g'(x)$ が存在して連続，$g'(a)\neq 0$ のときは，

$$\log k=\lim_{x\to a}\frac{\log f(x)}{g(x)}=\lim_{x\to a}\frac{(\log f(x))'}{g'(x)}$$

$$=\lim_{x\to a}\frac{f'(x)}{f(x)}\cdot\frac{1}{g'(x)}=\frac{f'(a)}{g'(a)} \quad (1)$$

これから k が得られる．

たとえば，$a=0$ で，

$$f(x)=\frac{a_1{}^x+a_2{}^x+\cdots+a_n{}^x}{n}, \qquad g(x)=x$$

のときは，$f(0)=1$ で，

$$\frac{f'(x)}{f(x)}=\frac{a_1{}^x\log a_1+a_2{}^x\log a_2+\cdots+a_n{}^x\log a_n}{a_1{}^x+a_2{}^x+\cdots+a_n{}^x}$$

から，

$$\frac{f'(0)}{f(0)}=\frac{1}{n}(\log a_1+\log a_2+\cdots+\log a_n)$$

$$=\log(a_1a_2\cdots a_n)^{\frac{1}{n}}$$

また，$g'(x)=1$，したがって $g'(0)=1$

(1) から，$\log k=\log(a_1a_2\cdots a_n)^{\frac{1}{n}}$ となり，

$$k=(a_1a_2\cdots a_n)^{\frac{1}{n}}$$

つまり，

$$\lim_{x\to 0}\left(\frac{a_1{}^x+a_2{}^x+\cdots+a_n{}^x}{n}\right)^{\frac{1}{x}}=(a_1a_2\cdots a_n)^{\frac{1}{n}}$$

3．連続関数の最大値定理

ここでは，定理Bの証明に使った定理Cについて説明しよう．これは，

定理C　閉区間 $[a,b]$ で連続な関数 $f(x)$ には，
　最大値，最小値をとるところがある

という存在定理である．

これは定理Bの証明に用いられるというだけでなく，数学の歴史の上でも著名な重要な定理である．その証明には，準備が必要であるから，このことから述べていこう．

実数を要素とする集合 M について，正の定数 k があって，M の任意の数 x について，

$$|x|<k$$

となっているとき，M は有界であるという．

また，ある数 c があって，任意の正数 ε に対して，

$|x-c|<\varepsilon$ となる
M の数 x が無数
にある

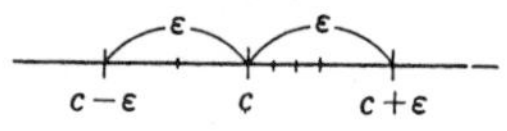

図35

ときに，c を M の集積値という．

通俗的にいえば，c は M の数のたかっているところであって，M に属することもあれば，属さないこともある．

例1．$M=\left\{\frac{1}{n}\;\middle|\; n=1,2,3,\cdots\right\}$ の集積値は0

例2．$M=\{x \mid 0<x<1\}$ では，M のすべての数が M の集積値であり，その他に0と1もそうである．

そこで次の定理が成り立つ．

定理1．無数に多くの実数からできている有界集合には，必ず集積値がある．

証明．この集合 M の任意の数 x について，

$$-k<x<k$$

とし，

$a>x$ である M の数 x は有限個
しかない　(1)

という a の全体からできる集合 A を考えると，A は k をふくまないし，空集合でもない．

こうして，A は上に有界な集合であるから，55ページ定理2によって上限がある．これを c とすると，

（i）A の任意の数 a について，$a\leqq c$

（ii）任意の正数 ε について，$c-\varepsilon<a$ となる A の数 a がある

この c が M の集積値であることが，次のようにして示される．ε を任意の正数とすると，

$c+\varepsilon>x$ である M の数 x は無数
にある．　(2)

それは，有限個であれば $c+\varepsilon$ が A に属するこ

とになって (i) に反するからである.

また, (ii)(1) によると,

$c-\varepsilon \geqq x$ である M の数 x は有限個 (3)

となる.

したがって, (2)(3) から,

$|x-c|<\varepsilon$ である M の数 x は無限にある

ことになる. (終)

そこで, 定理Cを証明しよう.

定理Cの証明. まず,

$[a,b]$ で連続な関数 $f(x)$ では, 関数の値の集合は上に有界である (1)

ことを示そう.

もし有界でないとすれば, 正の整数 $1,2,3,\cdots$ を考えるとき,

$$f(x_1)>1,\ f(x_2)>2,\ f(x_3)>3,\ \cdots$$

となる $x_1, x_2, x_3, \cdots$ が $[a,b]$ 内にある. したがって, $\{x_1, x_2, x_3, \cdots\}$ は有界無限集合で, その集積値は $[a,b]$ 内にある. この集積値の1つを l とすると, $\{x_1, x_2, x_3, \cdots\}$ の部分数列で l に収束するものがある. それを,

$$x_1',\ x_2',\ x_3',\ \cdots \to l$$

とすると, $f(x)$ が連続であることから,

$$\lim_{n\to\infty} f(x_n')=f(l) \qquad (2)$$

他方, $\{x_1, x_2, x_3, \cdots\}$ の意味と $\{x_1', x_2', x_3', \cdots\}$ がその部分数列であることから,

$$\lim_{n\to\infty} f(x_n')=\infty \qquad (3)$$

(2) と (3) は矛盾する. だから (1) が成り立つ.

(1) によって, $f(x)$ の値の集合には上限がある. これを C とすると, 上限の定義によって, 任意の自然数 n に対して,

$$f(z_n)<C-\frac{1}{n}$$

となる z_n がある. このような z_n の集合が有限集合となるときは, $f(z)=C$ となる z のあることは明らかである. また, $\{z_1, z_2, z_3, \cdots\}$ が無限集合のときは, 集積値があるから, その1つを c とすると, $\{z_1, z_2, z_3, \cdots\}$ の部分集合で c に収束するものがある. それを,

$$z_1', z_2', z_3', \cdots \to c$$

とすると, $f(x)$ の連続性から,

$$\lim_{n\to\infty} f(z_n')=f(c)$$

他方 $z_1', z_2', z_3', \cdots$ の意味から,

$$\lim_{n\to\infty} f(z_n')=C$$

したがって, $f(c)=C$ (終)

ここでは, 平均値の定理の証明ということから最大値定理に及んだのであるが, これは広い応用をもった定理である. 次に1つの例を示そう.

例 $f(x)=x^a(1-x)^b$ (a,b は正の定数) の $[0,1]$ での最大値は次のようにして求められる.

$f(x)$ は $[0,1]$ で連続だから, 最大となるところがある. $f(0)=0, f(1)=0$, $[0,1]$ では $f(x)\geqq 0$ だから, その最大となるところは $(0,1)$ にある そこでは $f(x)$ は極大になっていて $f'(x)=0$ である. ところで,

$$\begin{aligned} f'(x)&=ax^{a-1}(1-x)^b+x^a b(1-x)^{b-1}(-1)\\ &=x^{a-1}(1-x)^{b-1}(a-(a+b)x) \end{aligned}$$

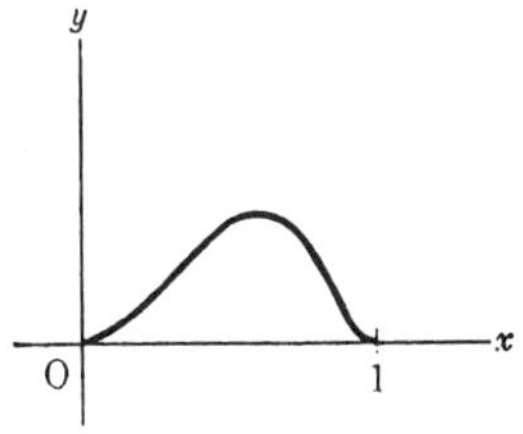

図 36

だから, $f'(x)=0$ から, $x=\dfrac{a}{a+b}$ が $f(x)$ の極大値を与えるものである.

したがって, $x=\dfrac{a}{a+b}$ のとき $f(x)$ は最大で, その値は,

$$\left(\frac{a}{a+b}\right)^a\left(1-\frac{a}{a+b}\right)^b=\frac{a^a b^b}{(a+b)^{a+b}}$$

注 このことから, $0\leqq x\leqq 1$ で,

$$x^a(1-x)^b \leqq \frac{a^a b^b}{(a+b)^{a+b}}$$

という不等式が証明されたことになる.

最大値定理は, 多変数の関数についても同じように成り立つ. 証明は1変数の場合と同じようであるが, 補助に使う定理1に当るものは, 次のようになる. 証明は定理1よりも少しめんどうであって, ここでは述べない.

定理 2. 有界閉集合 D の上で連続な関数については, 最大となるところ, 最小となるところが存在する.

たとえば, 2変数の場合でいうと, 有界閉集合 (通俗的にいうと, へりをふくんでいて無限には延びていない集合) であるところの

$$D=\{(x,y)\ |\ x\geqq 0,\ y\geqq 0,\ x+y\leqq 1\}$$

で連続な関数

$u=x^a y^b(1-x-y)^c$　(a,b,c は正の定数)
では，D 内に最大値をとるところがある．最小になるのは，D の周上である．

このことから，1変数の場合の例にならって，a,b,c が正の数とし，

$x \geqq 0,\ y \geqq 0,$
$x+y \leqq 1$ のとき，

$$x^a y^b(1-x-y)^c \leqq \frac{a^a b^b c^c}{(a+b+c)^{a+b+c}}$$

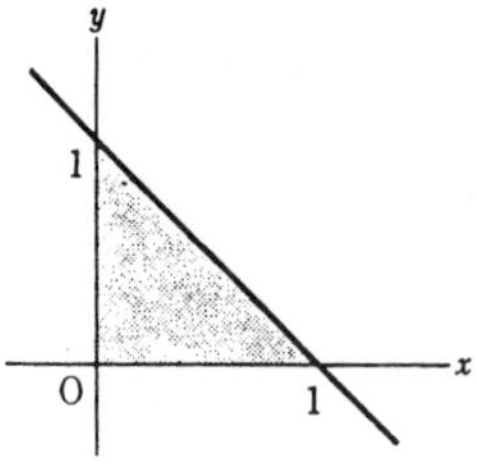

図 37

であることが証明できる．

終りに，最大値定理の成立について，その歴史的経過を述べておこう．

それは，ワイエルシュトラス (K. Weierstrass 1815—1897) が，ある人が重要な論文の中で，

条件Cをみたすものは，a である　(1)

ことを示すのに，

a でないものは，条件Cをみたさない　(2)

ことから直ちに導いていることを発見して，その誤まりを指摘したことに端を発するのである．

なるほど，一見 (1) は (2) の対偶のようで，この 2 つは同値のように思われるかもしれないが，実はそうでなく，(2) の対偶として得られるのは

条件Cをみたすものがあれば，それは a である

ということなのである．

通俗的な例でいえば，先生が生徒 a に，

君以外は，今回の試験は不合格だ　(3)

といっても，a 君が喜ぶのは早すぎる．それは，

a 君もまた不合格

ということがあり得るので，(3) から論理的に導かれるのは，

合格者があるとすれば，a 君

ということだからである．(ただし，日常的には，(3) は a 君だけが合格という意味で使われていることが多い)

これにからんだ有名な話としては，等周問題というものがある．それは，

周の長さの与えられた平面図形の中で，
面積の最大のものは円である

ということであって，19 世紀のはじめには難問であった．これを，スタイネル (J. Steiner) が，次の巧妙な考えで解いて，その当時の人々を感歎させた．1842 年のことである．

周の長さ一定で面積最大のものが凸図形であることは明らかである．それは，凹の図形については，これをつつむ最も小さい凸図形を考えると，周は小さくなり面積は大きくなるからである．

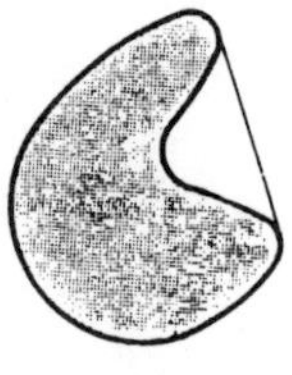
図 38

そこで，凸図形だけ考えればよい．そして，

円でないものは，条件に適さない　(1)

ことを示そう．円でない閉曲線については，必ず，

その上に，同一円周上にない 4 つの点がある　(2)

といえる．それは，どの 4 点も同一円周上にあれば，すべての点が同一円周上にくるからである．

(2) の 4 点を P, Q, R, S とし，図形から四角形 PQRS を取除き，残った部分を剛体と考え，P, Q, R, S をちょうつがい(蝶番)としてグラグラと変える．そのとき，

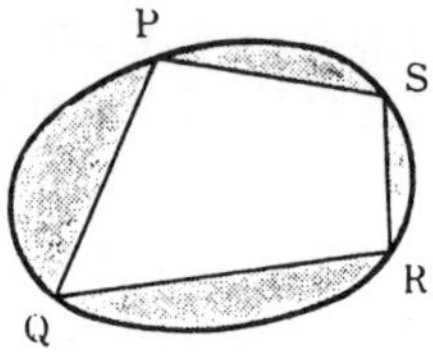

図 39

周の長さは一定，囲む面積は四角形 PQRS の面積の変化に従う．

ことになる．ところが，

4 辺の長さ a,b,c,d の四角形 ABCD で，面積を S とすると，

$$S^2=(s-a)(s-b)(s-c)(s-d)-abcd\cos^2\theta$$

$\left(s=\frac{1}{2}(a+b+c+d),\ \theta \text{ は対角の和の } \frac{1}{2}\right)$

ということがわかっているので，

4 辺の長さの与えられた四角形の中では，
円に内接するものが面積が最大

となる．

したがって，はじめの問題では，四角形 PQRS が円に内接するようにしたとき，面積が最大となる．

こうして，(1) が証明できたことになる．

しかし，この証明でも，誤まった論法を使って

いる．それは，

周の長さの一定の平面図形の中で，面積最大のものがある．

ということの証明が欠けているわけである．

このことの証明は，ワイエルシュトラスをもってしてもなし得なかったことで，巧妙に解き得たと思われた等周問題は，その後長く未解決の問題として残され，1902年に至って，フルウィッツ(Hurwitz)によってはじめてフーリエ級数の利用による完全な証明が得られた．今日では，この問題については，いろいろな証明があり，等周問題というのも，もっとずっと広い範囲の問題に与えられた名称になっている．

終わりに

以上，微積分学のはじめに出てくる存在定理について，一通りのことを述べてきたのであるが，これに続いて出てくる重要な定理としては，

$f(x)$ が連続関数のとき，$\varphi'(x)=f(x)$ となる $\varphi(x)$ （$f(x)$ の原始関数）は，必ず存在する

ということがある．これは，連続関数 $f(x)$ については，

$$\varphi(x)=\int_a^x f(t)dt$$

という定積分が存在して，$\varphi'(x)=f(x)$ となっていることによるのであるが，その証明はなかなか手間がかかる．

このことは，もっと進んで，与えられた関数 $f(x,y)$ と定数 x_0, y_0 に対して

$$\frac{dy}{dx}=f(x,y), \quad y(x_0)=y_0$$

となる関数 $y=y(x)$ が存在するかという微分方程式の解の存在定理へ至る．これは，

$$f(x,y) \text{ が連続}, \quad \frac{\partial f}{\partial y} \text{ が連続}$$

という条件の下では成り立ち，$y=y(x)$ が1つしかないことが証明できる．その証明には，いろいろな準備が必要である．

このように，微積分の基礎理論では，存在定理のいくつかが，大きなかなめとなっているのである．

（くりた　みのる　名古屋大）

目で見る線形代数

木村良夫

1 数学の世界をうろうろしてみよう

今年大学に入ったばかりの学生さんに話すつもりで，線形代数と私のつき合いを述べてみよう．具体的な話に入る前にまず新しく大学生になったあなたに一言言っておきたいことがある．それは，疑問を持ち，それを大切にしてほしいということである．受験勉強にはいろいろの幣害があるが,「早く解けないといけない」という強迫観念を植えつけるということもその一つであろう．早く問題が解けることを悪いというのではないが，この観念が強すぎると，疑問をじっくりと暖めることができなくなる．ところが，学問の世界での疑問（問題）というものは，試験の問題のように決った答があって既に習った方法を用いて一定の時間内に解けるというものではない．何年にもわたって考えつづけてやっと解けるようなものが多いのである．

もちろん，大学生は研究者ではないから新しい定理を発見することが目的ではないが，何か新しい学問分野を学ぶ場合にもこういった姿勢は大切である．数学についていえば，大きい所では

「線形代数というのは何をする学問なのだろう」

とか

「微分とは何か」

といったものから，もっと具体的な

「π の値を小数点以下何桁も計算した人がいるそうだが,いったいどういう方法で計算したのだろう」

といったような疑問を心に持ちながら勉強してほしいということである．また，授業の時に先生がテーラーの定理を説明していたとしよう．先生が黒板にする証明を見ながら，

「こんなことをして何の役に立つのだろう.だいたい

$$f(a+h)=f(a)+f'(a)h+\frac{1}{2!}f''(a)h^2+\cdots$$

を見ると，左辺の $f(a+h)$ の方がよっぽど簡単ですっきりしている．それをなぜ右辺のように複雑なものにするのだろう」

そんな疑問がふと湧いてくることもあるだろう．そういった疑問を押し殺さないで大切にしていってほしいということである．

こういった疑問をたくさん持って数学の世界をうろうろとできるようになれば数学とつき合うのも少しは楽しくなるのではないだろうか．そういうこともあって，ここでは問題の形で事実だけ述べたことも多いが，その中で興味の湧くものがあれば考えてみてほしい．しかし，無理に解こうとする必要はない．これらの問題を頭の隅に入れているだけでも授業を受けていて，または，本を読んでみてそれを見る目がずっと違ってくると思うからである．

2 線形代数との再会

私が線形代数と出会ったのは，もう19年も前に大学に入った時のことである．一年の時に教養の授業として線形代数の講義があり，二年になって再び専門の講義として線形代数とその演習があった．一年の時には，突然今まで習ったこともない「置換」が出てきてとまどったのを覚えている．抽象的な固い感じの講義であったが，それが結構私の体質と合っていたのだろうか，証明の筋を自分で追ってみたり，演習問題を考えたりして無事に通過した．

私が線形代数と再会したのは，それから10年後に大学の教師として線形代数を教えることになった時である．当時私は，長崎総合科学大学という，名前は総合となっているが，実質は工科系の単科大学に就職したばかりで，一回生を対象とした線形代数や

微積分の講義を持つようになった．当時の私には，いろいろと現実との関係もあり内容的にも雑多な感じの微積分よりも，人工的な感じはするが論理的にすっきりしている線形代数の方が教えやすいのではないかと思われた．しかし，実際に教えてみるとその逆で，抽象的な線形代数の方が学生にとっては格段にとっつきにくいようであった．大した工夫もせずに講義をしていたが，テストの時に出した「線形写像でない写像の例をあげよ」という問題の正解者がきわめて少なかったことがきっかけとなって，何かパッとわかる線形写像のモデルはないかと考えていた．

3　ネコとの出会い

ちょうどそんな時，「数学教室」という数学教育の

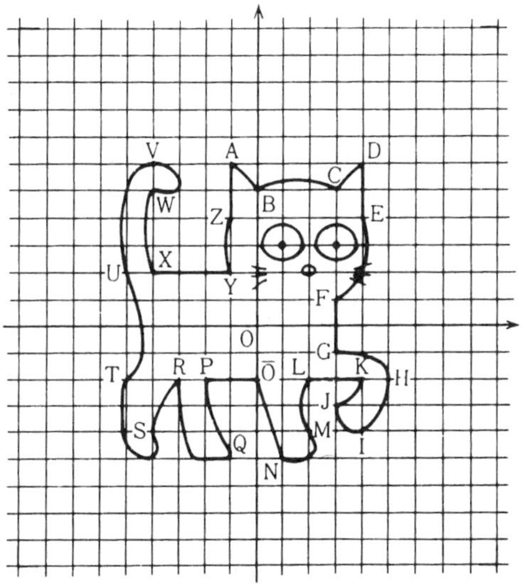

図1　小沢先生の使っているネコ（1975年～）

雑誌を見ていると，小沢健一さんという高校の先生が線形写像によってネコの絵を写す授業をしているという記事がのっていた．それを読んで私はすぐに長野正の「曲面の幾何学」（培風館，1968年）に載っていたネコの絵の変換を思い出した．それまで大学生に数学の授業時間に絵を描いてもらうなどということを思いつきもしなかったが，小沢先生の記事を見て，これはひょっとするとおもしろいかもしれないという気がした．それで，曲面の幾何学のネコの絵をプリントにして教室に持っていった．そして，それをいろいろな行列で写してもらった．学生たちも驚いたようであったが，興味を持ってこの作業をやっていた．この授業についてある学生はつぎのように感想を述べている．

「ネコの講義は一年間の線形代数で一番興味がもて，今までの数学に持っていた暗い物が，こんなことを行なって面白い事も勉強できるんだなと少し明るくなった．暇な時は，自分でいろいろ数値をかえて遊ぶことができた．」

その後も私は，ネコの絵を自動車にかえてこの教材を使っている．ネコを使うのは他人の著作権を侵害しているようで心苦しいのと，「直線をまた直線に写す」というのが線形写像の重要な性質であることから直線を主体にした絵の方がよいのではないかと思ったからである．

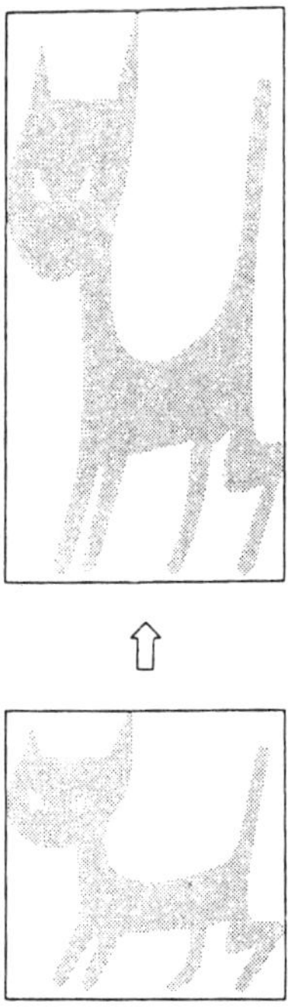

図2
「曲面の幾何学」のネコ
(1968年)

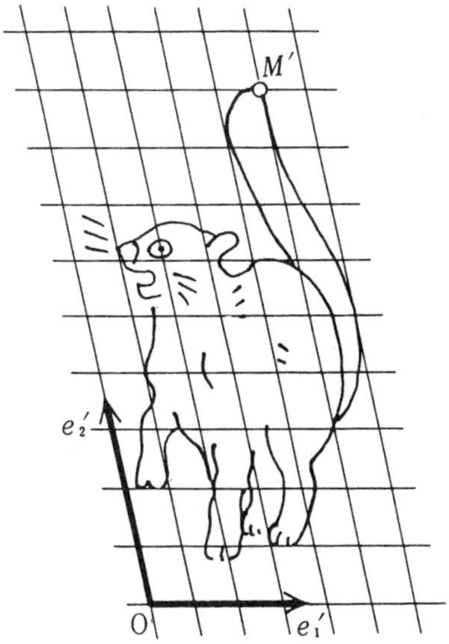

図3　ソビエト科学アカデミーの
「数学通論」のネコ（1956年）

4　ネコから自動車へ

さて，ここで少し内容の説明をしておこう．2次

元の数ベクトルから2次元の数ベクトルへの変換は，例えばつぎのように色々のものがある．

① $\begin{pmatrix} x \\ y \end{pmatrix} \longrightarrow \begin{pmatrix} 2x^2+3y \\ x+y \end{pmatrix}$

② $\begin{pmatrix} x \\ y \end{pmatrix} \longrightarrow \begin{pmatrix} 2x+3 \\ x+y \end{pmatrix}$

③ $\begin{pmatrix} x \\ y \end{pmatrix} \longrightarrow \begin{pmatrix} 2x+3y \\ 5x-4y \end{pmatrix}$

この中で写った先のベクトルの各成分が x，y の一次式で表わされる③のようなものを一次変換または線形変換という．「一次」も「線形」も英語の linear (直線の)の訳である．高校の教科書では「一次変換」という言葉を用いているものが多いようであるが，これだと「二次」や「三次」の変換もあると考える学生が結構いる．性質からいうと線形変換というものは，正比例関数を一般化したきわだった性質（これを線形性とよぶ）

$$\begin{cases} f(\vec{x}+\vec{y})=f(\vec{x})+f(\vec{y}) \\ \qquad \vec{x},\ \vec{y} \text{は任意のベクトル} \\ f(k\vec{x})=kf(\vec{x}) \\ \qquad \vec{x} \text{は任意のベクトル，} k \text{はスカラー} \end{cases}$$

を持っている．そういう意味で，「線形」，「非線形」(これは線形でないという意味)という分類が本質的となるから私としては線形変換という言葉を使うことにしている．

ところで，③の変換の行き先のベクトルは

$$\begin{pmatrix} 2x+3y \\ 5x-4y \end{pmatrix} = \begin{pmatrix} 2 & 3 \\ 5 & -4 \end{pmatrix} \begin{pmatrix} x \\ y \end{pmatrix}$$

というように行列とベクトルの積で表わされる．逆にまた，行列が決まればそれをベクトルに掛けることによって線形変換をつくることができる．行列は，このように線形変換を表わすものとして登場する．そして，この行列を線形変換の表現行列とよぶ．

さて，線形変換の特徴をつかむためにそれを図で表わすことを試みるわけであるが，そのために，ベクトル $\begin{pmatrix} x \\ y \end{pmatrix}$ を $x-y$ 平面上の点 (x, y) と同一視する．

そうすると，点 $\begin{pmatrix} x_1 \\ y_1 \end{pmatrix}$ は行列 $\begin{pmatrix} a & c \\ b & d \end{pmatrix}$ によって

点 $\begin{pmatrix} ax_1+cy_1 \\ bx_1+dy_1 \end{pmatrix}$ に写されるわけである（図4）．

しかし，これでは全体の様子がなかなか分からない．それで $x-y$ 平面に図5のような自動車の絵を描いておいてそれをいろいろな行列で写すわけである．

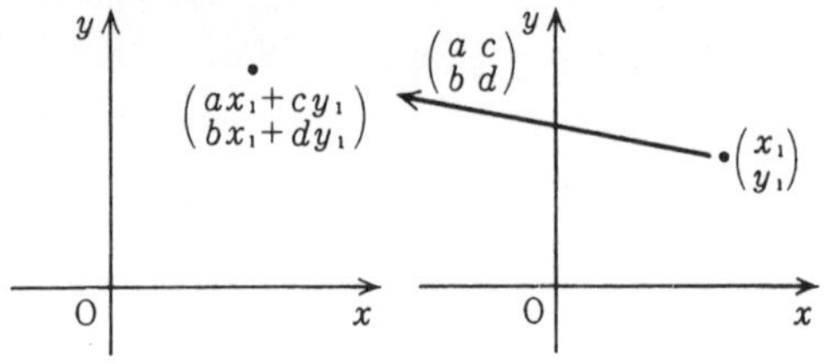

図4

一般に，変換した後の絵は下の図の左側の絵のようになるが，これを見るだけでいくつかのことが分かる．

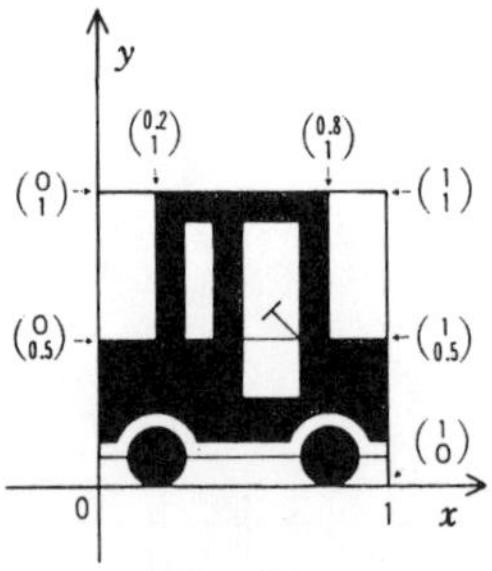

図5

まず目につく所で

① 直線が直線に写っている

② 原点はそのままである

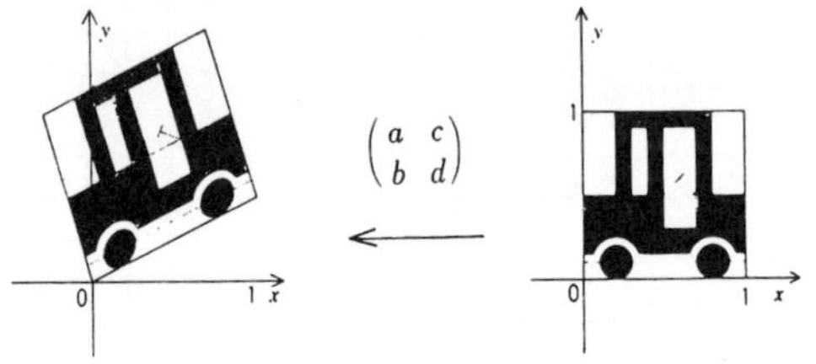

図6

③ 同一直線上の線分の長さの比は変わらない

などがあげられる．

問題1　線形変換は上の①②③の性質を持つことを示せ．（ヒント：線形性を使えばよい．）

実際これらの性質は変換された絵を見て分かるというよりも，絵を描くために必要な性質である．めったにやたらと点をとりそれらを写していくだけでは，このような簡単な車の絵といえども写し終えることはできない．だから，私の授業では，黙ってこの作業をしてもらうことにしている．そうしているうちに①②③の性質に学生たちが気づくのである．

ところで，図3から分かるもう1つ大切なことは，$\begin{pmatrix} 1 \\ 0 \end{pmatrix}$ と $\begin{pmatrix} 0 \\ 1 \end{pmatrix}$ の行き先がそれぞれ行列の1列目と2列

目のベクトルになっているということである．従って，この写った先の自動車の絵を見れば，表現行列を見つけることができる．したがって，この絵でもって線形変換を表わすことができる．それで，私はこの図（絵）のことをシェーマ図という名をつけて重視している．こう考えると線形変換には，ベクトルの式で表わすやり方と表現行列で表わす方法とシェーマ図で表わす方法という3通りの表わし方があることが分かる．

① ベクトルの式で表わす $\begin{pmatrix} x \\ y \end{pmatrix} \longrightarrow \begin{pmatrix} ax+cy \\ bx+dy \end{pmatrix}$

② 表現行列 $\begin{pmatrix} a & c \\ b & d \end{pmatrix}$

③ シェーマ図

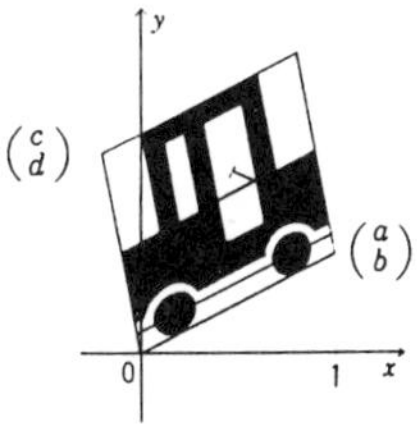

5 自動車の絵で考える線形代数

こういうことをしているうちに私にはいろいろな疑問が沸いてきた．例えば，

行列式の値というのは何を表わすのだろうか

とか

直線を直線に写す変換は線形変換しかないのか

といった疑問である．行列式の方は，面積で考えた倍率ではないかという予想を立てたが，少し考えるとこれは正しかった．もっとも，行列式はマイナスの値をとることもあるので，正確にいうと

行列式＝(面積での倍率)×(向き)

ということになる．これを証明するためには，つぎのことをいえばよい．それ程むつかしくないから読者の皆さんの演習問題としておく．

問題2 シェーマ図の平行四辺形の面積は $ad-bc$ となることを示せ．

行列式をこのように倍率ととらえると，正方行列 A と B の行列式 $\det A$ と $\det B$ の積は積の行列 AB の行列式 $\det(AB)$ と一致する．すなわち

$$(\det A)(\det B)=\det(AB)$$

なども当然のこととしてとらえられる．また，つぎの定理を理解するうえでも有効である．

定理 A を n 行 m 列の行列，B を m 行 n 列の行列とする．このとき $n>m$ ならば

$$\det(AB)=0$$

となる．

これはどう考えるかというと，AB で表わされる線形変換は $\boldsymbol{R}^n$ から $\boldsymbol{R}^m$ への変換 B と $\boldsymbol{R}^m$ から $\boldsymbol{R}^n$ への変換 A を結合したものである．ところが B において次元がさがっているので，ここで倍率は0となりそのために全体としての倍率も0となると考えればよい．

後の方の疑問はちょっとむつかしい問題であったが，私の友人がつぎの定理が成り立つことを証明した．

定理 f を $\boldsymbol{R}^n$ から $\boldsymbol{R}^n$ への onto な変換で

(1) $f(\overrightarrow{0})=\overrightarrow{0}$

(2) f は直線を直線に写す

の性質を満たすものとすると f は線形変換となる．

この証明は演習問題のように簡単ではないが，数学科の学生には手頃なテーマかもしれない．

その他，2行2列の行列では普通ランクが2であるが，自動車の絵が直線上につぶれるとランクが下がり1となるということから，**ランク＝線形変換で写された像の空間の次元**ということに気がついたりもした．

6 線形変換に遊ぶ

私は，自動車の絵の変換を使って，線形代数に登場する基本的な概念の意味が理解できるようなスライド教材をつくり，それを本にまとめて出版した([1])．しかし，教師の私一人ががんばっていても教育上の効果は薄い．それで，学生たちに自由に絵を描いてもらってそれを線形変換で写してもらうことをしてみた．次頁の絵はそのようにしてできたものである．絵全体が

$$\begin{pmatrix} 1 & \frac{1}{2} \\ 0 & 1 \end{pmatrix}$$

によって x 方向にずれているのに，よそ見をしていたきつねだけが変換されずにいたため変形してきたカンに頭をぶつけている絵である．なかなか楽しいアイデアである．こうした絵を通して，ただ単にい

くつかの数が並んでいる行列というものの持っている具体的な意味が実感としてつかめることになる．

まあ，ここまでくると数学の勉強をしているのか美術の勉強をしているのかはっきりしなくなるが，学生たちは毎年おもしろい絵を描いてくれる．このような試みは，私などが始めるより前から一部の高校の先生によって行なわれている．それで昨年，高校の先生と二人で，高校生と大学生のイラストを集めて本として出版した（〔2〕）．この本については，最近つぎのような話を聞いた．この本の一部をプリントにして高校の先生が生徒に配った所，ある生徒がそれらのプリントに目次と表紙をつけて製本してきたという．そして，その本には帯までついていて，そこには

・楽しみながら身につく一次変換入門
・かつてこんな面白い参考書があっただろうか！
・高校生による多彩なアイディア
・教科書の説明がグッと身につく（といいなあ）

といった言葉が並んでいたという．

線形代数との付き合い方もずいぶんいろいろあるなあというのが，大学教師になって8年半付き合ってきた私の実感である．君はどのような付き合い方をするのだろうか？　そこに新しい数学の世界が開けることを希望しつつペンを置くこととする．

参考文献

〔1〕「目で見る線形代数」，木村良夫，1983年3月，サイエンティスト社

〔2〕「楽しい数学イラストの世界」，小沢健一・木村良夫，1985年8月，サイエンティスト社

（きむら　よしお　　神戸商科大学）

線形変換を使った学生のイラスト
「よそ見をしているとこうなります」（作者 大瀧宏）

何のための ε-δ か

竹之内　脩

大学へ入学，おめでとう．と今頃こんなことをいうと，少しおかしいかもしれないが，難関を突破し，あこがれと希望に胸をふくらませて，大学での新生活を送っておられることと思います．

さて，大学へはいって，どんなことをならうのかというのは，大きな関心であったでしょうが，それが現実の問題となった今，各人いろいろな思いにひたっていることでしょう．ほんとの学問をならう喜びに勇躍している人，高等学校との懸隔にとまどっている人，高等学校とあまり差のないことにがっかりしている人，等々，さまざまと思います．あるいはまた受験勉強から開放された喜びで，人生を如何に楽しむかということの方で頭がいっぱいで，大学で何をやるのかに関心のない人達もありましょう．

現在の諸君は，受験勉強のエネルギーの蓄積もありましょうから，そしてまたその勉強中に，そんなに必要でもない，大学でならえばいいようなことまで教えられたことでしょうから，割合，気楽な気分でいることと思います．しかし，これをそのままの気持で続けていると，だんだん妙なことになってきます．

大学は不親切なところです．諸君達にこれをしなさい，あれをしなさいなどということはいいませんし，諸君達の好きなようにやったらいいと，諸君達まかせです．もっとも，大学とて，全然知らん顔ではないので，諸君達が，「…をしたい」という希望をもてば，それにはどうしたらよいかということを指導してくれる．要するに諸君達が求めさえすれば，発展することはいろいろと面倒みてくれるわけですが，要するにこれも諸君まかせです．まあ，考えて見れば，赤ン坊の頃は，親が口の中へ食物をねじこんでくれました．子供が気に入らないで吐き出せば，何とか食べるようにならないかと，おろおろして，手をかえ品をかえていろいろ作ってくれました．大きくなってきても，子供達の好きなもの，気に入るものと親は気をつかってくれるものです．受験勉強中は，「あなたの好きなもの」をお夜食に作ってくれたことでしょう．大学へはいった今でもそうしてもらっている人もいるかもしれません．また，寮に入り下宿にはいって，ふだんは口にあわないもの，まずいものを食べることになった人達もいるでしょう．もうそこでは親から口に入れてもらえず，自分で探しもとめて，うまいものにありつくことを考えねばなりません．もっとも，未だに，小鳥の巣で雛鳥が，親鳥から嘴に餌をつっこんでもらうまでぎゃあぎゃあいっているのと同じ気分でいる人もいるでしょう．こういうのを乳離れしない人達と呼びます．

さて，大学では，諸君が求めれば，つまり諸君が自分で努力するならば，道は開けていきます．しかし，何と多くの，与えられることを期待している，乳離れのしない気分の汪溢していることか．まあともかく栄養不良にならない程度のメニューは，カリキュラムとして用意されていますが，それにあきたらない，あるいはそれがまずいという人は，うまいものを発見する努力を自分ですることが肝要です．

さて，余計なお説教を長々としましたが，これというのも，「高校の頃は数学が得意だったのに，大学へはいったら，どうもできないようになってしまった」ということをよく耳にするからです．こういう人には私はこういいます．つまり，高校時代，まず数学をやらない日はなかったろう．相当の時間が数学にあてられていたろう．それと同じように今やっていますか．

私が大学へはいったときは，私は，「やれやれ，これですべての時間，数学をやっていられる」と思ったものでした．（もっとも，私の入学したのは戦前の大学で，大学へはいれば，一般教養などなくて専門課目だけでした．今は少々事情は違いますね．）こんなことまで考えなくても，せめて高校時代と同じく，相当の時間を数学にそそぎ，教科書を読みかえし，演習問題をやることを心掛ければ，大学入試をこなした程度の人なら必ずやっていけると思うのです．それが，大ていは，たいへん，明日は演習の日だなんていうわけで，あわてて，問題だけやっていこうとする．まあ，本誌の読者にはそんな人はいないと思いますけれど．

次には，高校時代にならったことだけで，大学をやろうとする．つまり，大学へ来て進歩を求めないタイプもまた多いのです．まあ数学でいえば微分積分．高校でやったものをまた大学でやる．何も新しくならうことはないじゃないかというわけですね．新しくならうことがない，逆の立場，つまり先生である私達の立場からいくと，新しく教えることがないなら何も教える必要はないわけで…　つまり，そんなつもりでやっていると，どんどんわからなくなってくるわけです．私が時々やることであるが，「定積分 $\int_a^b f(x)\,dx$ の定義を書け」という問題を出す．少し余談になりますが，最近，一松信氏の「数のエッセイ」（中央公論社．自然選書）という本が出ました．面白い本なので読んでみましたが，12ページのおわりから定義のことについて書いてあります．「講義でも談話会でも《定義を明確に》というのが第一に強調される点である．」とあります．そこで，定義を明確にするようにいろいろな話をしたあとで，上述の問題を出すわけです．その結果，毎度無残な思いをするのは，私が述べた形に書いてくれる人は1割もいればいい方．他は，高校の教科書のとおりです．つまり，私の講義の時間は何を聞いていてくれたのでしょう．「あんな面倒な話を聞いたって役に立たん．高校でならったのとどこが違うんだ」（はなはだ違うのですがね）というわけで，エルキュール・ポワロのいう灰色の脳細胞に痕跡をすら止め得ないという結末です．本稿の主題である ε-δ 式，つまり極限の問題も，全く同じく，これをものにしてやろうという考えと，これを素通りさせてしまえという考えとでは，わかれ道に来て，片方は石ころ道，片方はいい道，ところが，先へ行けば，石ころ道はしばらくして広いよい道となり，いい道は少し行ったら崖にぶちあたり，今更引きかえしてもう一方の道を行くのもいまいましい．もうハイキングはやめだというようなものです．頭を柔軟に，常に自分から求めるということ．これが先への発展の道でしょう．

これについて，なかなか効果的なのは先輩の助言（？）です．電車の中でこんな会話を聞きました．「おい，いま君達…を習っているだろう．あれ，面倒くさくてちっとも役に立ちやしないぜ」かくして，先輩の閉ざされた心は，後輩に遺伝していくわけです．先程引用した一松信著「数のエッセイ」にも，「数学は一歩一歩根気よく準備をつみ重ねていったうえに，はじめて築き上げられるものだけに，…」（5ページ）とあります．まだろくすっぽ物を知らんうちに，何はいる，何はいらんなどとはおこがましい，ということを肝に銘じておいていただきたいものです．

1．何のための ε–δ か

さて，筆者が，編集者から与えられた課題は，「何のための ε–δ か」ということで書けということでした．もっとも，標題は別に考えてもらっても結構だということでしたが，要するにそのこころは，「お前達は学生に ε–δ といっていじめているが，なぜこんなことをやるのか，みんなの納得いく答案を書いてみろ」ということらしい．そうと知って，別の標題をつけるのもいまいましいので，敢えてこの課題に挑戦してみようというわけです．

とはいっても，「何のための ε–δ か．」といわれれば，「それよりほかに，やりようがないんだよ．」というのが，いつわらざる答なのです．「やりようがないといったって，今まで，近づくということでやってこれたではないか．それでやればいいではないか．」といわれることでしょう．それで私共——敢えて私共といいます．つまり数学者全体を代表してのつもりです——はこう思うのです．「近づくなんていういい加減な表現をはやらすものだから，それでいいと思うやつばかりになる．最初から ε–δ でやればいい，それがわからんやつにまで，教えることはない．」

いままで諸君はどの程度の極限を求めました

か．等比数列，等比級数，二，三の特殊の工夫で極限がわかるもの，それからそれらの変形，そんなものでしょう．はっきりいうと，そんな，ものの数にもはいらないぐらい，わずかなものでしょう．ちょうど，無理数はどういうものかといわれれば，$\sqrt{2}$ とか $\sqrt{3}$ とか，あるいは e とか π とか（e の方は簡単ですが，π の方は少し面倒です.*）これで無理数を代表したような気になっているのと同じようなものです．ほかに，どんなケースが出てくるかわからないものに対して，これではあまり心細いではありませんか．

じっさい，ε-δ が使われるようになったのは 19 世紀になってからのことです．秋月康夫先生から教えていただいたところによると，ディニ（U. Dini 1849―1918）がはじめてだということで，それだと 19 世紀も後半になってからということですね．しかし，近代解析学の父といわれるコーシーが 1820 年に書いた「解析学講義」では，完全ではないが，ある程度の形をとった ε-δ 論法が使われているので，この頃あたりが，こういう精密論法のはじまりではないかと思われます．

ほんとうのところ，ε-δ 論法は，極限の議論を明確にし，やさしくします．というと，「そんなことあるものか．あんなややこしい ε-δ を，どうしてやさしくするなどというのだ．」とおしかりをうけるかも知れません．しかし，実際 18 世紀の数学を見ていると，極限に対する不完全な認識でよくあれだけの議論をしたものだと感心させられます．極限の議論には，あとからもふれようと思いますが，非常にきわどいことがいくらも出てきます．そういう危険を巧みに避け，きちんとした議論をつくっていくのは，天才の業績としかいいようありません．ベルヌイ，ヤコビ，オイラー，ガウスなど，全くそういう感慨を深くします．つまり不完全な概念，不明確な概念を用いながら正しい結果を得ていくのは，天才の力です．ε-δ は，これを，凡庸な我々にも間違いなく議論できるようにしてくれる手段で，かつ，正確な，論理的な，唯一の極限の議論の仕方です．これをマスターするのが何といっても解析学では重要なことです．

これからは筆者の主張で，人により異論のあり得るところですが，私は，まず ε-δ 論法を勉強するときは，これを理解しようと考えない方がいいと思っています．それよりも，どんな議論の仕方をするのかということを会得することが肝要です．私自身 ε-δ 論法は最初は夢中で覚えました．ちょうど語学で動詞の変化を覚えたり，動詞と前置詞の結びつきを覚えたりするのと同じです．どうしてこんな議論をするのだろうなどということは，先生になってから，はじめて考えました．ε-δ 論法は議論の一つのパターンですから，それを正確に使いこなせるようにすること．これが何より大切です．要するに極限の議論は，これ以外にない．何度も書いてくどいようですが．

私はある本*で，次のように書きました．

「変化する，あるいは限りなく小さいというような表現は，いわば定性的な表現である．それは感覚的に訴えるものは大きいかも知れないが，そこからは厳密な理論の展開は期待できない．アリストテレスが，≪重い物体は軽い物体よりも早く落ちる≫と主張し，それが感覚的には全くそのような感じがしたゆえに，長い間誰も疑うものがなかった．ガリレイがピサの斜塔で実験をして見せ，さらにニュートンの運動法則から落下の法則が定量的に把握されるにおよんで，この迷信は打ち破られ，近代科学が生れてきたのである．定性的なあるいは感覚的な表現は科学の担い手とはなり得ない．量的な関係として把握されてこそはじめて，科学の発展を担う基礎としての概念となり得るのである．ε-δ 式論法を基礎として解析学は組み立てられる．」

さて，今まで，「何のための ε-δ か」という問題に対する答を書いてきたつもりです．お前のいうことはナンセンスだという人はここでおしまい．お前のいう通り，あきらめて，どんなことがはじまるのか，もう少し見てやろうという人は，どうか次を読んで下さい．

2．コーシーでも間違った！

極限について，いい加減に考えていると，しばしば誤りをおかすということは，前の節で言及しましたが，そういう一つの例としてひき合いに出されるのは，コーシーの「解析学講義」にある次の話です．

---

* 一松信「数のエッセイ」112 ページ

* 竹之内脩「集合・位相」（筑摩書房，数学講座）117 ページ

いま，区間 $[a,b]$ で定義された関数の列 $f_1(x), f_2(x), \cdots$ があるとき，もしも各 $x \in [a,b]$ について，$\lim_{n\to\infty} f_n(x)$ が存在すれば，この値を x に対応させることによって，新たな関数 $f(x)$ が得られます．$f(x)$ を $f_1(x), f_2(x), \cdots$ の極限関数とよびます．

さて，$f_1(x), f_2(x), \cdots$ が連続関数であるとき，$f(x)$ は連続関数となるでしょうか．そうだと思うのがふつうでしょう．コーシーもそんな議論をしてしまったのです．

「$f_n(x)$，$f(x)-f_n(x)$，$f(x)$ は，x の関数である．そして $f_n(x)$ は x の連続関数．ゆえに，x に小さい変化を与えるとき，$f_n(x)$ の変化は小さい．また，$f(x)-f_n(x)$ は，n が十分大きければ非常に小さいのであるから，その，x の微小変化に対する変化はきわめて小さいであろう．したがって，$f(x)=f_n(x)+(f(x)-f_n(x))$ の変化もまた小さい．ゆえに，$f(x)$ は連続である．」

前にも書いたように，コーシーのような大天才が，こんな誤りをおかすことはきわめて稀なことです．大ていはこんな危なかしいところは，巧みに逃げているのです．さて，このコーシーのいっていることが成り立たないことを最初に指摘したのはアーベルだと私は思っていたのですが，一松氏の「数のエッセイ」では，フーリエのほうが先のように記されています．（同書．177 ページ）

「フーリエが有名な熱伝導論 (1822)* のなかで，不連続な関数

$$f(x)=\begin{cases} 1 & (0<x<\pi) \\ -1 & (\pi<x<2\pi) \end{cases}$$

$(0, \pi, 2\pi$ では $f(x)$ は 0 とする)

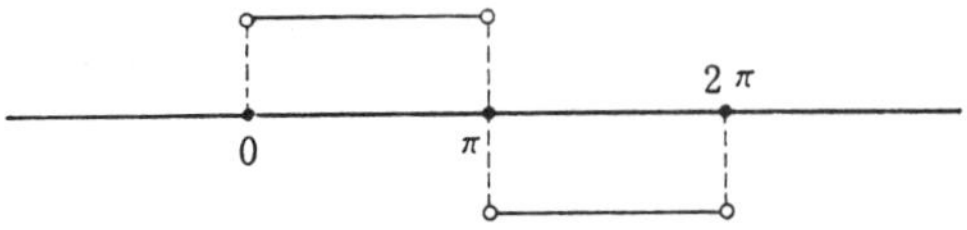

図 1

が三角関数の級数

$$\frac{4}{\pi}\sum_{n=0}^{\infty}\frac{\sin(2n+1)x}{2n+1}$$

に展開されることを示して，当時の数学界にショックを与えた．」

* アーベルの論文は 1826 年

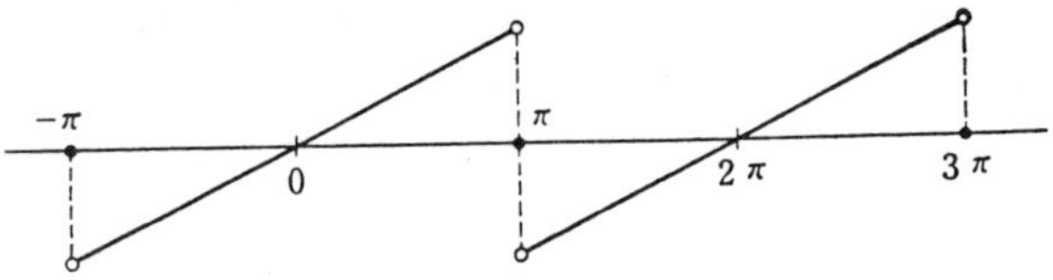

図 2

ちなみに，アーベルは

$$f(x)=\frac{x}{2} \qquad (-\pi<x<\pi)$$

$(-\pi, \pi$ では $f(x)$ は 0 とする)

が，

$$\sin x-\frac{1}{2}\sin 2x+\frac{1}{3}\sin 3x-\cdots$$

という級数で書ける．この級数は，すべての x について収束して，図 2 に見るとおり，$\pi, 3\pi, \cdots$ で不連続になるという例を示しました．

フーリエ級数のことはわかりにくいので，最近の本では，たいてい

$$f_n(x)=\frac{1}{1+nx^2} \quad (n=1,2,\cdots)$$

というような例をあげています．

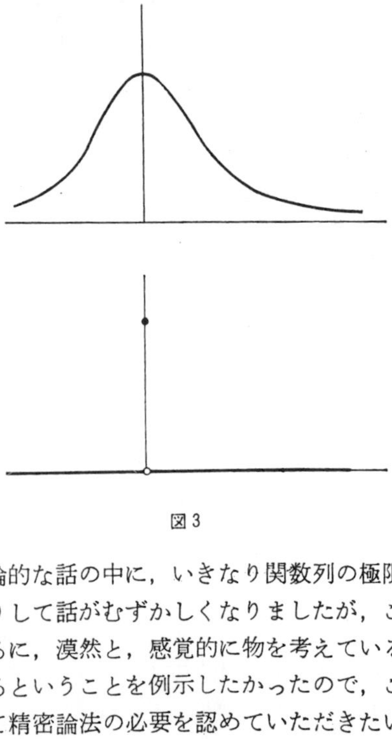

図 3

序論的な話の中に，いきなり関数列の極限を入れたりして話がむずかしくなりましたが，これは要するに，漠然と，感覚的に物を考えていると失敗するということを例示したかったので，これによって精密論法の必要を認めていただきたいと思うのです．

3. ε–δ 式論法

いままで，はっきりさせないで ε–δ という言葉

を使ってきましたから，ここでそれらをきちんとformulate しておきましょう．

数列 $a_1, a_2, \cdots$ に対して，ある数 a があって，任意の $\varepsilon>0$ に対して適当な自然数 N をとれば，

$$n \geqq N \text{ ならば，つねに } |a_n - a| < \varepsilon$$

が成立するとき，数列 $a_1, a_2, \cdots$ の極限は a であるといって，これを，$\lim_{n\to\infty} a_n = a$ で表わす．

これが，極限の ε–δ 式表現というものです．ε–δ といったって，δ は出てこないではないか．ε–N 式とでもいえ！といわれそうですが，ε–δ 式というのはこれをもひっくるめた一群の極限の定義の仕方についての通称なので，まあ，上記もその一種として御承認願うことにさせていただきたいと思います．

前にもいいましたが，この論法を理解しようという努力はあまりすることはないと思います．しかし二，三の例は必要でしょう．

例 1.　$\lim_{n\to\infty} \frac{1}{n} = 0$

これをいうときに，n が大きくなれば $\frac{1}{n}$ はだんだん小さくなって限りなく 0 に近づく，というのが，いままで諸君達の教わってきたいい方でしょう．しかし，限りなく 0 に近づくというのは，いったい何のことかと疑問に感ぜられませんか．

コーシーの解析学講義には，そのあたりが分析してあります．

「限りなく小さくなるというのは，0 に収束することである．このことと，絶えず小さくなっていくということとを混同してはならない．たとえば，与えられた円に外接する正多角形の周の長さは，その多角形の辺の数が増えていくとき，絶えず小さくなっていくけれども，限りなく小さくはならない．というのは，円周の長さがそれの極限値だからである．同様に，

$$\frac{2}{1}, \frac{3}{2}, \frac{4}{3}, \frac{5}{4}, \frac{6}{5}, \cdots$$

という列を考えれば，これは絶えず小さくなってはいくが，1 に収束するから限りなく小さくはならない．ところが，

$$\frac{1}{4}, \frac{1}{3}, \frac{1}{6}, \frac{1}{5}, \frac{1}{8}, \frac{1}{7}, \cdots$$

というようなのは，絶えず小さくはなっていない．大きくなったり小さくなったりを繰返しているけれども，限りなく小さくなる．すなわち先の方にいけば，どんな与えられた正の数よりも小さくなってしまう．」

ここに現われた表現，「先の方にいけば，どんな与えられた正の数よりも小さくなってしまう．」これを，きちんと書いていくと，さっきの，ε–N 式表現になってしまうのです．つまり，どんな与えられた正の数…というのですから，まず正の数を一つ与えておかねばなりません．それを $\varepsilon>0$ として，最初からその ε より小さいことは考えられないから，どれくらい先の方に行ったら ε より小さくなるか見ていくことにします．ε より小さくなったと思ったらまた大きくなった，また小さくなった，また大きくなった，を繰り返していたのでは，先の方にいけば，ε よりも小さくなってしまうとはいえないでしょう．ある番号までは，そんなことを繰り返していたが，ついに，その番号から先はみんな ε より小さくなってしまった，というところがみつかって，はじめて安心できるわけです．この番号が N で，したがって，ある自然数 N があって，

$$n \geqq N \text{ ならばつねに } |a_n| < \varepsilon$$

ということがいえれば，はじめて，「先の方にいけば，あらかじめ与えられた正の数よりも小さくなってしまう」といえようというわけです．そしてこれが「限りなく小さくなる」ということの表現として理解できましょう．

$\frac{1}{n}$ についていうならば，これは簡単です．与えられた $\varepsilon>0$ に対して，N を $\frac{1}{\varepsilon}$ よりも大きな自然数，受験数学でお得意のガウスの記号を使えば，$N = \left[\frac{1}{\varepsilon}\right] + 1$ とでもしておけば，

$$n \geqq N \quad \text{ならばつねに} \quad \left|\frac{1}{n}\right| < \varepsilon$$

がいえるわけですから，これで，$\lim_{n\to\infty} \frac{1}{n} = 0$ がいえたことになります．

要するに，「n を大きくすれば $\frac{1}{n}$ は限りなく 0 に近づく」は感覚的な表現．これをどんなふうにでも叩けるようにしたのが上の ε–N 式表現ということになりましょう．

例 2.　$|a|<1$　ならば，$\lim_{n\to\infty} a^n = 0$

$a>0$ のときだけ考えればよいでしょう．（なぜでしょうか？）このとき，given $\varepsilon>0$ に対して，N を，$N > \log_a \varepsilon$ としましょう．$0<a<1$ ですから，a^x は単調減少関数です．したがって $a^N < a^{\log_a \varepsilon} = \varepsilon$．ゆえに，$n \geqq N$ のとき，$|a^n| = a^n \leqq a^N$

$<\varepsilon$ となり，ε-δ 式定義に照らして，$\lim_{n\to\infty} a^n=0$ であることになります．

高校のときは，どうしていたのでしょうか．もう一度ふりかえって思い出してみて下さい．案外，ここと同じことをやっていたのではないですか．それとも，今考え直してみると，全く理論的根拠のないようなことをいっていたかも知れませんね．

例 3． $\lim_{n\to\infty}\frac{a^n}{n!}=0$

だんだん，むずかしくなりましたが，このくらいは受験数学の射程距離内でしょう．いわく，m を自然数で，$m>|a|$ とすれば，

$$\left|\frac{a^n}{n!}\right|\leqq\frac{m^n}{n!}=\frac{m}{1}\frac{m}{2}\cdots\frac{m}{m}\frac{m}{m+1}\cdots\frac{m}{n}$$

$$\leqq\frac{m}{1}\frac{m}{2}\cdots\frac{m}{m}\left(\frac{m}{m+1}\right)^{n-m}$$

$$=\frac{\frac{m}{1}\frac{m}{2}\cdots\frac{m}{m}}{\frac{m}{m+1}\frac{m}{m+1}\cdots\frac{m}{m+1}}\left(\frac{m}{m+1}\right)^n$$

$$=\frac{m+1}{1}\frac{m+1}{2}\cdots\frac{m+1}{m}\left(\frac{m}{m+1}\right)^n$$

で，$\frac{m}{m+1}<1$ だから，そして，はじめの $\frac{m+1}{1}\frac{m+1}{2}\cdots\frac{m+1}{m}$ はきまった数だから，例 2 によって，$\lim_{n\to\infty}\frac{a^n}{n!}=0$

この答案には，実はいろんなことがはいっているので，減点されそうです．しかし，まあ，数学者的視点からいえば，とりあげて難色を示すほどのことはありません．

この数学者的視点ということですが，一松氏「数のエッセイ」でも，「数学的センス」というようなことでとりあげています．（同書 175 ページ以下．どうも，この著書ばかり引用するので，いささか釈明をせねばならないかという気になりましたが，これはたまたま，二,三日前に手に入れ，面白いなと思って読んだまでのこと．そして，原稿を書きながら，ちょっと筆が鈍ると，この本のあっちこっちをひろげて，気晴しをして．要するにこの本を引用するということは，たまたまこの本が私のかたわらにあるということにすぎません．）私がここで言っている数学者的視点から明らかというのは，一松氏の数学的センスとは，少々意味が違いますが，要するに，数学者ならば見ただけで，正確な論理的筋道を直感できるようなことということです．これは，一般常識的観点から明らかというのとも少し違います．一般常識的観点からは，$\lim_{n\to\infty}\frac{1}{n}=0$ はあたりまえみたいに思うでしょう．ところが，数学者的観点からは，これは少しもあたりまえではないぞという警告が発せられるわけです．こういう感覚の相違，そして数学者的感覚を身につけていく，これがこれからの数学の勉強であることを考えて下さい．少々物を覚えたって，少々計算が達者になったって，そんなことはどうでも，大したことではないのです．どれだけ数学的センス，数学者的視点を自分のものにできるか，それが根本的な問題です．

4．e の 定 義

さて，厄介なのは，e という数の導入です．高等学校で数列の極限を扱う一つの理由は，この e を何とか定義しなければならないからで，じっさい，大ていのものは極限値が簡単に求まるのですが，e を定義する極限 $\lim_{n\to\infty}\left(1+\frac{1}{n}\right)^n$ の場合は，そうはいきません．何かわけのわからない一つの数列から，新しい数を作り出そうというのですから，これはそれまでの数学になかった新しい数学の態度なのです．高等学校では，こういうことを認識させないように，さらりと逃げるように仕組まれていました．しかし，大学生である諸君は，むしろこの点にはっきり眼を向けてほしいものです．

e を導入しなくてもいいとすれば，高等学校では何も格別数列の極限を扱わなくてもよいのです．関数が連続であるというようなのは，むしろ，不連続な関数の方がおかしいと感ずるくらい直感的に自然な概念ですし，微積分も，大たい直観的に進めてしまうことができます．（そうだったでしょう．）この中に数列の極限を介入させる必要は全くないのです．ただ一つ，指数関数,対数関数のところが，直観的というだけではどうにもできないので，そこで止むをえず数列の極限の登場となるわけです．

もっとも，数列の極限を介さずに，指数関数，対数関数の微積分を扱う方法があります．この方法というのは

$$L(x)=\int_1^x\frac{1}{t}dt\quad(x>0)$$

として x の関数 $L(x)$ を定義して，この関数の性質をいろいろしらべる．大切なのは，

$$L(1)=0,\quad L(x_1x_2)=L(x_1)+L(x_2)$$

である．と，こう書くと，あたりまえじゃないか．$L(x)=\log x$ なんだから，と諸君達はいうでしょう．というわけで，このプランは挫折するのです．実は，これらのことを積分の性質からひき出して，逆に進んでいこうというのですが．そしてこれは非常にすぐれたプロセスなのですが，序文にも書いたように，既存の知識，先入観，他からつぎこまれる知識等の厚い壁にはばまれて，成功しません．この行き方で書いた教科書もありますし，筆者自身も何度か試みてみましたけれどだめでした．あるいは興味を感じたかもしれない読者のために，この先の筋道を少し加えてみますと，

$L(x)$ は単調増加，連続である．

したがって逆関数 $E(x)$ がある．

$E(x)$ も単調増加連続である．

$E(0)=1,\quad E(x_1+x_2)=E(x_1)E(x_2)$

そこで，$E(1)=e$ と定める．そして $E(x)=e^x$ と書くこととする．これは通常の意味でわれわれの知っている指数関数である．

$L'(x)=\dfrac{1}{x}$ したがって逆関数の微分法により，$E'(x)=E(x)$ （$y=E(x)$ とすれば，$x=L(y)$ ですから，$E'(x)=\dfrac{dy}{dx}=\dfrac{1}{\frac{dx}{dy}}=\dfrac{1}{\frac{1}{y}}=y=E(x)$）

こんな調子でやっていきます．

さて，もとにもどって，e という数は，数学全体の骨組をつくる大切な数です．実数で特別な意味をもった数といえば，0,1 と，この e ぐらいのものでしょう．（π も仲間入りさせてもいいかもしれません．）e をはじめて導入したのはオイラーだそうですが，e は exponential の頭文字とも，Euler の頭文字をとったとも考えられますね．オイラーがどうやってこの数を導入したのか，オイラーより前は指数関数や対数関数の微積分をどのようにやっていたのか，等々のことを知りたいと思っているのですが，数学史のことを書いた本にもこういうことを扱ったものを見たことがありません．この重要な話題を誰かとり上げてほしいと思っています．

$\displaystyle\lim_{n\to\infty}\left(1+\frac{1}{n}\right)^n$ の存在．第一法

e を定義する極限のことについては，高等学校でならったやり方がありますね．

$a_n=\left(1+\dfrac{1}{n}\right)^n$ とおきますと，

$$\begin{aligned}a_n&=1+1+\frac{n(n-1)}{2}\frac{1}{n^2}+\frac{n(n-1)(n-2)}{3!}\frac{1}{n^3}+\cdots+\frac{1}{n^n}\\&=1+1+\frac{1}{2!}\left(1-\frac{1}{n}\right)+\frac{1}{3!}\left(1-\frac{1}{n}\right)\left(1-\frac{2}{n}\right)\\&\quad+\cdots+\frac{1}{n!}\left(1-\frac{1}{n}\right)\cdots\left(1-\frac{n-1}{n}\right)\end{aligned}$$

そして，

$$\begin{aligned}a_{n+1}&=1+1+\frac{1}{2!}\left(1-\frac{1}{n+1}\right)\\&\quad+\frac{1}{3!}\left(1-\frac{1}{n+1}\right)\left(1-\frac{2}{n+1}\right)\\&\quad+\cdots+\frac{1}{n!}\left(1-\frac{1}{n+1}\right)\cdots\left(1-\frac{n-1}{n+1}\right)\\&\quad+\frac{1}{(n+1)!}\left(1-\frac{1}{n+1}\right)\cdots\left(1-\frac{n}{n+1}\right)\end{aligned}$$

となり，a_{n+1} の各項は a_n の各項よりも大きく，そしてしかも全体として項数が一つ余計だから，$a_n<a_{n+1}$．また，$k!=1\cdot2\cdot3\cdots k>1\cdot2\cdot2\cdots2=2^{k-1}$ だから，

$$\begin{aligned}a_n&<1+1+\frac{1}{2!}+\frac{1}{3!}+\cdots+\frac{1}{n!}\\&<1+1+\frac{1}{2}+\frac{1}{2^2}+\cdots+\frac{1}{2^{n-1}}<3\end{aligned}$$

したがって，$a_1<a_2<\cdots$ で，a_n は頭がおさえられていることになります．そうすれば，これはどこかに行かなければなりません．これが e というわけです．

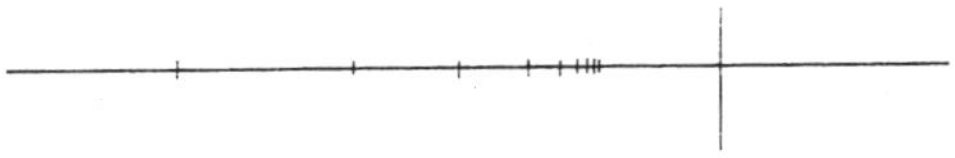

図 4

ここで，暗黙のうちに，大切な原則が登場しているのに注目しましょう．それは，数列 $a_1, a_2, \cdots$ が

単調増加，すなわち，$a_1\leqq a_2\leqq\cdots$

かつ，

上に有界，すなわち，ある数 M があって，

すべての n について，$a_n\leqq M$

となっていれば，$\displaystyle\lim_{n\to\infty}a_n$ がある

ということです．

この，一見，しごくあたりまえそうに見えるこ

と．数学では，このあたりまえそうに見えることで，これになぜそうなるのか理屈をつけようとしても，どうにもならないものがあります．幾何学で，「二点を結ぶ直線は一つあって一つに限る」などというのもそんなものでしたね．仕方ないので，われわれは，「これは認める」といって，これを出発点の仮定の中に加えて議論をはじめることにします．こういうのが公理でした．

ですから，上に述べた，単調増加で上に有界な数列には極限値があるということ，これも公理として扱われねばなりません．われわれの日常使っている数に公理だなんて，と奇妙に感ずる向きも多いでしょうが，これが，19世紀，コーシーにはじまり，ボルツァノ，ワイエルストラス，カントル，デデキントなどの大数学者によって確立された実数への認識です．このことは，前にも引用した，筆者の著書「集合・位相」(筑摩書房) 第3章にくわしく書いておきましたし，この小文の主題でもありませんから触れません．要するに，

実数の連続性の公理　単調増加で上に有界な数列には極限値がある．

これが，極限の議論をするときの基本になるということを銘記しておいて下さい．

5．$\lim_{n\to\infty}\left(1+\frac{1}{n}\right)^n$ の存在．第二法

$e=\lim_{n\to\infty}\left(1+\frac{1}{n}\right)^n$ の存在や，一般に，

$e^x=\lim_{n\to\infty}\left(1+\frac{x}{n}\right)^n$ であることを証明する大へんうまい方法がありますから，それを次に紹介しましょう．これはコーシーによるものだそうです．

たねは，

$$a^n-b^n=(a-b)(a^{n-1}+a^{n-2}b+a^{n-3}b^2+\cdots+ab^{n-2}+b^{n-1})$$

という式です．これは，$n=2,3$ のときの

$$a^2-b^2=(a-b)(a+b)$$

$$a^3-b^3=(a-b)(a^2+ab+b^2)$$

を一般にした形ですし，右辺の多項式の掛算を直接実行してみても，$(a^n-b^n)\div(a-b)$ という多項式の割算をやってみても，あるいは，$a^{n-1}+a^{n-2}b+\cdots+b^{n-1}$ が，初項 a^{n-1}，項比 $\frac{b}{a}$，項数 n の等比数列の和であるとしてみても，得られることですから，ごく自然な基本的な関係です．

さて，ここで，$0\leqq b<a$ とすると，

$b^{n-1}\leqq a^{n-k}b^{k-1}\leqq a^{n-1}$ $(k=1,2,\cdots,n)$ ですから，

$$(*)\qquad n(a-b)b^{n-1}\leqq a^n-b^n\leqq n(a-b)a^{n-1}$$

が得られます．これを活用するだけで，万事がうまく進展するのです．

いま，$x>0$ としておきましょう．そうすれば，$1+\frac{x}{n}>1+\frac{x}{n+1}>0$ ですから，$a=1+\frac{x}{n}$，$b=1+\frac{x}{n+1}$，それから，指数の n のかわりに $n+1$ を使いますと，(*) の右側の不等式から，

$$\left(1+\frac{x}{n}\right)^{n+1}-\left(1+\frac{x}{n+1}\right)^{n+1}\leqq(n+1)\left(\frac{x}{n}-\frac{x}{n+1}\right)\left(1+\frac{x}{n}\right)^n=\frac{x}{n}\left(1+\frac{x}{n}\right)^n$$

となり，移項して，

$$\left(1+\frac{x}{n}\right)^n\leqq\left(1+\frac{x}{n+1}\right)^{n+1}$$

が得られます．

同じく，$a=1-\frac{x}{n+1}$，$b=1-\frac{x}{n}$ とします．ここで，$\frac{x}{n}<1$ であるように n は大きくとっておかなければいけませんが，極限の議論をしているとき，それはそうであるとしていてよいでしょう．こんどは，(*) の左側の不等式を使いますと，

$$\left(1-\frac{x}{n+1}\right)^{n+1}-\left(1-\frac{x}{n}\right)^{n+1}\geqq(n+1)\left(\frac{x}{n}-\frac{x}{n+1}\right)\left(1-\frac{x}{n}\right)^n=\frac{x}{n}\left(1-\frac{x}{n}\right)^n$$

となり，移項して，

$$\left(1-\frac{x}{n+1}\right)^{n+1}\geqq\left(1-\frac{x}{n}\right)^n$$

あるいは，

$$\left(1-\frac{x}{n}\right)^{-n}\geqq\left(1-\frac{x}{n+1}\right)^{-(n+1)}$$

が得られます．

そして，

$$\left(1+\frac{x}{n}\right)^n\left(1-\frac{x}{n}\right)^n=\left(1-\frac{x^2}{n^2}\right)^n\leqq1$$

ですから，

$$\left(1+\frac{x}{n}\right)^n\leqq\left(1-\frac{x}{n}\right)^{-n}$$

以上によって，$a_n=\left(1+\frac{x}{n}\right)^n$，$b_n=\left(1-\frac{x}{n}\right)^{-n}$ とすると，

$$0<a_1\leqq a_2\leqq\cdots\leqq a_n\leqq\cdots\leqq b_n\leqq\cdots\leqq b_2\leqq b_1$$

となりますから，実数の連続性の公理によって，$\lim_{n\to\infty} a_n$ も，$\lim_{n\to\infty} b_n$ も存在することになります．(b_n の方は単調減少，下に有界ですが，マイナスをつければ，単調増加，上に有界の，実数の連続性の公理が直接適用できる形になります．なお，b_n の方ははじめのほうの $b_1, b_2, \cdots$ というのは使えないかもしれない——$\frac{x}{n}<1$ としましたから——が，そこは，だめなら，だめな部分をはぶいて考えればよろしいでしょう.)

さて，$\lim_{n\to\infty} a_n = \lim_{n\to\infty} b_n$ ですが，これは，

$$\frac{a_n}{b_n} = \frac{\left(1+\frac{x}{n}\right)^n}{\left(1-\frac{x}{n}\right)^{-n}} = \left(1-\frac{x^2}{n^2}\right)^n$$

に，また，(*)を，$a=1$，$b=1-\frac{x^2}{n^2}$ として適用しますと，

$$0 \leqq 1-\left(1-\frac{x^2}{n^2}\right)^n \leqq n\cdot\frac{x^2}{n^2}\cdot 1 = \frac{x^2}{n}$$

となりますから，$\lim_{n\to\infty}\frac{a_n}{b_n}=1$ がたちまち結論できるという寸法です．

そこで，

$$E(x) = \lim_{n\to\infty}\left(1+\frac{x}{n}\right)^n = \lim_{n\to\infty}\left(1-\frac{x}{n}\right)^{-n}$$

とおきましょう．いままでは $x>0$ としましたが，$x<0$ ならば，$-x$ を上の x のかわりに使えば，$\lim_{n\to\infty}\left(1-\frac{x}{n}\right)^n = \lim_{n\to\infty}\left(1+\frac{x}{n}\right)^{-n}$ となり，これをひっくりかえせば，やはり，

$\lim_{n\to\infty}\left(1-\frac{x}{n}\right)^{-n} = \lim_{n\to\infty}\left(1+\frac{x}{n}\right)^n$ の存在が知られるわけです．ですから，$E(x)$ は，すべての実数 x について，その極限値として定義できて，しかも

$$E(x) = \frac{1}{E(-x)}$$

という関係のあることもわかります．

次に，$E(x)E(y)=E(x+y)$ をためしてみましょう．これも，$x>0, y>0$ のときだけためせば，あとは諸君お得意の変形でできます．(たとえば，$x<0, y>0, x+y>0$ ならば，

$E(-x)E(x+y)=E(y)$ ですから，$E(x)$ を両辺にかければ，$E(x+y)=E(x)E(y)$ というようなわけです．) $x>0, y>0$ のときは，

$$\left(1+\frac{x}{n}\right)^n\left(1+\frac{y}{n}\right)^n$$
$$=\left(1+\frac{x+y}{n}+\frac{xy}{n^2}\right)^n > \left(1+\frac{x+y}{n}\right)^n \text{ ですから，}$$

$$0<\left(1+\frac{x}{n}\right)^n\left(1+\frac{y}{n}\right)^n-\left(1+\frac{x+y}{n}\right)^n$$
$$=\left(1+\frac{x+y}{n}+\frac{xy}{n^2}\right)^n-\left(1+\frac{x+y}{n}\right)^n$$
$$\leqq n\frac{xy}{n^2}\left(1+\frac{x+y}{n}+\frac{xy}{n^2}\right)^{n-1}$$
$$=\frac{xy}{n}\left(1+\frac{x}{n}\right)^{n-1}\left(1+\frac{y}{n}\right)^{n-1}$$

で，右辺は0に収束しますから，例のサンドウィッチ論法で

$$\lim_{n\to\infty}\left(1+\frac{x}{n}\right)^n\left(1+\frac{y}{n}\right)^n-\left(1+\frac{x+y}{n}\right)^n=0$$

ということになり，これは $E(x)E(y)=E(x+y)$ ということにほかなりません．

$x<y$ なら $\left(1+\frac{x}{n}\right)^n<\left(1+\frac{y}{n}\right)^n$ ですから，$E(x)\leqq E(y)$ つまり $E(x)$ が x の増加関数であることがわかります．

次に，$E(x)$ が連続であることをいいましょう．つまり，$x\to x_0$ のとき，$\lim_{x\to x_0}E(x)=E(x_0)$ をいうわけですが，これは，$\lim_{x\to x_0}(E(x)-E(x_0))=0$ ということ．したがって，

$E(x)=E(x_0)E(x-x_0)$ を使えば，

$\lim_{x\to x_0}(E(x-x_0)-1)=0$ がわかればよいことになります．そこで，$\lim_{x\to 0}E(x)=1$ をいいましょう．またここでも，$x<0$ のときは，$E(x)=\frac{1}{E(-x)}$ を使えば，$x>0$ のときだけを考えればよいわけです．(*)によって，

$$0\leqq\left(1+\frac{x}{n}\right)^n-1\leqq n\frac{x}{n}\left(1+\frac{x}{n}\right)^{n-1}$$
$$=\frac{x}{1+\frac{x}{n}}\left(1+\frac{x}{n}\right)^n$$

ですから，$n\to\infty$ としますと

$$0\leqq E(x)-1\leqq xE(x)$$

どうせ，$x\to 0$ とするのですから，$x\leqq 1$ としておいてもかまわない．そうすれば，$E(x)$ が増加関数であることから，$E(x)\leqq E(1)$ すなわち

$$0\leqq E(x)-1\leqq x\,E(1)$$

ここで $x\to 0$ とすれば，サンドウィッチ論法で，$\lim_{x\to 0}E(x)=1$ がわかります．

次に，$E(x)$ の導関数を求めてみましょう．上に，$x>0$ ならば $E(x)-1\leqq xE(x)$ という式を出しましたが，(*)の左側の不等式を使うと

$$\left(1+\frac{x}{n}\right)^n-1\geqq n\cdot\frac{x}{n}\cdot 1=x$$

ですから，

$$x \leqq E(x)-1 \leqq xE(x)$$

です．したがって，

$$1 \leqq \frac{E(x)-1}{x} \leqq E(x)$$

これで，$x \to 0$ とすれば，$E'(0)=1$ が得られることになります．もっとも，いまは $x>0$ として極限をとりましたが，$x<0$ ならば

$$\frac{E(x)-1}{x} = E(x)\frac{1-E(-x)}{x}$$

$$= E(x)\frac{E(-x)-1}{-x}$$

ですから，$x \to 0$ のとき，やはりこの極限が1となるわけです．一般に $E'(x)=E(x)$ となることは，これさえわかればすぐでしょう．

たった一つの不等式（*）を活用すると，指数関数のことがみんなわかってしまうのですから，大へんなものです．

6. サンドウィッチ論法

どうも，ε-δ について話をしていながら話が横道にそれてしまいました．

前節の話で，たびたびサンドウィッチ論法を利用しました．一つこれを ε-δ できちんとやっておきましょう．

サンドウィッチ論法というのは，三つの数列

$$a_1, a_2, \cdots ;\ b_1, b_2, \cdots ;\ c_1, c_2, \cdots$$

の間に，$n=1,2,\cdots$ のおのおのについて，

$$a_n \leqq b_n \leqq c_n$$

という関係があり，かつ，$\lim_{n\to\infty} a_n$，$\lim_{n\to\infty} c_n$ が存在して，$\lim_{n\to\infty} a_n = \lim_{n\to\infty} c_n$ ならば，この等しい値を α とするとき，数列 $b_1, b_2, \cdots$ も，α を極限値としてもつ というものです．

さて，これは直観的には説明のしようもないほど明らかなことでしょう．「どうしてそういうことがいえるのか」といわれれば，「だってそうなるじゃないか」というより仕方がないみたいです．a_n も c_n も α に近付けばその間にはさまっている b_n も α に近付く．実際，これは，しぼり出し法として，ギリシャの昔にも，すでに用いられていたものです*．

それじゃ何も説明することないじゃないかといわれるかもしれませんが，そうはいきません．数学の述語として極限値という言葉が導入され，それに関して何かある命題が書いてあれば，それは証明されるか，またはどうしても証明できないというのならば，前にあげた実数の連続性の公理のように，公理として認めるよりほかないでしょう．しかし，われわれのサンドウィッチ論法は，そんな大げさなことをいわなくても，簡単に証明できます．

まず，任意に $\varepsilon>0$ をとります．そうすると，$\lim_{n\to\infty} a_n = \alpha$ ですから，適当な自然数 N_1 をとれば，

$$n \geqq N_1 \text{ ならば，つねに } |a_n-\alpha|<\varepsilon$$

が成立します．また，$\lim_{n\to\infty} c_n = \alpha$ ですから，適当な自然数 N_2 をとれば，

$$n \geqq N_2 \text{ ならば，つねに } |c_n-\alpha|<\varepsilon$$

が成立します．ここで，N_1, N_2 は一般に違った数でしょう．そこで，このうちの大きい方を N とすれば，$n \geqq N$ ならば，n は N_1 よりも N_2 よりも大きいことになりますから，そのとき，

$$|a_n-\alpha|<\varepsilon, \quad |c_n-\alpha|<\varepsilon$$

の両方が成立していることになります．これを書き直せば，

$$\alpha-\varepsilon<a_n<\alpha+\varepsilon$$

$$\alpha-\varepsilon<c_n<\alpha+\varepsilon$$

ということです．$a_n<b_n<c_n$ ですから，

$$\alpha-\varepsilon<a_n<b_n<c_n<\alpha+\varepsilon$$

より，$\alpha-\varepsilon<b_n<\alpha+\varepsilon$．つまり $|b_n-\alpha|<\varepsilon$ が得られます．

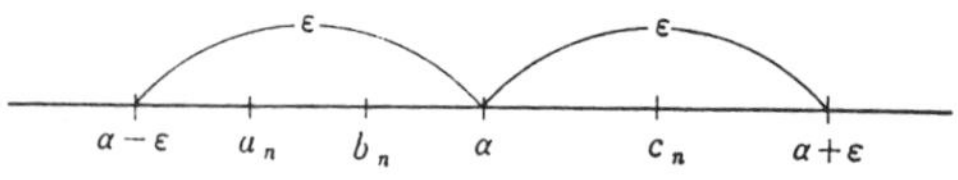

図5

すなわち，任意の $\varepsilon>0$ に対して，上にしたように適当な自然数 N をとれば，

$$n \geqq N \text{ ならば，つねに } |b_n-\alpha|<\varepsilon$$

が成立しますから，数列 $b_1, b_2, \cdots$ の極限は α であることになります．

このように，数学では，われわれはこのような意味でこの言葉を使うと述べたら（それを定義といいます），その言葉を使うときには，忠実に，その意味を規定したときのことが実現できていることを示して見せなければいけません．

7. 連続的変数に関する極限

さて，それでは，ほんとうに ε と δ と両方出て

* 高木貞治「解析概論」（岩波書店）87ページ

くる ε–δ 論法の話をしましょう．これは，連続的変数に関する極限を問題にすれば，出てきます．

連続的変数に関する極限というのは，すでにいろいろ出てきて，よく知っているわけです．たとえば，$f(x)$ という関数が $x=x_0$ で連続ならば，

$$\lim_{x\to x_0} f(x)=f(x_0)$$

ですし，そうでなくても，

$$\lim_{x\to 2}\frac{x^2-4}{x-2}=4$$

$$\lim_{x\to 0}\frac{\sin x}{x}=1$$

というようなのを知っています．これらを，ε–δ 式で表現してみましょう．

いま，$f(x)$ という関数が $x=x_0$ の近くで，$x=x_0$ を除いては定義されているものとします．そのとき，ある数 α があって，任意の $\varepsilon>0$ に対して，適当な $\delta>0$ をとれば，

$|x-x_0|<\delta$，$x\neq x_0$ ならば，つねに

$|f(x)-\alpha|<\varepsilon$

が成立するとき，$x\to x_0$ としたときの $f(x)$ の極限値は α であるといって，これを，$\lim_{x\to x_0} f(x)=\alpha$ で表わします．

もちろん，$f(x)$ は $x=x_0$ で定義されていてはいけないというわけではありません．しかし，極限を考えるときは，$x=x_0$ の値は問題にしないので，どうでもかまわないわけです．この小文は，ε–δ について論ずるのが目的だったのですから，はじめからこの連続的変数に関する話を持ち出してもよかったのですが，$x=x_0$ のところがうるさいと思って，今までのばしてきました．第3図の下の図で表わされた関数を見て下さい．この関数 $f(x)$ は，$x=0$ で定義されていて，その値は1ですが，$\lim_{x\to 0} f(x)=0$ です．近付くのは，あくまでも近付くのであって，そこに到達してはならないのです．

さて，高校の教科書を見てみると，

$\lim_{x\to a} f(x)=b$，$\lim_{x\to a} g(x)=c$ ならば，

$$\lim_{x\to a}\{f(x)\pm g(x)\}=b\pm c \quad （複号同順）$$

$$\lim_{x\to a} f(x)g(x)=bc$$

$$\lim_{x\to a} kf(x)=kb \quad (k は定数)$$

$$\lim_{x\to a}\frac{f(x)}{g(x)}=\frac{b}{c} \quad (c\neq 0 とする)$$

というような式が書いてあり，何の説明もありません．これも，前の節のサンドウィッチ論法と同様，しごくあたりまえという顔をして扱われています．（そう扱うより仕方がなかったのです．）

さて，今まで私が書いてきたことを読んで，相当に数学的センスを身につけてきた諸君は，これらの事柄が，定義と照らし合わせて，たしかにそうなることを験証しなくてはならないことを理解していると思います．「何のための ε–δ か」というのが，そもそもの問題でしたが，この問題点はずい分とはっきりして来たことを自覚して下さい．つまり，ε–δ 式表現を使わなければ，極限の数学用語としての意味を確立できないわけです．数学が論理的にきちんと組み立てられていくためには，日常的な感覚的な言葉のままではなにもできません．つねにそこをよりどころとし，そこを原点とする確固としたものが必要です．今まで説明して来たことから，極限の場合，それが，ε–δ 式の表現以外にはあり得ないことを納得されたことでしょう．

なお，ε–δ 式を使うとき，必ず，ε—δ の順に使うことを忘れないで下さい．ε–δ 式という言葉は大へん示唆に富んでいます．

そこで，さっきの極限に関する公式を証明してみましょう．といっても，全部やるなんてスペースをくうばかりで，大して面白くもありませんから，一つ二つやって，あとは読者におまかせしましょう．

$\lim_{x\to a} f(x)g(x)=bc$　　証明すべきことは，任意の $\varepsilon>0$ に対して，適当な $\delta>0$ をとれば，

$|x-a|<\delta$，$x\neq a$ ならば，つねに

$|f(x)g(x)-bc|<\varepsilon$

が成立することを示すことです．ここで，$\varepsilon>0$ はこの議論のはじめに一つとって固定してしまうことに注意しましょう．そして，こういうことのいえるうまい δ がないかと探すのが問題です．

さて，仮定は $\lim_{x\to a} f(x)=b$，$\lim_{x\to a} g(x)=c$ ということです．これをまた ε–δ 式に書くわけですが，上で注意したように，ε というのはもうきめてしまったのですから，別の文字，たとえば ε' を使うことにします．あとから，ε' を ε と関連づけてうまくやろうというわけです．そこで，与えられた $\varepsilon'>0$ に対して，適当な $\delta_1>0$ をとれば，

$|x-a|<\delta_1$，$x\neq a$ ならば，つねに

$|f(x)-b|<\varepsilon'$

また，同じ ε' に対して，適当な $\delta_2>0$ をとれば，

$|x-a|<\delta_2$，$x\neq a$ ならば，つねに

$|g(x)-c|<\varepsilon'$

が成立しています．いま，$\varepsilon'=\dfrac{\varepsilon}{|b|+|c|+\varepsilon+1}$ とっておくことにしましょう．なぜこんなことをするのかは最後になってみるとわかります．

この ε' に対して得られる δ_1, δ_2 のうちの小さいほうを δ とします．もちろん $\delta>0$ ですが，いま $|x-a|<\delta$，$x\neq a$ としますと，そのとき，$|x-a|<\delta_1$，$|x-a|<\delta_2$ がどちらも成り立つことになりますから，

$$|f(x)-b|<\varepsilon', \quad |g(x)-c|<\varepsilon'$$

ゆえに，

$$f(x)g(x)-bc=(f(x)-b)c+b(g(x)-c)+(f(x)-b)(g(x)-c)$$

という変形を利用しますと，

$$\begin{aligned}|f(x)g(x)-bc| &\leqq |f(x)-b|\,|c|+|b|\,|g(x)-c| \\ &\quad +|f(x)-b|\,|g(x)-c| \\ &\leqq \varepsilon'|c|+|b|\varepsilon'+\varepsilon'^2 \\ &=(|b|+|c|+\varepsilon')\varepsilon' \\ &<(|b|+|c|+\varepsilon)\varepsilon' \\ &<(|b|+|c|+\varepsilon+1)\varepsilon'=\varepsilon\end{aligned}$$

となります．

つまり，所期の，$\varepsilon>0$ に対して，適当な $\delta>0$ をとれば，

$|x-a|<\delta$，$x\neq a$ ならば，つねに

$|f(x)g(x)-bc|<\varepsilon$

が成立することがいわれましたから，

$\lim_{x\to a} f(x)g(x)=bc$ であることになります．

こういう計算をやるとき，最後が ε になるようにするため，ε' と変なふうにおきましたが，これは，要するに，数合わせをすればよいので，少し馴れれば，何のことはありません．

$\lim_{x\to a}\dfrac{f(x)}{g(x)}=\dfrac{b}{c}$ $(c\neq 0)$ これは，簡単にやっておきましょう．いま，$\varepsilon>0$ を与えます．そして，$\varepsilon'=\dfrac{c^2\varepsilon}{2(|b|+|c|)(\varepsilon+1)}$ とえらんでおきます．そうすれば，$\varepsilon'<\dfrac{|c|}{2}$，および $\dfrac{2}{c^2}(|b|+|c|)\varepsilon'<\varepsilon$ であることがわかります．

さて，いま，$\delta_1>0$ を，$|x-a|<\delta_1$，$x\neq a$ ならば $|f(x)-b|<\varepsilon'$，$\delta_2>0$ を，$|x-a|<\delta_2$，$x\neq a$ ならば $|g(x)-c|<\varepsilon'$ が成立するようにとり，δ_1，δ_2 のうちの小さい方を δ とします．$|x-a|<\delta$，$x\neq a$ ならば，$|x-a|<\delta_1$，$|x-a|<\delta_2$ ですから，$|f(x)-b|<\varepsilon'$，$|g(x)-c|<\varepsilon'$．このあとの式から，

$$|c|-|g(x)|\leqq|g(x)-c|<\varepsilon'<\frac{|c|}{2}$$

ですから，$|g(x)|\geqq\dfrac{|c|}{2}$ が得られます．ゆえに，

$$\begin{aligned}\left|\frac{f(x)}{g(x)}-\frac{b}{c}\right| &=\frac{|f(x)c-bg(x)|}{|g(x)|\,|c|} \\ &=\frac{|(f(x)-b)c-b(g(x)-c)|}{|g(x)|\,|c|} \\ &\leqq\frac{|f(x)-b|\,|c|+|b|\,|g(x)-c|}{|g(x)|\,|c|} \\ &<\frac{\varepsilon'|c|+|b|\varepsilon'}{\dfrac{|c|}{2}\cdot|c|} \\ &=\frac{2}{c^2}(|b|+|c|)\varepsilon'<\varepsilon\end{aligned}$$

これで，$\lim_{x\to a}\dfrac{f(x)}{g(x)}=\dfrac{b}{c}$ が示されたことになります．

8．微 分 係 数

少し話を一足とびさせて，関数の微分係数の話をしましょう．$x=a$ の近くで定義された関数 $f(x)$ の，$x=a$ における微分係数 $f'(a)$ というのは，御存知の如く

$$\lim_{x\to a}\frac{f(x)-f(a)}{x-a}$$

のことです．これを，ε-δ 式に表現すれば，任意の $\varepsilon>0$ に対して，適当に $\delta>0$ をとれば，

$|x-a|<\delta$，$x\neq a$ のとき，つねに

$$\left|\frac{f(x)-f(a)}{x-a}-f'(a)\right|<\varepsilon$$

が成立することです．いま，

$$R(x)=\frac{f(x)-f(a)}{x-a}-f'(a)$$

と書きますと，$R(x)$ は $x=a$ の近くで，$x=a$ を除いて定義されていて，

$|x-a|<\delta$，$x\neq a$ ならば，$|R(x)|<\varepsilon$

が成立するわけですから，

$$\lim_{x\to a} R(x)=0$$

そして，

$$f(x)=f(a)+f'(a)(x-a)+R(x)(x-a)$$

と書けています．

そこで，いまのことを逆に考えていくと，次のようになります．

いま，$x=a$ の近くで定義された関数 $f(x)$ があって，これが，適当な数 A をとって，

(⁺)　$f(x)=f(a)+A(x-a)+R(x)(x-a)$

と書いたとき，$\lim_{x\to a}R(x)=0$ であるようにできるならば，$f(x)$ は $x=a$ で微分可能で，$f'(a)=A$ である　ということになります．

わざわざ面倒くさくしているようですが，次のような有難味があります．

諸君は，微分法の公式として，

$y=g(u)$，$u=f(x)$ のとき，合成関数 $y=g(f(x))$ の微係数は，

$$\frac{dy}{dx}=\frac{dy}{du}\frac{du}{dx}$$

すなわち，

$$\frac{dy}{dx}=g'(f(a))f'(a)$$

というのを知っているでしょう．

これを証明するのには

$$\frac{g(f(x))-g(f(a))}{x-a}=\frac{g(f(x))-g(f(a))}{f(x)-f(a)}\cdot\frac{f(x)-f(a)}{x-a}$$

として，$x\to a$ とすれば，$f(x)\to f(a)$ だから，右辺は $g'(f(a))f'(a)$ に収束する，というようなやり方で大ていのものには書いてあります．

これでいいでしょうか．少し敏感な読者なら，$\lim_{x\to a}$ というとき，いつでも $x\neq a$ としていたことを思い出すでしょう．もちろん，上の場合も $x\neq a$ としているのですが，右辺のように書き直したとき，$x\neq a$ でも，$f(x)=f(a)$ となることもあるでしょう．そのときはどうしますか．右辺第1項は $\frac{0}{0}$ となって，これはこれだけの議論ではすみません．(別にこの方法が絶対だめだといっているわけではなく，上のような簡単ないい方であっさりすますわけにはいかないと注意しているわけです．)微分係数を，さっきいったようなやり方で考えておくと，話は簡単になります．

いま，簡単のために，$f(a)=b$ と書いておきましょう．そうすれば，

$$f(x)=f(a)+f'(a)(x-a)+R_1(x)(x-a)$$
$$g(u)=g(b)+g'(b)(u-b)+R_2(u)(u-b)$$

で，$\lim_{x\to a}R_1(x)=0$，$\lim_{x\to b}R_2(u)=0$ です．ここで，$R_1(a)=0$，$R_2(b)=0$ として，$R_1(x)$，$R_2(u)$ は $x=a$，$u=b$ でも定義しておきます．さて，

$$\begin{aligned}g(f(x))&=g(b)+g'(b)(f(x)-f(a))\\&\quad+R_2(f(x))(f(x)-f(a))\\&=g(b)+g'(b)f'(a)(x-a)\\&\quad+g'(b)R_1(x)(x-a)\\&\quad+R_2(f(x))f'(a)(x-a)\\&\quad+R_2(f(x))R_1(x)(x-a)\\&=g(b)+g'(b)f'(a)(x-a)\\&\quad+R_3(x)(x-a)\end{aligned}$$

$$\begin{aligned}R_3(x)&=g'(b)R_1(x)+f'(a)R_2(f(x))\\&\quad+R_1(x)R_2(f(x))\end{aligned}$$

ですが，ここで，

$$\lim_{x\to a}R_3(x)=0$$

ですから，(「ですから」というのは，少し高飛車ですが) 前に言ったとおり，$g(f(x))$ は $x=a$ で微分可能で，微分係数が $g'(b)f'(a)$ であることが知られることになります．

さて，ここで出した微分係数の解釈は，大へん大切です．これは，このような一変数の関数の場合よりも，変数の数が沢山になったときを考えるとき，もっと意味がはっきりします．

いま，xy 平面上で，点(a,b) の近くで定義された関数 $f(x,y)$ があって，これが，適当な数 A,B を使って

$$\begin{aligned}f(x,y)&=f(a,b)+A(x-a)+B(y-b)\\&\quad+R(x,y)\sqrt{(x-a)^2+(y-b)^2}\end{aligned}$$

と書いたとき，$x\to a$，$y\to b$ のとき $R(x,y)\to 0$ となるならば，$f(x,y)$ は点(a,b) で全微分可能であるといいます．これは，ちょうど前にやった(⁺) の形の二変数の場合に書きなおしたものになっていることはおわかりでしょう．この全微分可能という概念は，ちょうど一変数の場合にただ微分可能といっていたものに対応するものとして，このような二変数の関数を扱うときは基本的な概念です．

上で，$x\to a$，$y\to b$ のとき $R(x,y)\to 0$ と書きましたが，ε-δ 式ではどのように書いたらよいでしょうか．

$x\to a$，$y\to b$ ということは，点 (x,y) が点 (a,b) に近づくこと，したがって，その距離 $\sqrt{(x-a)^2+(y-b)^2}$ が 0 に近づくことを意味します．ですから，$x\to a$，$y\to b$ のとき，$f(x,y)\to f(a,b)$ というのは，次のように言えばよいわけです．

任意に $\varepsilon>0$ を与えるとき，適当な $\delta>0$ をとれば，

$0<\sqrt{(x-a)^2+(y-b)^2}<\delta$ ならば，つねに，

$$|R(x,y)|<\varepsilon$$

が成立する．

9. コーシーの収束判定条件

話が少々前後しますが，ε–δ と関連して忘れてはならない大切なことに，コーシーの収束判定条件があります．ここのところを，コーシーの「解析学講義」から，見てみましょう*．コーシーの話は，級数で書いてあります．

「級数 $u_1+u_2+\cdots$ が収束するということは，部分和

$$s_n=u_1+u_2+\cdots+u_n$$

が，n が大きくなっていくとき，極限値 s に収束することである．換言すれば，$s_n, s_{n+1}, s_{n+2}, \cdots$ と s との差，したがって，また，お互い同士の差が，n が大きくなっていくとき，限りなく小さくなることである．

$$s_{n+1}-s_n=u_{n+1},$$
$$s_{n+2}-s_n=u_{n+1}+u_{n+2},$$
$$s_{n+3}-s_n=u_{n+1}+u_{n+2}+u_{n+3},$$
$$\cdots\cdots\cdots$$

したがって，この級数が収束するためには，まず一般項 u_{n+1} が，限りなく小さくならねばならない．しかしこの条件だけでは十分ではない．$u_{n+1}+u_{n+2}$ も，$u_{n+1}+u_{n+2}+u_{n+3}$ も，すべて，限りなく小さくなければならないのである．つまり，$u_{n+1}, u_{n+2}, u_{n+3}, \cdots$ という数を，u_{n+1} からはじめてどこまで加えても，その絶対値は，n さえうまく選んでおれば，あらかじめ与えたどんな正の数をも超えることがないというようになっていなければならない．逆に，これが満足されていれば，級数の収束性は保証される．」

この，最後にチョロッと言ってあることが大切なのです．コーシーの講義から，われわれの現代にもどりましょう．いま，数列 $a_1, a_2, \cdots$ があるとき，これがある数を極限にもつかどうかが問題．行先がわかっていれば調べようもあるかもしれませんが，それがわからないとき，どうしたら，収束性をしらべることができるでしょうか．

前に，4節で，実数の連続性の公理というのを挙げましたが，コーシーの提出したのは，またこれと違う principle です．これは次のように述べられます．

任意の $\varepsilon>0$ に対して，適当な自然数 N をとれば，

$$n, m \geqq N \text{ ならば，つねに } |a_n-a_m|<\varepsilon$$

が成立するとき，数列 $a_1, a_2, \cdots$ は，ある数に収束する．

これも大へん大切な性質で，実際，これからやっていく数学では，この，いわゆるコーシーの収束判定条件のお世話になることが大へん多いのです．むしろ，前にあげた実数の連続性の公理より，このコーシーの収束判定条件の形で利用されるのがふつうです．

このコーシーの収束判定条件は，実数の連続性の公理から，証明することができます．そう大して面倒なわけではありませんが，だいぶ長くなりましたから，ここでは，これが大切であることを強調しておくだけにしておきましょう*．

10. おわりに

ε–δ 論法は，極限が出てくる議論の基礎です．以上見たように，極限を論ずるときは，ε–δ 論法以外にはあり得ないのですから，まずは，極限というのは，こういう議論をするものと，みずからにいいきかせることが第一です．なれてさえしまえば，あとはこちらのもの．こわいことも何もないでしょう．早くそういう境地になって下さい．

（たけのうち　おさむ　大阪大名誉教授）

* 竹之内「集合・位相」110ページ

* 竹之内「集合・位相」150ページ

眺めて楽しむ数学

目で見てわかるε-δ式論法

ε-δ式論法とはこんなにスバラシイものなのですよ！　数学的にコレコレなる重要な意味をもっているのですよ！　と言いたい心をおさえ，その辞書的な解説のみに専念する．

小寺平治

●論理記号

数学における命題の記述を簡単明瞭にするように**論理記号**なるものを使うことにいたします．これは，ちょうど音楽の音譜のようなものだとお考え下さい．ここで用います論理記号は，次のようなものです：

$\neg$　……　ではない

$\wedge$　……　かつ

$\vee$　……　または

$\rightarrow$　……　ならば

$\forall$　……　すべての

$\exists$　……　存在する

これらの使い方を書いてみますと，

$\neg A$：Aではない

$A\wedge B$：AかつB

$A\vee B$：AまたはB

$A\rightarrow B$：AならばB

$\forall xP(x)$：すべてのxは性質Pをもつ

$\exists xP(x)$：あるxは性質Pをもつ

ということになります．ここで，

$P(a)$は，aは性質Pをもつ

ということです．ですから，これを，単に，

aはPである

と読んでしまうのがふつうであります．

少しばかり具体的な例をあげて説明しましょう．

例1（論理記号の使用例）

(1)　$(a^2=9\wedge a>0)\rightarrow a=3$

(2)　$a^2-3a+2=0\rightarrow(a=1\vee a=2)$

(3)　$\forall x(x+0=x)$，$\forall x(x\times1=x)$

(4)　$\forall x\forall y(x+y=y+x)$

(5)　$\forall x(x^2\geqq0\rightarrow(x>0\vee x=0\vee x<0))$

いかがですか．(4)は加法の交換法則であり，(5)の“$x^2\geqq0$”は“xは実数である”という意味です．

(6)　$a>0\rightarrow\exists x(x^2=a)$

“aが正数ならば，aの平方根が存在する”すなわち“正数は平方根をもつ”ということです．

(7)　$\exists x\forall y(x+y=y)$

これは，ちょっと難しいかな．まず，

$\exists x($……$)$は，……なるxが存在する

ということでしたから，(7)は，

$\forall y(x+y=y)$なるxが存在する

ということです．そこで，$\forall y(x+y=y)$は，

すべてのyに対して，$x+y=y$が成立する

ということです．けっきょく，

$$\forall y(x+y=y)\rightleftarrows x=0$$

ですから，(7)は，加法の単位元（すなわち，0のこと）の存在を主張していることになるわけです．

(8)　$\forall x\exists y(x<y)$

どんなxに対しても（そのxに応じて）$x<y$なるyが存在する

となります．これは，正しい命題でしょうか？　たとえば，$y=x+1$とでもすればよいわけですから，もちろん，(8)は正しい命題です．それでは，

(9)　$\exists y\forall x(x<y)$

は，いかがでしょうか？　そうです，(8)と違うところは，$\forall x$と$\exists y$との**順序が入れかわっている**ことです．試みに(9)を読んでみますと，

「すべてのxに対して$x<y$」なるyが存在する

となります．(8)の場合は，各xに対して，**そのxに応じて**$x<y$なるyが存在する，というのでしたが，今度は違います．(9)では，何か**ある絶対的な**yが存在していて，どんなxについても$x<y$が成立する，というのですから，$+\infty$というものを数だと認めないかぎりこんなことは成立しません．ふつうの実数の範囲では，(9)は誤った命題であります．

私の言いたかったことは，$\forall$と$\exists$の順序を入れかえると別の意味になってしまう！　ということなのです：

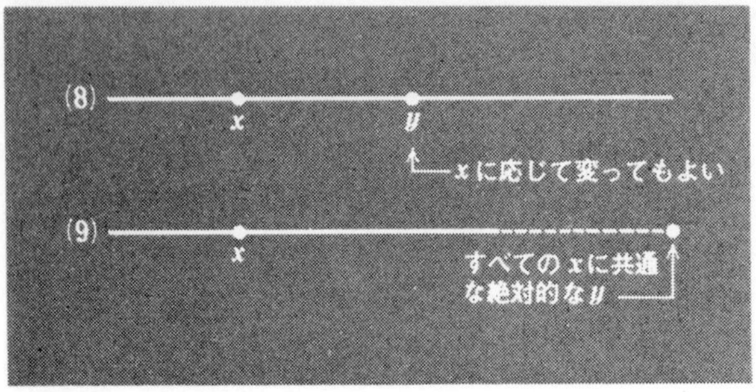

∀と∃の注意点

∀と∃が並んだ場合，∀どうし（または∃どうし）は入れかえてもかまわないが，∀と∃の順序を変えてはいけない：

$\forall x \forall y P(x,y) \rightleftarrows \forall y \forall x P(x,y)$ ：正

$\exists x \exists y P(x,y) \rightleftarrows \exists y \exists x P(x,y)$ ：正

$\forall x \exists y P(x,y) \rightleftarrows \exists y \forall x P(x,y)$ ：誤

● $\lim\limits_{x \to a} f(x)$ とは

いよいよ，ε-δ 式論法の説明に入ります．まず，はじめは，極限値 $\lim\limits_{x\to a} f(x)$を扱いましょう．

$x \to a$ のとき，$f(x) \to b$ ということを，

> x が限りなく a に近づくとき，$f(x)$ が限りなく一定値 b に近づくならば，この一定値 b を x が a に近づくときの $f(x)$ の**極限値**とよび，$\lim\limits_{x\to a} f(x)$ と記す．

と言えば，一応「ああ，そういうものか」と分るのに，数学者は，わざわざ次のように定義いたします：

定義 1

任意の正数 $\varepsilon>0$ が与えられたとき，この**εに応じて，**

$0<|x-a|<\delta$ ならばつねに $|f(x)-b|<\varepsilon$

なる正数$\delta>0$を見つけることができるとき，この一定値 b を，x が a に近づくときの$f(x)$の**極限値**とよび，$\lim\limits_{x\to a} f(x)$ と記す．

これが ε-δ 式論法による極限値の定義であります．これを試みに論理記号を用いて書いてみましょう．いま，簡単のために，

$\forall x\,(x>0 \to$ 〜〜〜$)$ を $\forall x>0\,($〜〜〜$)$

$\exists x\,(x>0 \land$ 〜〜〜$)$ を $\exists x>0\,($〜〜〜$)$

と略記することにします．これらの読み方は，それぞれ，

任意の正数 x に対して 〜〜〜 が成立する

適当な正数 x に対して 〜〜〜 が成立する

（〜〜〜なる正数 x が存在する）

であります．（念のため申し添えました）ですから，

定義 1′

$\lim\limits_{x\to a} f(x)=b$ とは，

$\forall \varepsilon>0 \exists \delta>0 \forall x (0<|x-a|<\delta \to |f(x)-b|<\varepsilon)$

ということになります．いかがでしょうか．∀，∃がいくつか（2個でも！）入っている命題をふつうの日本語（か英語）で正確に表現するのは，なかなか難しいものですが，このように論理記号で表現すれば容易にできることです．目で見てもよくわかります．「よくわかる」というのは，正確に記述できて，**形式的な処理**に便利ということです．音楽の楽譜と同様に，その意味を直観できるかどうかということになりますと，そこに慣れや練習量が関係してくるでありましょう．

この ε-δ 式論法による極限値の定義をグラフで少し説明してから，具体例をやってみることにしましょう．

$x \to a$ のとき「$f(x)$ が b に近づく」とはどういうことでしょうか．それは「$|f(x)-b|$ が 0 に近づく」ということですが，ここで“近づく”という言葉を使

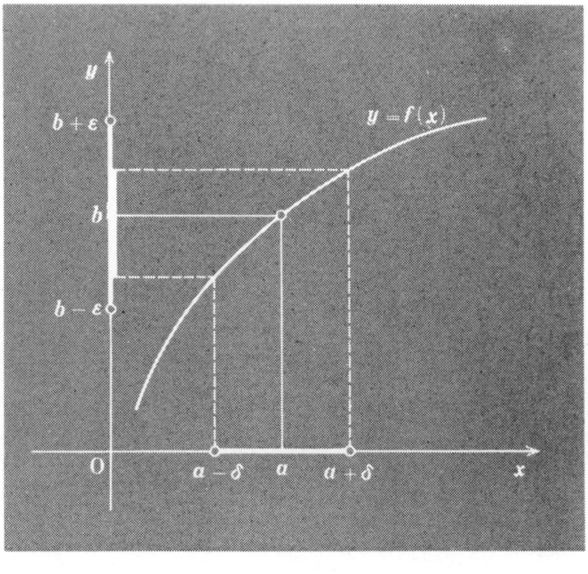

わなければ，$|f(x)-b|$ は，0.1 よりも，0.01 よりも，0.001 よりも，……どんな小さな正数 ε が与えられてもなおそれより小さくなるのだ，というより仕方がないでしょう．

もちろん，$|f(x)-b|$ を 0.1 より小さくと要求されたときと，0.01 より小さくと要求されたときとでは，x と a との距離に違いがあるのは当然でしょう．たとえば，

$$|f(x)-b|<0.1$$

にするのには，x は $|x-a|<0.3$ の程度に a の近くにあればだいじょうぶであったとしても，

$$|f(x)-b|<0.01$$

という注文には，x は $|x-a|<0.02$ の程度に a の近くにいなければダメだということが起るでしょう．

いま申したことを文字 ε，δ を使って一般論として述べたものが，さきほどの定義なのであります．

例題 1

$\lim_{x\to 3}\sqrt{x-2}=1$ を ε-δ 式論法によって証明せよ．

【解】 与えられた $\varepsilon>0$ に対して，$\delta<0$ をたとえば，次のように決めます：

(i) $\varepsilon\leqq 1$ のとき：

$\delta=3-\{(1-\varepsilon)^2+2\}=\varepsilon(2-\varepsilon)$ とおけば，

$0<|x-3|<\delta$ すなわち，$0<|x-3|<\varepsilon(2-\varepsilon)$

のとき，

$$3-\varepsilon(2-\varepsilon)<x<3+\varepsilon(2-\varepsilon)$$
$$(1-\varepsilon)^2+2<x<(1+\varepsilon)^2+2-2\varepsilon^2<(1+\varepsilon)^2+2$$
$$\therefore\quad (1-\varepsilon)^2<x-2<(1+\varepsilon)^2$$
$$1-\varepsilon<\sqrt{x-2}<1<\varepsilon$$
$$\therefore\quad -\varepsilon<\sqrt{x-2}-1<\varepsilon$$
$$\therefore\quad |\sqrt{x-2}-1|<\varepsilon$$

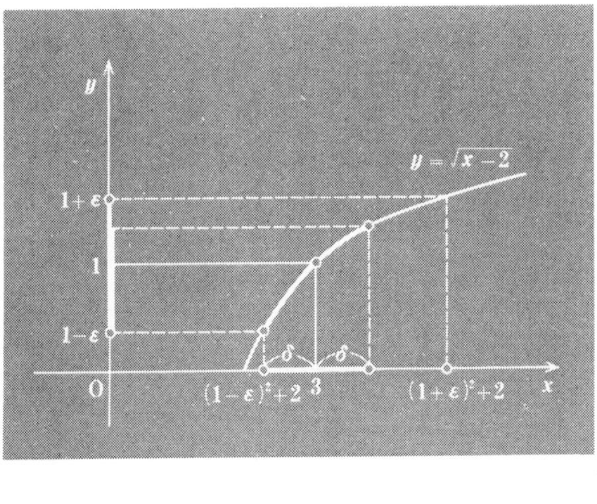

(ii) $\varepsilon>1$ のとき：

$\delta=1$ とおけば，

$0<|x-3|<\delta$ すなわち，$0<|x-3|<1$

のとき，

$$2<x<4$$
$$0<x-2<2$$
$$0<\sqrt{x-2}<\sqrt{2}<2$$
$$\therefore\quad |\sqrt{x-2}-1|<1<\varepsilon$$

よって，いずれの場合も，与えられた $\varepsilon>0$ に対して，

$0<|x-3|<\delta$ ならばつねに $|\sqrt{x-2}-1|<\varepsilon$

なる $\delta>0$ を（**εに応じて**）見出すことができたのですから，

$$\lim_{x\to 3}\sqrt{x-2}=1$$

であることが示されたことになります． （解終）

注意を1つ．これは，諸君すでに御存じのことと思いますが，極限値 $\lim_{x\to a}f(x)$ と函数値 $f(a)$ とは別物である！ ことに注意して下さい．

極限値 $\lim_{x\to a}f(x)$ は $f(x)$ が近づく目標の値

函数値 $f(a)$ は $x=a$ とおいた現実の値

であります．この両者が一致するとき，**函数 f は点 a で連続である**というのであります．$\lim_{x\to a}f(x)=b$ の定義式をよく見ると，

$$\forall\varepsilon>0\,\exists\delta>0\,\forall x\,(0<|x-a|<\delta\rightarrow|f(x)-b|<\varepsilon)$$

└ $x\neq a$ という意味

のように，$x\neq a$ なる x について考えていることが分ります．

● f が区間 I で連続 とは

区間 I での連続のまえに，1点 a での連続は，

定義 2

函数 f が点 a で**連続**であるとは，

$\forall\varepsilon>0\,\exists\delta>0\,\forall x(|x-a|<\delta\rightarrow|f(x)-f(a)|<\varepsilon)$

のように定義されます．これを，さらに，図で説明いたしますと，$f(a)$ を含む区間

$$(f(a)-\varepsilon,\ f(a)+\varepsilon)$$

を注文されたならば，この**注文区間に応じて**，

$|x-a|<\delta$ ならばつねに $|f(x)-f(a)|<\varepsilon$

となるような x の区間 $(a-\delta,\ a+\delta)$ を**調製する**ことができます！ ということなのです．

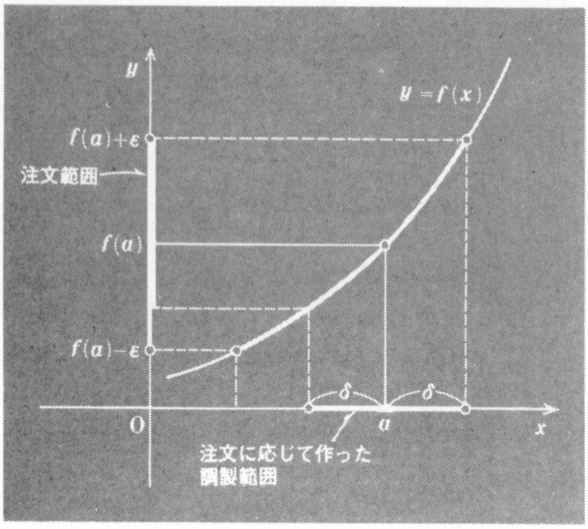

さて，ここまでくれば，函数 f が区間 I で連続というのは，すぐ定義できます．それは，区間 I のすべての点で連続であるといえばよいからです：

定義 3

> 函数 f が区間 I で**連続**であるとは，
> $\forall a\in I\,\forall \varepsilon>0\,\exists \delta>0\,\forall x(|x-a|<\delta \to |f(x)-f(a)|<\varepsilon)$

もうすでにお気付きのことかと思いますが，念のために申し添えれば，この連続性の定義では，

$$\cdots\cdots \forall x(0<|x-a|<\delta \to \cdots\cdots)$$

（$0<$ の部分を指して）これが無い

のように，$x=a$ の場合も考えていることに注意して下さい．

以上のように述べてまいりますと，読者諸君の中には「ε-δ 式論法と言っても，それは，分っていることをただいかめしく言い直しただけのことではないか．"限りなく近づく"でよく分るから，同じことならそれでよいではないか！」とおっしゃる方がおられるかもしれませんね．ところで，ただ「限りなく近づく」ではキチンと説明しきれないのが次に述べる一様連続という概念です．

●函数 f が区間 I で一様連続 とは

とりあえず，定義を記し，それを説明いたしましょう．

定義 4

> 函数 f が区間 I で**一様連続**であるとは，
> $\forall \varepsilon>0\,\exists \delta>0\,\forall a\in I\,\forall x(|x-a|<\delta \to |f(x)-f(a)|<\varepsilon)$

「あれ，ふつうの連続の定義と同じじゃないか」などと言わないで下さい．5ページの原稿のうち貴重な1ページ半も費して論理記号の説明をしたのは，じつは，**論理記号の順序**にとくに注意してほしかったからです．

∀どうしは，入れかえてもかまわないのですから，

連　　続：$\forall \varepsilon>0\,\underline{\forall a\in I\,\exists \delta>0}\,\forall x(|x-a|<\delta \to\cdots)$

一様連続：$\forall \varepsilon>0\,\underline{\exists \delta>0\,\forall a\in I}\,\forall x(|x-a|<\delta \to\cdots)$

ということになりますが，この2つを比べてみれば，両者の相違がハッキリするでしょう．そうです．$\forall a\in I$ と $\exists \delta>0$ との順序が逆になっているのです．

どちらも，任意に与えられた $\varepsilon>0$ に対して $\delta>0$ が存在するのですが，

連続の方は，δ は ε にも a にも依存して決まるのに対して，

一様連続の方は，δ は ε だけに依存して **a にはよらない**（すなわち，**区間 I の各点共通の** δ が存在する）

ことになるわけであります．

例題 2

> $f(x)=x^2+1$ は，区間 $(0,1)$ で一様連続であることを ε-δ 式論法によって証明せよ．

まず，$\sqrt{a^2+\varepsilon}-a$ と $a-\sqrt{a^2-\varepsilon}$ の大小は，

$$\sqrt{a^2+\varepsilon}-a=\frac{\varepsilon}{\sqrt{a^2+\varepsilon}+a}<\frac{\varepsilon}{a+\sqrt{a^2-\varepsilon}}=a-\sqrt{a^2-\varepsilon}$$

ですから，図から，

$$\delta=\inf_{0<a<1}(\sqrt{a^2+\varepsilon}-a)$$

とおけば万事うまく行くことが分ります．そこで，

$$\sqrt{a^2+\varepsilon}-a=\frac{\varepsilon}{\sqrt{a^2+\varepsilon}+a}>\frac{\varepsilon}{\sqrt{1^2+\varepsilon}+1}\ (0<a<1)$$

となりますから，

$$\delta=\inf_{0<a<1}(\sqrt{a^2+\varepsilon}-a)=\frac{\varepsilon}{\sqrt{1+\varepsilon}+1}=\sqrt{1+\varepsilon}-1$$

とおけばよいわけです．

【解】 与えられた $\varepsilon>0$ に対して，$\delta>0$ をたとえば，

$$\delta=\sqrt{1+\varepsilon}-1$$

と決めます．いま，$0<a<1$ とします．さて，

$0<|x-a|<\delta$ すなわち $0<|x-a|<\sqrt{1+\varepsilon}-1$

のとき，

$$\begin{aligned}|f(x)-f(a)|&=|(x^2+1)-(a^2+1)|\\&=|x^2-a^2|\\&=|x+a||x-a|\\&<2|x-a| \qquad (\because 0<x,a<1)\\&<2(\sqrt{1+\varepsilon}-1)\\&=\frac{2\varepsilon}{\sqrt{1+\varepsilon}+1}\\&<\frac{2\varepsilon}{\sqrt{1+0}+1}=\frac{2\varepsilon}{2}=\varepsilon\end{aligned}$$

すなわち，与えられた $\varepsilon>0$ に対して，

$|x-a|<\delta$ ならばつねに $|f(x)-f(a)|<\varepsilon$

なる ε だけで決まり a には依存しない $\delta>0$ を見出すことができたのですから，$f(x)$ は区間 $(0,1)$ で一様連続であることが示されたことになります．

（解終）

この解答をよく見ると，あっさり，$\delta=\dfrac{\varepsilon}{2}$ とおいてもよかったことに気が付きます．

例題 3

$f(x)=\dfrac{1}{x}$ は，区間 $(0,1)$ で一様連続ではないことを ε-δ 式論法によって証明せよ．

x が 0 に近くなるにつれて曲線の傾斜が大きくなるのですから，a が 0 の近くにあればあるほど δ を

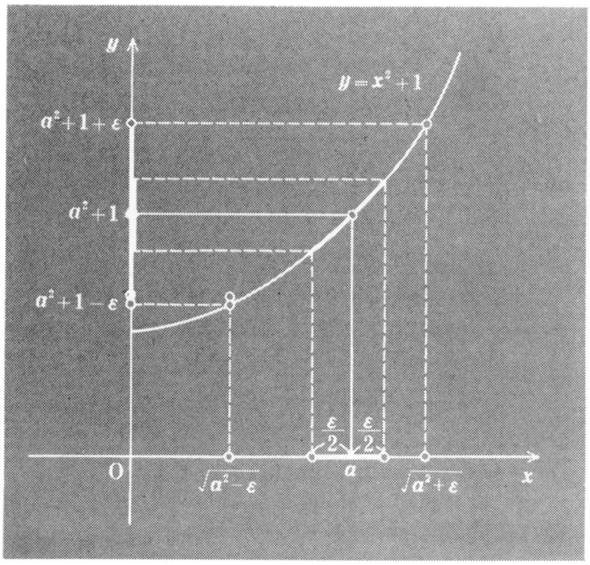

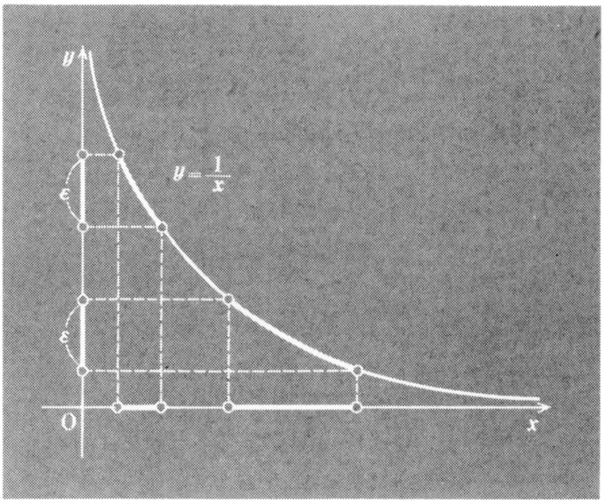

小さくとらなければなりません．したがって，すべての a に共通の δ などは存在しないのです．キッパリ言えば，

【解】 もし，一様連続とすれば，$\varepsilon>0$ に対して，

$|x-a|<\delta$ ならばつねに $|f(x)-f(a)|<\varepsilon$

なる a によらない $\delta>0$ が存在するはずです．とくに，

$$x=\delta,\quad a=\frac{\delta}{1+\varepsilon}$$

とおいてみますと，（$0<\delta<1$ ですから）

$$|x-a|=\frac{\varepsilon\delta}{1+\varepsilon}<\delta \text{ であるのに } \left|\frac{1}{x}-\frac{1}{a}\right|=\frac{\varepsilon}{\delta}>\varepsilon$$

となってしまいます．

（解終）

ε-δ 式論法のさらにいろいろな例は，たとえば，

小著「明解演習 微分積分」共立出版

など御覧いただければ幸です．

（こでら　へいぢ　　愛知教育大学）

大学新入生が読んで得する数学

2000年4月10日　初版1刷	編　者　現代数学社編集部
	印刷所　牟禮印刷株式会社
検印省略	製本所　牟禮印刷株式会社
発行所　京都市左京区鹿ケ谷西寺之前町1　〒606-8425 電話 (075)751-0727　振替01010-8-11144	株式会社　現代数学社

ISBN4-7687-0265-1　C3041　落丁・乱丁本はおとりかえします